商务部十二五规划教材

高等职业教育机械类专业十二五规划教材

数控加工编程与操作项目化教程

主　编　周忠宝　樊　昱

副主编　左彦军　王树勇

　　　　李　峰　丛佩兰

参　编　赫兆南

中国商务出版社

图书在版编目（CIP）数据

数控加工编程与操作项目化教程 / 周忠宝，樊昱主编 . —北京：中国商务出版社，2014.4

商务部十二五规划教材　高等职业教育机械类专业十二五划教材

ISBN 978-7-5103-1002-7

Ⅰ. 数… Ⅱ.①周… ②樊… Ⅲ.①数控机床-程序设计—高等职业教育—教材 ②数控机床—操作—高等职业教育—教材 Ⅳ.①TG659

中国版本图书馆 CIP 数据核字（2014）第 069233 号

商务部十二五规划教材

高等职业教育机械类专业十二五规划教材

数控加工编程与操作项目化教程
SHUKONG JIAGONGBIANCHENG YU CAOZUOXIANGMUHUA JIAOCHENG

主　编　周忠宝　樊　昱

出　版：中国商务出版社
发　行：北京中商图出版物发行有限责任公司
社　址：北京市东城区安定门外大街东后巷 28 号
邮　编：100710
电　话：010—64245686　64515137　64515159（编辑一室）
　　　　010—64266119（发行部）
　　　　010—64263201（零售、邮购）
网　店：http：//cctpress.taobao.com
网　址：www.cctpress.com
邮　箱：cctp@cctpress.com；bjys@cctpress.com
照　排：金奥都图文工作室
印　刷：北京密兴印刷有限公司
开　本：787 毫米×1092 毫米　1/16
印　张：26.75　字数：596 千字
版　次：2014 年 4 月第 1 版　　2014 年 4 月第 1 次印刷
书　号：ISBN 978－7－5103－1002－7
定　价：42.00 元

前　言

为了满足新形势下高等职业教育高素质技能型专门人才的培养要求，在总结近年来基于工作过程导向人才教学实践的基础上，我们组织黑龙江农业经济职业学院、东北农业大学等院校教师及数控加工企业一线技术人员编写了本书。

本书是根据高职高专数控技术及应用、机电一体化技术、模具设计与制造专业人才培养的要求而编写的教材。按照数控加工国家职业技能鉴定标准要求，力求紧跟现代数控加工技术的步伐，结合编者多年从事数控加工教学、生产积累的经验，突出数控加工特点，主要内容包括：数控车床编程与加工基础、数控车床编程与操作基础、数控铣床操作基础、数控操作工职业技能考核综合训练等项目。全书紧紧围绕职业能力目标的实现，突出能力目标，以职业活动为导向，以学生为主体，以项目为载体，以实训为手段，教学做一体，项目化教学。本书融工艺、编程、操作为一体，贯彻工学结合的原则，以法那克数控系统(FANUC-Oi Mate-TC,FANUC-Oi Mate-MB)为基础，编写体例打破了传统的学科型课程架构，根据数控技术领域职业岗位群的需要，以典型零件为载体，以"工学结合"为切入点，以工作过程为导向，采用任务驱动模式编写而成。通过由浅入深项目的完成，让学生边学习理论知识，边进行实训操作，加强感性认识，达到事半功倍的效果。通过本门课程的项目化教学，可以使学生达到数控机床高级操作工水平。

本书可作为高职学校和技师学院数控技术及应用、模具设计与制造、机电一体化技术、机械制造与自动化等专业的教材，也可作为数控机床操作工职业技能培训与鉴定考核用书；对从事数控机床操作与编程的工程技术人员也有实用参考价值。

本书由黑龙江农业经济职业学院周忠宝、黑龙江农业经济职业学院樊昱任主编，东北农业大学左彦军、浙江派尼尔机电有限公司王树勇、黑龙江农业经济职业学院李峰、黑龙江农业经济职业学院丛佩兰任副主编，三一重型装备有限公司赫兆南任参编。具体分工如下：项目1的任务1，项目2的任务1、任务2、任务3由周忠宝编写；项目1的任务2由左彦军编写；项目3的任务1由王树勇编写；项目3的任务2、任务3由李峰编写；项目4的任务1、任务2，项目5的任务1、任务2由樊昱编写；项目6的任务1、任务2由三一重型装备有限公司赫兆南编写；项目7的任务1、任务2由丛佩兰编写。在本书的编写过程中，参阅了多种同类教材著作，特此向编著致敬。

由于项目化教学尚在探索之中，且编者水平有限，书中难免存在一些错误和不足之处，恳请广大读者批评指正。

编者

目　　录

━━━━━ 上篇　FANUC 系统车削编程与操作 ━━━━━

项目 1　数控车床编程与加工基础 ···················· 1
　　任务 1　简单轴类零件的编程与加工 ················ 1
　　任务 2　圆弧曲面零件的编程与加工 ················ 68

项目 2　数控车床编程与操作基础 ···················· 83
　　任务 1　轴类零件的编程与加工 ···················· 83
　　任务 2　复杂轴类零件的编程与加工 ················ 100
　　任务 3　典型内孔零件的编程与加工 ················ 127

项目 3　复合轴零件编程与操作 ···················· 149
　　任务 1　液压阀芯的编程与加工 ···················· 149
　　任务 2　复合轴的编程与加工 ······················ 157
　　任务 3　非圆二次曲线类零件的编程与加工 ·········· 164

━━━━━ 下篇　FANUC 系统铣削编程与操作 ━━━━━

项目 4　数控铣床操作基础 ························ 172
　　任务 1　平面类零件铣削的编程与加工 ·············· 172
　　任务 2　外轮廓零件铣削的编程与加工 ·············· 211

项目 5　槽腔铣削的编程与加工 ···················· 228
　　任务 1　矩形槽铣削的编程与加工 ·················· 228
　　任务 2　型腔铣削的编程与加工 ···················· 258

项目 6　孔类零件铣削的编程与加工 ················ 279
　　任务 1　孔类零件铣削的编程与加工 ················ 279
　　任务 2　组合体零件的编程与加工 ·················· 325

项目 7　复杂零件铣削的编程与加工 ……………………………………………… 338

　　任务 1　曲线类零件的编程与加工 ……………………………………………… 338

　　任务 2　车、铣配合零件的编程与加工 ………………………………………… 381

附录 ……………………………………………………………………………………… 401

参考文献 ………………………………………………………………………………… 417

项目 1　数控车床编程与加工基础

任务 1　简单轴类零件的编程与加工

任务描述

准备加工圆轴零件，如图 1-1-1 所示毛坯材料为铝棒料，要求应用 VNUC4.0 软件进行仿真加工，结果如图 1-1-2 所示。

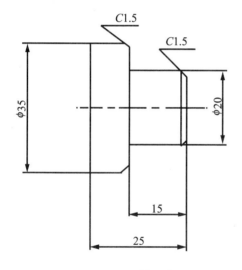

图 1-1-1　圆轴零件

图 1-1-2　圆轴零件仿真结果

任务分析

该零件为轴类零件。主要加工面为外圆柱面。其中多个尺寸有较高的尺寸精度和表面质量，无形位公差要求。

（1）设圆轴零件毛坯尺寸为 $\phi40\times30$，轴心线为工艺基准，用三爪自定心卡盘夹持 $\phi40$ 外圆，使工件伸出卡盘 50mm，一次装夹完成粗、精加工。

（2）加工顺序。零件已完成端面及外圆的粗车、每面留有 0.25mm 精加工余量（$\phi20\times15$，$\phi35\times25$），本工序从右到左精车端面及外圆，达到尺寸及精度要求。

（3）基点计算按标注尺寸的平均值计算。

相关知识

数控车床编程基础及 G00/G01 指令用法

数控车床又称为 CNC 车床，即计算机数字控制车床，是目前国内使用量最大，覆盖面最广的一种数控机床，约占数控机床总数的 25%。数控机床是集机械、电气、液压、气动、微电子和信息等多项技术为一体的机电一体化产品，是机械制造设备中具有高精度、高效率、高自动化和高柔性化等优点的工作母机。数控机床的技术水平高低及其在金属切削加工机床产量和总拥有量的百分比是衡量一个国家国民经济发展和工业制造整体水平的重要标志之一。

一、数控车床的分类

数控车床由数控装置、床身、主轴箱、刀架进给系统、尾座、液压系统、冷却系统、润滑系统等部分组成，如图 1-1-3 所示。

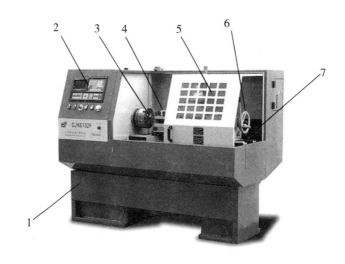

图 1-1-3 卧式数控车床

1-床身；2-数控装置；3-主轴；4-刀架；5-防护罩；6-尾座；7-导轨。

数控车床分为立式数控车床（图 1-1-4）和卧式数控车床（图 1-1-5）两种类型。

立式数控车床用于回转直径较大的盘类零件车削加工。

卧式数控车床用于轴向尺寸较长或小型盘类零件的车削加工。

卧式数控车床按功能可进一步分为经济型数控车床、普通数控车床和车削加工中心。

（1）经济型数控车床。采用步进电动机和单片机对普通车床的车削进给系统进行改造后形成的简易型数控车床。成本较低，自动化程度和功能都比较差，车削加工精度也不高，适用于要求不高的回转类零件的车削加工。

图 1-1-4　卧式数控车床　　　　　　图 1-1-5　立式数控车床

（2）普通数控车床。根据车削加工要求在结构上进行专门设计，配备通用数控系统而形成的数控车床。数控系统功能强，自动化程度和加工精度也比较高，适用于一般回转类零件的车削加工。这种数控车床可同时控制两个坐标轴，即 X 轴和 Z 轴。

（3）车削加工中心。在普通数控车床的基础上，增加了 C 轴和动力头，更高级的机床还带有刀库，可控制 X、Z 和 C 三个坐标轴，联动控制轴可以是（X、Z）、（X、C）或（Z、C）。由于增加了 C 轴和铣削动力头，这种数控车床的加工功能大大增强，除可以进行一般车削外，还可以进行径向和轴向铣削、曲面铣削、中心线不在零件回转中心的孔和径向孔的钻削等加工。

二、数控车床的工艺范围及应用

1. 数控车床的工艺范围

数控车削是数控加工中用的最多的加工方法之一。其工艺范围较普通机床宽的多，凡是能在数控车床上装夹的回转体零件都能在数控车床上加工，特别是形状复杂的轴类或盘类零件。针对数控车床的特点，下列几种零件最适合数控车削加工。

（1）精度要求高的回转体零件。由于数控车床刚性好、制造、对刀精度高，加工过程中，经过数控系统的高精度插补运算和伺服系统的伺服驱动作用，所以能加工直线度、圆柱度等形状、尺寸和位置精度要求高的零件。

（2）轮廓形状复杂的回转体零件。因车床数控装置都具有直线和圆弧插补功能，还有部分车床数控装置具有某些非圆曲线插补功能，故能车削由任意平面曲线轮廓所组成的回转体零件，包括通过拟合计算处理后的、不能用方程描述的列表曲线类零件。

（3）表面粗糙度好的回转体零件。数控车床具有恒线速切削功能，能加工出表面粗糙度值小而均匀的零件。在材质、精车余量和刀具已定的情况下，表面粗糙度取决于进给量和切削速度。在普通车床上车削锥面和端面时，由于转速恒定不变，致使车削后的表面粗糙度不一致，只有某一直径处的粗糙度值最小。使用数控车床的恒线速切削功能，就可选用最佳线速度来切削锥面和端面，使切削后的表面粗糙度值既小又一致。数控车削还适合于车削各部分表面粗糙度要求不同的零件，粗糙度值要求大的部位选用大的进给量，要求小的部位选用小的进给量。

（4）特殊螺纹的回转体零件。普通车床所能车削的螺纹相当有限，只能车等导程的直、锥面公、英制螺纹，而且一台车床只能限定加工若干种导程。数控车床具有加工各类螺纹的功能，不但能车削任何等导程的直、锥和端面螺纹，而且能车增导程、减导程，以及要求等导程与变导程之间平滑过渡的螺纹，还可以车高精度的模数螺旋零件（如圆柱、圆弧蜗杆）和端面（盘形）螺旋零件等。

（5）超精密、超低表面粗糙度的零件。磁盘、复印机的回转鼓、录像机的磁头、照相机等光学设备的透镜及其模具，以及隐形眼镜等要求超高的轮廓精度和超低的表面粗糙度值，其适合于在高精度、高功能的数控车床上加工。以往很难加工的塑料散光用的透镜，现在也可以用数控车床来加工。在特种精密数控车床上，还可加工出几何轮廓精度极高（达 0.001mm）、表面粗糙度数值极小（达 0.02μm）的超精零件。

因此，数控车床具有加工灵活、通用性强、能适应产品的品种和规格频繁变化的特点，能满足新产品的开发和多品种、小批量、生产自动化的要求，因此被广泛应用于机械制造业。

2. 数控车床的应用

数控车床用于加工各种复杂的回转体零件，可进行外圆车削加工、内圆车削加工、锥面车削加工、球面车削加工、端面车削加工、螺纹车削加工、切槽车削加工、割断车削加工，同时也可进行各种孔加工，如中心钻孔加工、钻孔加工、车孔加工和铰孔加工等。

1）车削外圆

车外圆是最常见、最基本的车削方法，图 1-1-6 为使用各种不同的车刀车削中小型零件外圆（包括车外圆槽）的方法，其中 90°左偏刀主要用于需要从左向右进给，车削右边有直角轴肩的外圆以及右偏刀无法车削的外圆。

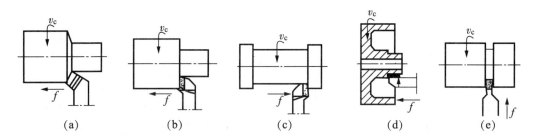

图 1-1-6 数控车床车削外圆

（a）45°偏刀车削外圆；（b）90°右偏刀车削外圆；（c）90°左偏刀车削外圆；

（d）加工工件内部的外圆柱面；（e）加工外环形槽。

2）车削内圆（孔）

车削内圆（孔）是指用车削方法扩大工件的孔或加工空心工件的内表面，这也是常用的车削方法之一，常见的车孔方法如图 1-1-7 所示，在车削不通孔和台阶孔时，车刀要先纵向进给，当车到孔的根部时再横向进给，从外向中心进给车端面或台阶端面。

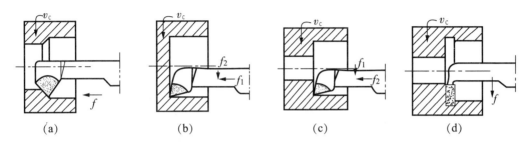

图 1-1-7　数控车床车削内圆

（a）车削通孔；（b）车削不通孔；（c）车削台阶孔；（d）车削内环槽 。

3）车削平面

车削平面主要指的是车端面（包括台阶端面），常见的方法如图 1-1-8 所示，（a）为使用 45°偏刀车削平面，可采用较大背吃刀量，切削顺利，表面光洁，大、小平面均可车削，（b）为使用 90°右偏刀从外向中心进给车削平面，适用于加工尺寸较小的平面或一般的台阶端面，（c）为使用 90°右偏刀从中心向外进给车削平面，适用于加工中心带孔的端面或一般台阶端面，（d）为是使用 90°左偏刀车削平面，刀头强度较高，适宜车削较大平面，尤其是铸煅件的大平面。

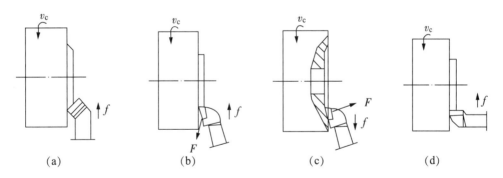

图 1-1-8　数控车床车削平面

（a）45°偏刀车削平面；（b）左偏刀车削平面（自外向中心走）；

（c）左偏刀车削平面（自中心向外走）；（d）右偏刀车削平面。

4）车削锥面

锥面可分为内锥面和外锥面，可以分别视为内圆、外圆的特殊形式，内外锥面具有配合紧密，拆卸方便，多次拆卸后仍能保持准确对中的特点，广泛用于要求对中准确和需要经常拆卸的配合件上，工程上经常使用的标准圆锥有莫氏锥度、m 制锥度和专用锥度三种，锥面加工如图 1-1-9 所示。

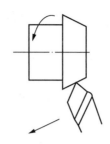

图 1-1-9 数控车床车削锥面

5）定尺寸刀具孔加工

在数控车床上可以进行钻中心孔、钻孔和铰孔加工，如图 1-1-10 所示。

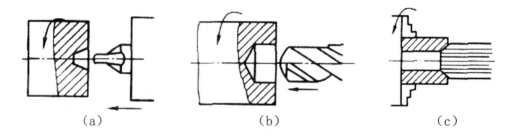

（a） （b） （c）

图 1-1-10 数控车床定尺寸刀具孔加工

（a）钻中心孔；（b）钻孔；（c）铰孔。

6）车削螺纹

在数控车上可以进行螺纹加工，如图 1-1-11 所示。

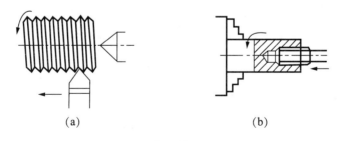

（a） （b）

图 1-1-11 数控车床螺纹加工

（a）车螺；（b）攻螺纹。

三、编程方法与步骤

数控机床是一种高效的自动化加工设备，其严格按照加工程序，自动的对被加工工件进行加工。把从数控系统外部输入的直接用于加工的程序称为数控加工程序，简称为数控程序，它是机床数控系统的应用软件。与数控系统应用软件相对应的是数控系统内部的系统软件，系统软件是用于数控系统工作控制的，它不在本课程的研究范围内。

数控系统的种类繁多，它们使用的数控程序语言规则和格式也不尽相同，本教程以 ISO 国际标准为主来介绍加工程序的编制方法。当针对某一台数控机床编制加工程序时，应该严格按机床编程手册中的规定进行程序编制。

在编制数控加工程序前，应首先了解数控程序编制的主要工作内容，程序编制的工作步骤，每一步应遵循的工作原则等，最终才能获得满足要求的数控程序（例如，下面所示的程序样本）。

1. 数控程序编制的内容及步骤

数控编程是指从零件图纸到获得数控加工程序的全部工作过程。如图 1-1-12 所示，编程工作主要包括：

（1）分析零件图样和制订工艺方案。这项工作的内容包括：对零件图样进行分析，明确加工的内容和要求；确定加工方案；选择适合的数控机床；选择或设计刀具和夹具；确定合理的走刀路线及选择合理的切削用量等。这一工作要求编程人员能够对零件图样的技术特性、几何形状、尺寸及工艺要求进行分析，并结合数控机床使用的基础知识，如数控机床的规格、性能、数控系统的功能等，确定加工方法和加工路线。

（2）数学处理。在确定了工艺方案后，就需要根据零件的几何尺寸、加工路线等，

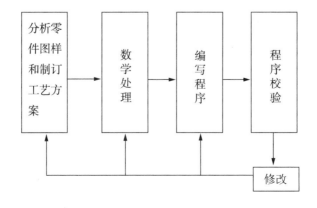

图 1-1-12　数控程序编制的内容及步骤

计算刀具中心运动轨迹，以获得刀位数据。数控系统一般均具有直线插补与圆弧插补功能，对于加工由圆弧和直线组成的较简单的平面零件，只需要计算出零件轮廓上相邻几何元素交点或切点的坐标值，得出各几何元素的起点、终点、圆弧的圆心坐标值等，就能满足编程要求。当零件的几何形状与控制系统的插补功能不一致时，就需要进行较复杂的数值计算，一般需要使用计算机辅助计算，否则难以完成。

（3）编写程序。在完成上述工艺处理及数值计算工作后，即可编写零件加工程序。程序编制人员使用数控系统的程序指令，按照规定的程序格式，逐段编写加工程序。程序编制人员应对数控机床的功能、程序指令及代码十分熟悉，才能编写出正确的加工程序。

（4）程序校验。将编写好的加工程序输入数控系统，就可控制数控机床的加工工作。一般在正式加工之前，要对程序进行校验。通常可采用机床空运转的方式，来检查机床动作和运动轨迹的正确性，以检验程序。在具有图形模拟显示功能的数控机床上，可通过显示走刀轨迹或模拟刀具对工件的切削过程，对程序进行检查。对于形状复杂和要求高的零件，也可采用铝件、塑料或石蜡等易切材料进行试切来检验程序。通过检查试件，不仅可确认程序是否正确，还可知道加工精度是否符合要求。若能采用与被加工零件材料相同的材料进行试切，则更能反映实际加工效果，当发现加工的零件不符合加工技术要求时，可修改程序或采取尺寸补偿等措施。

2. 数控程序编制的方法

数控加工程序的编制方法主要有两种：手工编制程序和自动编制程序。

1）手工编程

手工编程指主要由人工来完成数控编程中各个阶段的工作，如图 1-1-13 所示。

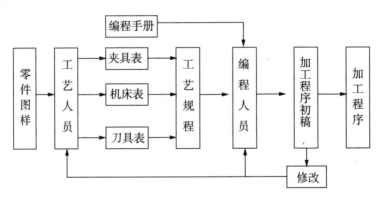

图 1-1-13　手工编程

一般对几何形状不太复杂的零件，所需的加工程序不长，计算比较简单，用手工编程比较合适。

手工编程的特点：耗费时间较长，容易出现错误，无法胜任复杂形状零件的编程。据国外资料统计，当采用手工编程时，一段程序的编写时间与其在机床上运行加工的实际时间之比，平均约为 30：1，而数控机床不能开动的原因中有 20%~30% 是由于加工程序编制困难，编程时间较长。

2）自动编程

自动编程是指在编程过程中，除了分析零件图样和制定工艺方案由人工进行外，其余工作均由计算机辅助完成。

采用计算机自动编程时，数学处理、编写程序、检验程序等工作是由计算机自动完成的，由于计算机可自动绘制出刀具中心运动轨迹，使编程人员可及时检查程序是否正确，需要时可及时修改，以获得正确的程序。又由于计算机自动编程代替程序编制人员完成了繁琐的数值计算，可提高编程效率几十倍乃至上百倍，因此解决了手工编程无法解决的许多复杂零件的编程难题。因而，自动编程的特点就在于编程工作效率高，可解决复杂形状零件的编程难题。

根据输入方式的不同，可将自动编程分为图形数控自动编程、语言数控自动编程和语音数控自动编程等。图形数控自动编程是指将零件的图形信息直接输入计算机，通过自动编程软件的处理，得到数控加工程序。目前，图形数控自动编程是使用最为广泛的自动编程方式。语言数控自动编程指将加工零件的几何尺寸、工艺要求、切削参数及辅助信息等用数控语言编写成源程序后，输入到计算机中，再由计算机进一步处理得到零件加工程序。语音数控自动编程是采用语音识别器，将编程人员发出的加工指令声音转变为加工程序。

3. 字与字的功能

1）字符与代码

字符是用来组织、控制或表示数据的一些符号，如数字、字母、标点符号、数学运算符等。数控系统只能接受二进制信息，所以必须把字符转换成 8Bit 信息组合成的字节，用"0"和"1"组合的代码来表达。国际上广泛采用两种标准代码：

（1）ISO 国际标准化组织标准代码。

（2）EIA 美国电子工业协会标准代码。

这两种标准代码的编码方法不同，在大多数现代数控机床上这两种代码都可以使用，只需用系统控制面板上的开关来选择，或用 G 功能指令来选择。

2）字

在数控加工程序中，字是指一系列按规定排列的字符，作为一个信息单元存储、传递和操作。字是由一个英文字母与随后的若干位十进制数字组成，这个英文字母称为地址符。如："X2500"是一个字，"X"为地址符，数字"2500"为地址中的内容。

3）字的功能

组成程序段的每一个字都有其特定的功能含义，以下是以 FANUC-0M 数控系统的规范为主来介绍的，在实际工作中，要遵照机床数控系统说明书来使用各个功能字。

（1）顺序号字 N。

顺序号又称程序段号或程序段序号。顺序号位于程序段之首，由顺序号字 N 和后续数字组成。顺序号字 N 是地址符，后续数字一般为 1~4 位的正整数。数控加工中的顺序号实际上是程序段的名称，与程序执行的先后次序无关。数控系统不是按顺序号的次序来执行程序，而是按照程序段编写时的排列顺序逐段执行。

顺序号的作用：对程序的校对和检索修改；作为条件转向的目标，即作为转向目的程序段的名称。有顺序号的程序段可以进行复归操作，这是指加工可以从程序的中间开始，或回到程序中断处开始。

一般使用方法：编程时将第一程序段冠以 N10，以后以间隔 10 递增的方法设置顺序号，这样，在调试程序时，如果需要在 N10 和 N20 之间插入程序段时，就可以使用 N11、N12 等。

（2）准备功能字 G。

准备功能字的地址符是 G，又称为 G 功能或 G 指令，是用于建立机床或控制系统工作方式的一种指令。G 功能代码准备功能指令，简称 G 代码，用 G 加两位数构成，该类代码用以指定刀具进给运动方式，FANUC 系统 G 指令含义如表 1-1-1 所示，G 代码分为不同的组别，同一组的代码可以互相取代，G 指令有模态码与非模态码之分，模态码一旦被执行，在系统内存中被保存，该代码一直有效，在以后的程序中使用该代码可以不重写，直到该代码被程序指令取消或被同组代码取代，所以同一组的模态 G 代码在一个程序只能出现一个（两个以上时最后一个有效），不同组的 G 代码可以放在同一个程序段中，其各自的功能互不影响，且与代码在段中的顺序无关，非模态码只在被指定的程序段中有效，表中的 00 组代码中，除了 G10 和 G11 以外的 G 代码都是非模态，G04 指令时刀具进给暂停，它属于 00 组非模态码。后续数字一般为 1~3 位正整数，如表 1-1-1 所示。

表 1-1-1　G 功能字含义表

G 代码	组别	解释说明
G00		定位（快速移动）
G01		直线切削
G02		顺时针切圆弧（CW，顺时钟）
G03		逆时针切圆弧（CCW，逆时钟）
G04		暂停（Dwell）
G09	00	停于精确的位置
G20		英制输入
G21	06	公制输入
G22		内部行程限位 有效
G23	04	内部行程限位无效
G27		检查参考点返回

G 代码	组别	解释说明
G28	00	参考点返回
G29		从参考点返回
G30		回到第二参考点
G32		切螺纹
G40	01	取消刀尖半径偏置
G41	07	刀尖半径偏置（左侧）
G42		刀尖半径偏置（右侧）
G50	00	修改工件坐标；设置主轴最大的 RPM
G52		设置局部坐标系
G53		选择机床坐标系
G70	00	精加工循环
G71		内外径粗切循环
G72		台阶粗切循环
G73		成形重复循环
G74		Z 向步进钻削
G75		X 向切槽
G76		切螺纹循环
G80		取消固定循环
G83	10	钻孔循环
G84		攻丝循环
G85		正面镗孔循环
G87		侧面钻孔循环
G88		侧面攻丝循环
G89		侧面镗孔循环
G90	01	（内外直径）切削循环
G92		切螺纹循环
G94		（台阶）切削循环
G96	12	恒线速度控制
G97		恒线速度控制取消
G98		每分钟进给率
G99	05	每转进给率

（3）尺寸字。

尺寸字用于确定机床上刀具运动终点的坐标位置。

其中，第一组 X、Y、Z、U、V、W、P、Q、R 用于确定终点的直线坐标尺寸；第二组 A、B、C、D、E 用于确定终点的角度坐标尺寸；第三组 I、J、K 用于确定圆弧轮廓的圆心坐标尺寸。在一些数控系统中，还可以用 P 指令暂停时间、用 R 指令圆弧的半径等。

大数数控系统可以用准备功能字来选择坐标尺寸的制式，如 FANUC 诸系统可用 G21/G22 来选择米制单位或英制单位，也有些系统用系统参数来设定尺寸制式。采用米制时，一般单位为 mm，如 X100 指令的坐标单位为 100 mm。当然，一些数控系统可通过参数来选择不同的尺寸单位。

（4）进给功能字 F。

进给功能字的地址符是 F，又称为 F 功能或 F 指令，用于指定切削的进给速度。对于车床，F 可分为每分钟进给和主轴每转进给两种，对于其他数控机床，一般只用每分钟进给。F 指令在螺纹切削程序段中常用来指令螺纹的导程。

F 功能指令用于控制切削进给量。在程序中，有两种使用方法。

① 每转进给量。

编程格式：G95 F~

F 后面的数字表示的是主轴每转进给量，单位为 mm/r。

例如：G95 F0.2 表示进给量为 0.2 mm/r。

②每分钟进给量。

编程格式：G94 F~

F 后面的数字表示的是每分钟进给量，单位为 mm/min。

例如：G94 F100 表示进给量为 100mm/min。

（5）主轴转速功能字 S。

主轴转速功能字的地址符是 S，又称为 S 功能或 S 指令，用于指定主轴转速。单位为 r/min。对于具有恒线速度功能的数控车床，程序中的 S 指令用来指定车削加工的线速度数。

S 功能指令用于控制主轴转速。

编程格式：S~

S 后面的数字表示主轴转速，单位为 r/min。在具有恒线速功能的机床上，S 功能指令还有如下作用。

①最高转速限制。

编程格式：G50 S~

S 后面的数字表示的是最高转速：r/min。

例如：G50 S3000 表示最高转速限制为 3000r/min。

②恒线速控制。

编程格式：G96 S~

S 后面的数字表示的是恒定的线速度：m/min。

例如：G96 S150 表示切削点线速度控制在 150m/min。

对图 1-1-14 所示的零件，为保持 A、B、C 各点的线速度在 150m/min，则各点在加工时的主轴转速分别为：

A：$n = 1000 \times 150 \div (\pi \times 40) = 1193$r/min

B：$n = 1000 \times 150 \div (\pi \times 60) = 795$r/min

C：$n = 1000 \times 150 \div (\pi \times 70) = 682$r/min

③恒线速取消。

编程格式：G97 S~

S 后面的数字表示恒线速度控制取消后的主轴转速，如 S 未指定，将保留 G96 的最终值。

例如：G97 S3000 表示恒线速控制取消后主轴转速 3000r/min。

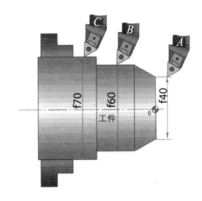

图 1-1-14 恒线速切削方式

（6）刀具功能字 T。

刀具功能字的地址符是 T，又称为 T 功能或 T 指令，用于指定加工时所用刀具的编号。对于数控车床，其后的数字还兼作指定刀具长度补偿和刀尖半径补偿用。

T 功能指令用于选择加工所用刀具。

编程格式：T~

T 后面通常有两位数表示所选择的刀具号码。但也有 T 后面用四位数字，前两位是刀具号，后两位是刀具长度补偿号，又是刀尖圆弧半径补偿号。

例如：T0303 表示选用 3 号刀及 3 号刀具长度补偿值和刀尖圆弧半径补偿值。T0300 表示取消刀具补偿。

（7）辅助功能字 M。

辅助功能字的地址符是 M，后续数字一般为 1~3 位正整数，又称为 M 功能或 M 指令，用于指定数控机床辅助装置的开关动作，如表 1-1-2 所示。

表 1-1-2　M 功能字含义表

M 功能字	含　义
M00	程序停止
M01	计划停止
M02	程序停止
M03	主轴顺时针旋转
M04	主轴逆时针旋转
M05	主轴旋转停止
M06	换刀
M07	2 号冷却液开
M08	1 号冷却液开
M09	冷却液关
M30	程序停止并返回开始处
M98	调用子程序
M99	返回子程序

4. 程序格式

1）程序段格式

程序段是可作为一个单位来处理的、连续的字组，是数控加工程序中的一条语句。一个数控加工程序是若干个程序段组成的。

程序段格式是指程序段中的字、字符和数据的安排形式。现在一般使用字地址可变程序段格式，每个字长不固定，各个程序段中的长度和功能字的个数都是可变的。地址可变程序段格式中，在上一程序段中写明的、本程序段里又不变化的那些字仍然有效，可以不再重写。这种功能字称之为续效字。

程序段格式举例：

N30 G01 X88.1 Y30.2 F500 S3000 T02 M08

N40 X90（本程序段省略了续效字"G01，Y30.2，F500，S3000，T02，M08"，但它们的功能仍然有效）

在程序段中，必须明确组成程序段的各要素：

（1）移动目标：终点坐标值 X、Y、Z；

（2）沿怎样的轨迹移动：准备功能字 G；

（3）进给速度：进给功能字 F；

（4）切削速度：主轴转速功能字 S；

（5）使用刀具：刀具功能字 T；

（6）机床辅助动作：辅助功能字 M。

2）加工程序的一般格式

（1）程序开始符、结束符。

程序开始符、结束符是同一个字符，ISO 代码中是%，EIA 代码中是 EP，书写时要单列一段。

（2）程序名。

程序名有两种形式：一种是英文字母 O 和 1~4 位正整数组成；另一种是由英文字母开头，字母数字混合组成的。一般要求单列一段。

（3）程序主体。

程序主体是由若干个程序段组成的。每个程序段一般占一行。

（4）程序结束指令。

程序结束指令可以用 M02 或 M30。一般要求单列一段。

加工程序的一般格式举例：

```
%                                    //开始符
O1000;                               //程序名
N10 G00 G54 X50 Y30 M03 S3000;       //程序主体
N20 G01 X88.1 Y30.2 F500 T02 M08;
N30 X90;
.....
N300 M30
%                                    //结束符
```

四、数控机床的坐标系

1. 数控机床的坐标系定义

在数控编程时，为了描述机床的运动，简化程序编制的方法及保证纪录数据的互换性，数控机床的坐标系和运动方向均已标准化，ISO 和我国都拟定了命名的标准。通过这一部分的学习，能够掌握机床坐标系、编程坐标系、加工坐标系的概念，具备实际动手设置机床加工坐标系的能力。机床坐标系是数控机床安装调试时便设定好的固定的坐标系统。

2. 机床坐标系的确定

1）机床相对运动的规定

在机床上，我们始终认为工件静止，而刀具是运动的。这样编程人员在不考虑机床上工件与刀具具体运动的情况下，就可以依据零件图样，确定机床的加工过程。

2）机床坐标系的规定

标准机床坐标系中 X、Y、Z 坐标轴的相互关系用右手笛卡尔直角坐标系决定。

在数控机床上，机床的动作是由数控装置来控制的，为了确定数控机床上的成形运动和辅助运动，必须先确定机床上运动的位移和运动的方向，这就需要通过坐标系来实现，这个坐标系被称之为机床坐标系。

标准机床坐标系中 X、Y、Z 坐标轴的相互关系用右手笛卡尔直角坐标系决定：

（1）伸出右手的大拇指、食指和中指，并互为 90°。则大拇指代表 X 坐标，食指代表 Y 坐标，中指代表 Z 坐标。

（2）大拇指的指向为 X 坐标的正方向，食指的指向为 Y 坐标的正方向，中指的指向为 Z 坐标的正方向。

（3）围绕 X、Y、Z 坐标旋转的旋转坐标分别用 A、B、C 表示，根据右手螺旋定则，大拇指的指向为 X、Y、Z 坐标中任意轴的正向，则其余四指的旋转方向即为旋转坐标 A、B、C 的正向，如图 1-1-15 所示。

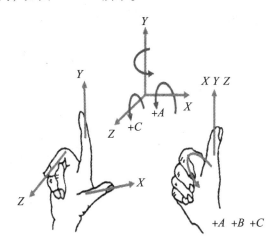

图 1-1-15　直角坐标系

3. 运动方向的规定

增大刀具与工件距离的方向即为各坐标轴的正方向，图 1-1-16 为数控车床上两个运动的正方向。

4. 坐标轴方向的确定

1）Z 坐标

Z 坐标的运动方向是由传递切削动力的主轴所决定的，即平行于主轴轴线的坐标轴即为 Z 坐标，Z 坐标的正向为刀具离开工件的方向。

如果机床上有几个主轴，则选一个垂直于工件装夹平面的主轴方向为 Z 坐标方向；如果主轴能够摆动，则选垂直于工件装夹平面的方向为 Z 坐标方向；如果机床无主轴，则选垂直于工件装夹平面的方向为 Z 坐标方向。图 1-1-17 为数控车床的 Z 坐标。

2）X 坐标

X 坐标平行于工件的装夹平面，一般在水平面内。确定 X 轴的方向时，要考虑两种情况：

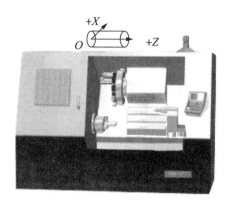

图 1-1-16 机床运动的方向

图 1-1-17 数控车床的坐标系

（1）如果工件做旋转运动，则刀具离开工件的方向为 X 坐标的正方向。

（2）如果刀具做旋转运动，则分为两种情况：Z 坐标水平时，观察者沿刀具主轴向工件看时，$+X$ 运动方向指向右方；Z 坐标垂直时，观察者面对刀具主轴向立柱看时，$+X$ 运动方向指向右方。

（3）确定 Y 坐标。在确定 X、Z 坐标的正方向后，可以用根据 X 和 Z 坐标的方向，按照右手直角坐标系来确定 Y 坐标的方向。图 1-1-17 为数控车床的 Y 坐标。

根据图 1-1-18 所示的数控立式铣床结构图，试确定 X、Y、Z 直线坐标。

①Z 坐标：平行于主轴，刀具离开工件的方向为正。

②X 坐标：Z 坐标垂直，且刀具旋转，所以面对刀具主轴向立柱方向看，向右为正。

③Y 坐标：在 Z、X 坐标确定后，用右手直角坐标系来确定。

3）附加坐标系

为了编程和加工的方便，有时还要设置附加坐标系。

对于直线运动，通常建立的附加坐标系有：

（1）指定平行于 X、Y、Z 的坐标轴。可以采用的附加坐标系：第二组 U、V、W 坐标，第三组 P、Q、R 坐标。

（2）指定不平行于 X、Y、Z 的坐标轴。也可以采用的附加坐标系：第二组 U、V、W 坐标，第三组 P、Q、R 坐标。

5. 机床原点的设置

机床原点是指在机床上设置的一个固定点，即机床坐标系的原点。它在机床装配、调试时就已确定下来，是数控机床进行加工运动的基准参考点。机床原点在主轴端面中心。数控车床的原点机床原点又称为机械原点，是机床坐标系的原点。该点是机床上一个固定的点，其位置是由机床设计和制造单位确定的，通常不允许用户改变。机床原点是工件坐标系、机床参考点的基准点，也是制造和调整机床的基础。数控车床的机床原点一般设在卡盘后端面的中心。在数控车床上，机床原点一般取在卡盘端面与主轴中心线的交点处，如图 1-1-19 所示。同时，通过设置参数的方法，也可将机床原

点设定在 X、Z 坐标的正方向极限位置上。

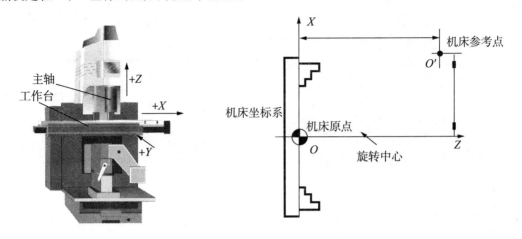

图 1-1-18　数控立式铣床的坐标系　　　　图 1-1-19　车床的机床原点

6. 机床参考点

机床参考点是机床上的一个固定点，用于对机床工作台、滑板与刀具相对运动的测量系统进行标定和控制。机床参考点是用于对机床运动进行检测和控制的固定位置点。机床参考点的位置是由机床制造厂家在每个进给轴上用限位开关精确调整好的，坐标值已输入数控系统中。因此，参考点对机床原点的坐标是一个已知数。参考点在 X 轴和 Z 轴的正向极限位置处。通常在数控铣床上机床原点和机床参考点是重合的；而在数控车床上机床参考点是离机床原点最远的极限点。图 1-1-20 为数控车床的参考点与机床原点。

数控机床开机时，必须先确定机床原点，而确定机床原点的运动就是刀架返回参考点的操作，这样通过确认参考点，就确定了机床原点。只有机床参考点被确认后，刀具（或工作台）移动才有基准。

7. 编程坐标系

编程坐标系是编程人员根据零件图样及加工工艺等建立的坐标系。程序编制人员在编制加工程序时使用的，在这个坐标系内编程可以简化坐标计算，减少错误，缩短程序长度。

编程坐标系一般供编程使用，确定编程坐标系时不必考虑工件毛坯在机床上的实际装夹位置。如图 1-1-21 所示，其中 O_1 即为编程坐标系原点。

工件坐标系的原点称为工件原点或编程原点。编程原点是根据加工零件图样及加工工艺要求选定的编程坐标系的原点。

遵循的原则：

（1）工件原点选在工件图样的设计基准或工艺基准上，以利于编程。

（2）工件原点尽量选在尺寸精度高、粗糙度值低的工件表面上。

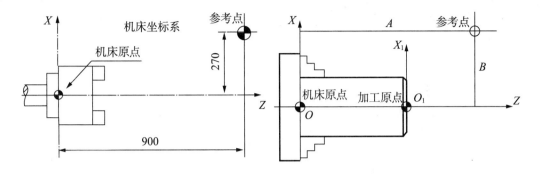

图 1-1-20 数控车床的参考点   图 1-1-21 编程坐标系

（3）工件原点最好选在工件的对称中心上。

（4）要便于测量和检验。

数控车床上加工工件时，工件原点一般设在主轴中心线与工件右端面（或左端面）的交点处。

编程原点应尽量选择在零件的设计基准或工艺基准上，编程坐标系中各轴的方向应该与所使用的数控机床相应的坐标轴方向一致，图 1-1-22 为车削零件的编程原点。

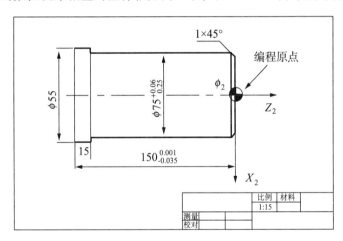

图 1-1-22 确定编程原点

8. 数控车床的编程特点

1）加工坐标系

加工坐标系应与机床坐标系的坐标方向一致，X 轴对应径向，Z 轴对应轴向，C 轴（主轴）的运动方向则以从机床尾架向主轴看，逆时针为 $+C$ 向，顺时针为 $-C$ 向，如图 1-1-23 所示。

加工坐标系的原点选在便于测量或对刀的基准位置，一般在工件的右端面或左端面上。

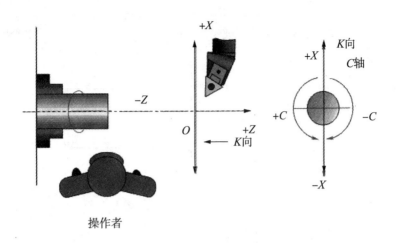

图 1-1-23　数控车床坐标系

2）直径编程方式

在车削加工的数控程序中，X 轴的坐标值取为零件图样上的直径值，如图 1-1-24 所示，图中 A 点的坐标值为（30，80），B 点的坐标值为（40，60）。采用直径尺寸编程与零件图样中的尺寸标注一致，在车削加工的数控程序中，X 轴的坐标值取为零件图样上的直径值的编程方式。与设计、标注一致，减少换算。直径方向（X 方向）系统默认为直径编程，也可以采用半径编程，但必须更改系统设定。

3）进刀和退刀方式

对于车削加工，进刀时采用快速走刀接近工件切削起点附近的某个点，再改用切削进给，以减少空走刀的时间，提高加工效率。切削起点的确定与工件毛坯余量大小有关，应以刀具快速走到该点时刀尖不与工件发生碰撞为原则，如图 1-1-25 所示。

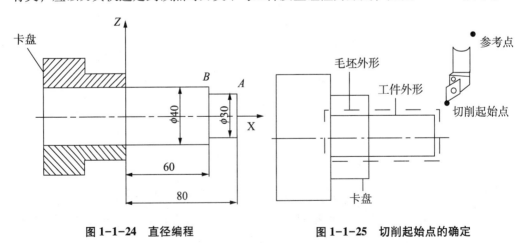

图 1-1-24　直径编程　　　　　　图 1-1-25　切削起始点的确定

4）编程方式

可以采用绝对值编程（用 X、Z 表示）、增量值编程（用 U、W 表示）或者二者混合编程。编程时，常认为车刀刀尖是一个点，而实际上为圆弧，因此，当编制加工程序时，需要考虑对刀具进行半径补偿。

五、数控车床 G00/G01 指令

1. 快速定位指令 G00

格式：G00　X ____　Z ____；

其中：X、Z——目标点的绝对值坐标。

功能：使刀具从当前点，以系统预先设定好的速度移动定位至所指定的目标点（X，Z）。它命令刀具以点定位控制方式从刀具所在点快速运动到下一个目标位置。它只是快速定位，而无运动轨迹要求。其移动速率可由执行操作面板上的"快速进给率"旋钮调整。并不是由 F 机能指定。若 X、Z 轴最快移动速率为 15m/min，而"快速进给率"钮调整在：

（1）1.100%，则以最快速率 15m/min 移动。

（2）2.50%，则以 7.5m/min 移动。

（3）3.25%，则以 3.75m/min 移动。

（4）4.0%，此时由参数设定之（大都设定为 400mm/min）。

只要非切削的移动，通常使用 G00 指令，如由机械原点快速定位至切削起点，切削完成后的 Z 轴退刀及 X、Y 轴的定位等，以节省加工时间。

注意：①G00 的运动轨迹不一定是直线，若不注意则容易干涉。

②该指令不用指定运行速度。

③G00 快速定位的路径一般都设定成斜进 45°（又称为非直线型定位）方式，而不以直线型定位方式移动。斜进 45°方式移动时，X、Y 轴皆以相同的速率同时移动，再检测已定位至那一轴坐标位置后，只移动另一轴至坐标点为止。一般 CNC 机械一开机大都自动设定 G00 以斜进 45°方式移动。

【例 1-1】使用 G00 编程指令，完成零件定位，刀具位置及进给路径如图 1-1-26 所示。

程序如下：

G00　X50.　Z84.；

2. 直线插补指令 G01

格式：G01　X ____　Z ____　F ____；

功能：使刀具从当前点，以指令的进给速度沿直线移动目标点（X，Z）。

其中：X、Z——目标点的绝对值坐标；

　　　F——进给量。

【例 1-2】使用 G01 编程指令，完成零件加工，刀具位置及进给路径如图 1-1-27 所示。

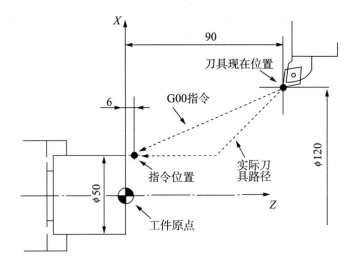

图 1-1-26　刀具位置及进给路径

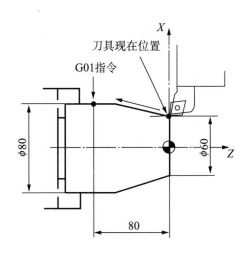

图 1-1-27　刀具位置及进给路径

程序如下：

```
G01  X80.  Z-80.  F0.2;
```

六、绝对编程与增量编程

数控编程通常都是按照组成图形的线段或圆弧的端点的坐标来进行的。

绝对编程：坐标系内所有坐标点的坐标值均从某一固定点坐标原点计量的坐标系，称为绝对坐标系。指令轮廓终点相对于工件原点绝对坐标值的编程方式。

增量编程：坐标系内某一位置的坐标尺寸用相对于前一位置的坐标尺寸的增量进行计量的坐标系，称为相对坐标系。指令轮廓终点相对于轮廓起点坐标增量的编程方式。

有些数控系统还可采用极坐标编程。

在越来越多车床中，X、Z 表示绝对编程，U、W 表示增量编程。

允许同一程序段中二者混合使用。

例如：图 1-1-28 圆锥轴中，直线 A→B，可用：

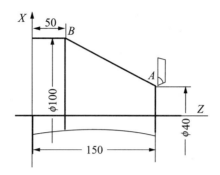

图 1-1-28　圆锥轴

绝对：G01 X100.0 Z50.0 F100；

相对：G01 U60.0 W-100.0 F100；

混用：G01 X100.0 W-100.0 F100；

　　　或　G01 U60.0 Z50.0 F100；

使用直线插补指令，加工如图 1-1-29 所示台阶轴零件。

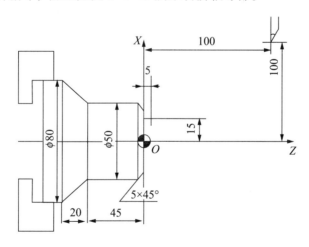

图 1-1-29　台阶轴零件

程序（绝对值编程）如下：

O0301；

N010 G50 X200.0 Z100.0；

N020 G00 X30.0 Z5.0 S800 T0101 M03；

N030 G01 X50.0 Z-5.0 F1.3；

N040 Z-45.0；

```
N050 X80.0 Z-65.0;
N060G00 X200.0 Z100.0 T0100;
N070 M05;
N080 M02;
```

程序（增量值编程）如下：

```
O0312;
N010 G00 U-170.0 W-95.0 S800 T0101 M03;
N020 G01 U20.0 W-10.0 F1.3;
N030 W-40.0;
N040 U30.0 W-20.0;
N050 G00 U120.0 W165.0 T0100;
N060 M05;
N070 M02;
```

七、圆轴的加工工艺编制

编程人员首先要根据零件图纸，对零件的材料、形状、尺寸、精度和热处理要求等，进行加工工艺分析。合理地选择加工方案，确定加工顺序、加工路线、装卡方式、刀具及切削参数等。被加工零件的数控加工工艺性问题涉及面很广，它包含从零件设计、工艺过程直到形成产品的整个过程中，作为设计员和工艺员应了解数控加工的特点，从机械产品的设计、制造的角度审查零件的数控加工工艺性，使之达到最佳工艺性能，充分发挥数控机床的性能。

1. 数控车削加工工艺分析

工艺分析是数控车削加工的前期工艺准备工作。工艺制订得合理与否，对程序编制、机床的加工效率和零件的加工精度等都有重要影响。因此，编制加工程序前，应遵循一般的工艺原则并结合数控车床的特点，认真而详细地考虑零件图的工艺分析，确定工件在数控车床上的装夹，刀具、夹具和切削用量的选择等。制定车削加工工艺之前，必须首先对被加工零件的图样进行分析，主要包括以下内容。

1）结构工艺性分析

零件的结构工艺性是指零件对加工方法的适应性，即所设计的零件结构应便于加工成型。在数控车床上加工零件时，应根据数控车削的特点，认真审视零件结构的合理性。例如，如图 1-1-30（a）所示零件，需用三把不同宽度的切槽刀切槽，如无特殊需要，显然是不合理的，若改成图 1-1-30（b）所示结构，只需一把刀即可切出三个槽。这样既减少了刀具数量，少占刀架刀位，又节省了换刀时间。

在结构分析时若发现问题应向设计人员或有关部门提出修改意见。

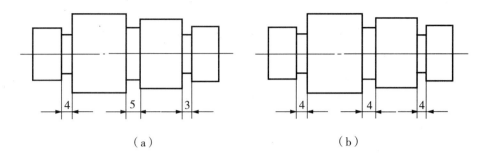

图 1-1-30　结构工艺性示例

（a）槽宽不一致；（b）槽宽一致。

2）构成零件轮廓的几何要素

由于设计等各种原因，在图纸上可能出现加工轮廓的数据不充分、尺寸模糊不清及尺寸封闭等缺陷，从而增加编程的难度，有时甚至无法编写程序，如图 1-1-31 所示。

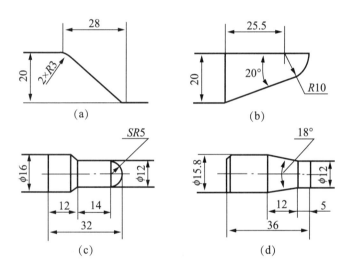

图 1-1-31　几何要素缺陷示意图

（a）圆弧的圆心位置是不确定；（b）圆弧与斜线未相切；

（c）标注的各段长度之和不等于其总长尺寸；（d）圆锥体的各尺寸已经构成封闭尺寸链。

在图 1-1-31（a）中，两圆弧的圆心位置是不确定的，不同的理解将得到完全不同的结果。再如图 1-1-31（b）中，圆弧与斜线的关系要求为相切，但经计算后的结果却为相交割关系，而非相切。这些问题由于图样上的图线位置模糊或尺寸标注不清，使编程工作无从下手。在图 1-1-31（c）中，标注的各段长度之和不等于其总长尺寸，而且漏掉了倒角尺寸。在图 1-1-31（d）中，圆锥体的各尺寸已经构成封闭尺寸链。这些问题都给编程计算造成困难，甚至产生不必要的误差。

当发生以上缺陷时，应向图样的设计人员或技术管理人员及时反映，解决后方可进行程序的编制工作。

3）尺寸公差要求

在确定控制零件尺寸精度的加工工艺时，必须分析零件图样上的公差要求，从而正确选择刀具及确定切削用量等。

在尺寸公差要求的分析过程中，还可以同时进行一些编程尺寸的简单换算，如中值尺寸及尺寸链的解算等。在数控编程时，常常对零件要求的尺寸取其最大和最小极限尺寸的平均值（即"中值"）作为编程的尺寸依据。

4）形状和位置公差要求

图样上给定的形状和位置公差是保证零件精度的重要要求。在工艺准备过程中，除了按其要求确定零件的定位基准和检测基准，并满足其设计基准的规定外，还可以根据机床的特殊需要进行一些技术性处理，以便有效地控制其形状和位置误差。

5）表面粗糙度要求

表面粗糙度是保证零件表面微观精度的重要要求，也是合理选择机床、刀具及确定切削用量的重要依据。

6）材料要求

图样上给出的零件毛坯材料及热处理要求，选择刀具（材料、几何参数及使用寿命），确定加工工序、切削用量及选择机床的重要依据。

7）加工数量

零件的加工数量对工件的装夹与定位、刀具的选择、工序的安排及走刀路线的确定等都是不可忽视的参数。

2. 车削加工工件装夹

在数控机床加工前，应预先确定工件在机床上的位置，并固定好，以接受加工或检测。将工件在机床上或夹具中定位、夹紧的过程，称为装夹。工件的装夹包含了两个方面的内容：一是定位。确定工件在机床上或夹具中正确位置的过程，称为定位；二是夹紧。工件定位后将其固定，使其在加工过程中保持定位位置不变的操作，称为夹紧。

1）在车床上用于装夹工件的装置称为车床夹具

夹具是用来定位、夹紧被加工工件，并带动工件一起随主轴旋转。车床夹具可分为通用夹具和专用夹具两大类。

车床通用夹具有三爪卡盘、四爪卡盘、弹簧套和通用心轴等。专用夹具是专门为加工某一特定工件的某一工序而设计的夹具，专用夹具的定位精度较高，成本也较高。

为满足数控加工的特点，数控车削加工要求夹具应具有较高的定位精度和刚性，结构简单、通用性强，便于在机床上安装夹具及迅速装卸工件、自动化等特性。

2）数控车床工件设计基准与加工定位基准

适合车削的工件结构一般为回转体结构，回转面直径方向设计基准是回转面中心轴线，轴向设计基准设置在工件的某一端面或几何中心处。数控车床加工轴套类及轮类零件的加工定位基准面一般是工件外圆表面、内圆表面、中心孔、端面。

（1）在车削加工中，较短轴类零件的定位方式通常采用一端圆柱面固定，即用三爪卡盘、四爪卡盘或弹簧套固定工件的圆柱表面，此定位方式对工件的悬伸长度有一定限制，工件悬伸过长会在切削过程中产生变形，工件悬伸过长还会增大加工误差，甚至掉活。

（2）对于切削长度较长的轴类零件可以采用一夹一顶，或采用两顶尖定位。在装夹方式允许的条件下，零件的轴向定位面尽量选择几何精度较高的端面。

3）典型卡盘夹具及装夹

在数控车床加工中，大多数情况是使用工件或毛坯的外圆定位，以下几种夹具就是靠圆周来定位的夹具。

（1）三爪卡盘。

三爪卡盘如图 1-1-32 所示，是最常用的车床通用夹具。三爪卡盘是由一个大锥齿轮、三个小锥齿轮、三个卡爪组成。三个小锥齿轮和大锥齿轮啮合，大锥齿轮的背面有平面螺纹结构，三个卡爪等分别安装在平面螺纹上。当用扳手扳动小锥齿轮时，大锥齿轮便转动，它背面的平面螺纹就使三个卡爪同时向中心靠近或退出。因为平面矩形螺纹的螺距相等，所以三爪运动距离相等，有自动定心的作用。

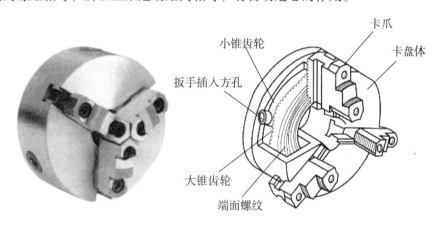

图 1-1-32　三爪卡盘

三爪卡盘最大的优点是可以自动定心，夹持范围大，装夹速度快，但定心精度存在误差，不适于同轴度要求高的工件二次装夹。

为了防止车削时因工件变形和振动而影响加工质量，工件在三爪自定心卡盘中装夹时，其悬伸长度不宜过长。例如：工件直径≤30mm，其悬伸长度不应大于直径的 3 倍；若工件直径>30mm，其悬伸长度不应大于直径的 4 倍。同时也可避免工件被车刀顶弯、顶落而造成打刀事故。

CNC 车床有两种常用的标准卡盘卡爪，分别是硬卡爪和软卡爪，如图 1-1-33 所示。当卡爪夹持在未加工面上，如铸件或粗糙棒料表面，需要大的夹紧力时，使用硬卡爪；通常为保证刚度和耐磨性，硬卡爪要进行热处理，硬度较高。当需要减小两个或多个零件直径跳动偏差，以及在已加工表而不希望有夹痕时，则应使用软卡爪。软卡爪通常用低碳钢制造，软爪在使用前，为配合被夹持工件，要进行撞孔加工。软爪装夹的最大特点是工件虽经多次装夹仍能保持一定的位置精度，大大缩短了工件的装夹校正时间。

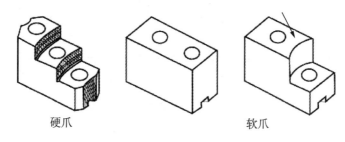

硬爪　　　　　　　　　　　软爪

图 1-1-33　卡盘卡爪

（2）三爪自定心卡盘安装操作。

①装卡盘前应切断电动机电源并将卡盘和连接盘各表面（尤其是定位配合表面）擦净并涂油，在靠近主轴处的床身导轨上垫一块木板，以保护导轨面不受意外撞击。

②用一根比主轴通孔直径稍小的硬木棒穿在卡盘中，将卡盘抬到连接盘端，将棒料一端插入主轴通孔内，另一端伸在卡盘外。

③小心地将卡盘背面的台阶孔装配在连接盘的定位基面上，应使卡盘背面与连接盘平面贴平、贴牢，并用三个螺钉将连接盘与卡盘可靠地连为一体，然后抽去木棒、撤去垫板。

④拆卸卡盘前，应切断电源，并在主轴孔内插入一硬质木棒，木棒另一端伸出卡盘之外并搁置在刀架上，垫好床身护板，以防意外撞伤床身导轨面。

⑤卸下连接盘与卡盘连接的三个螺钉，并用木锤轻敲卡盘背面，以使卡盘止口从连接盘的阶台上分离下来。小心地抬下卡盘。

⑥装、拆卡爪操作三个卡爪有正爪和反爪之分。正卡爪用于装夹外圆直径较小和内孔直径较大的工件；反卡爪用于装夹外圆直径较大的工件。

当直径较小时，工件可置于正爪之间装夹；正爪还可将三个卡爪伸入工件内孔中利用长爪的径向张力装夹盘、套、环状零件。当工件直径较大时，用正爪不便装夹，宜将三个正爪换成反爪进行装夹。

⑦安装卡爪时，要按卡爪上的号码依 1、2、3 的顺序装配。若号码看不清，则可把三个卡爪并排放在一起，比较卡爪端面螺纹牙数的多少，多的为 1 号卡爪，少的为 3 号卡爪，如图 1-1-34 所示。

⑧将卡盘扳手的方榫插入卡盘外壳圆柱面上的方孔中，按顺时针方向旋转，以驱动大锥齿轮背面的平面螺纹，当平面螺纹的螺扣转到将要接近壳体上的 1 槽时，将 1 号卡爪插入壳体槽内，继续顺时针转动卡盘扳手，在卡盘壳体上的 2 槽、3 槽处依次装入 2 号、3 号卡爪。拆卸卡爪的操作方法与之相反。

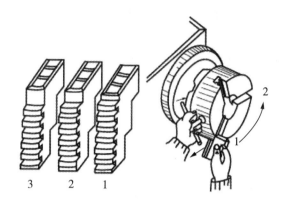

图 1-1-34　卡爪安装

（3）可调卡爪式四爪卡盘。

可调卡爪式四爪卡盘如图 1-1-35 所示。它的 4 个基体卡座上的卡爪，可通过 4 个螺杆手动旋转移动径向位置，能单独调整各卡爪的位置使零件夹紧、定位。加工前，要把工件加工面中心对中到卡盘（主轴）中心，由于其装夹后不能自动定心，因此需要用更多的时间来对正和夹紧零件。

可调卡爪式四爪卡盘适合装夹形状比较复杂的非回转体，如方形、长方形等。一般用于定位、夹紧不同心或结构对称的零件表面。

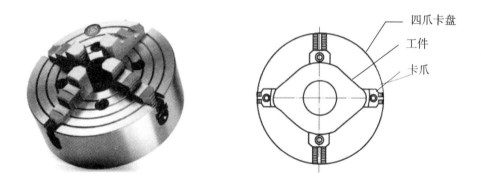

图 1-1-35　可调卡爪式四爪卡盘

（4）液压动力卡盘。

三爪卡盘常见的有机械式和液压式两种。液压卡盘，能自动松开夹紧，动作灵敏、装夹迅速、方便，能实现较大夹紧力，能提高生产率和减轻劳动强度。但夹持范围变化小，尺寸变化大时需重新调整卡爪位置。图 1-1-36 为液压式三爪卡盘。

自动化程度高的数控车床经常使用液压自定心卡盘，尤其适用于批量加工。

液压动力卡盘夹紧力的大小可通过调整液压系统的油压进行控制，以适应棒料、盘类零件和薄壁套筒零件的装夹。

（5）高速动力卡盘。

为了提高数控车床的生产效率，对其主轴提出越来越高的要求，以实现高速、甚至超高速切削。现在有的数控车床甚至达到 100000r/min。对于这样高的转速，一般的卡盘已不适用，而必须采用高速动力卡盘才能保证安全可靠地进行加工。

随着卡盘的转速提高，由卡爪、滑座和紧固螺钉组成的卡爪组件离心力急剧增大，卡爪对零件的夹紧力下降。试验表明：ϕ380mm 的楔式动力卡盘在转速为 2000 r/min 时，动态夹紧力只有静态的 1/40，高速动力卡盘常增设离心力补偿装置，利用补偿装置的离心力抵消卡爪组件离心力造成的夹紧力损失。另一个方法是减轻卡爪组件质量以减小离心力。图 1-1-37 为楔式高速通孔动力卡盘。

图 1-1-36 液压动力卡盘

图 1-1-37 高速动力卡盘

（6）轴类零件中心孔定心装夹。

中心孔定位夹具在两顶尖间安装工件。对于长度尺寸较大或加工工序较多的轴类零件，为保证每次装夹时的装夹精度，可用两顶尖装夹。两顶尖定位的优点是定心正确可靠，安装方便，主要用于精度要求较高的零件加工。

①中心孔。

中心孔是轴类零件在顶尖上安装的常用定位基准。中心孔的形状应正确，表面粗糙度应适当。

中心孔的 60°锥孔与顶尖上的 60°锥面相配合，要保证锥孔与顶尖锥面配合贴切，并可存储少量润滑油（黄油）。

中心孔有 A、B、R 三种类型，常用的中心孔有 A 型和 B 型。

A 型中心孔只有 60°锥孔。对于精度一般的轴类零件，中心孔不需要重复使用的，可选用 A 型中心孔，如图 1-1-38 所示。

B 型中心孔外端的 120°锥面又称保护锥面，用以保护 60°锥孔的外缘不被碰坏。对于精度要求高，工序较多需多次使用中心孔的轴类零件，应选用 B 型中心孔，如图 1-1-39 所示。

A 型和 B 型中心孔，分别用相应的中心钻在车床或专用机床上加工。加工中心孔之前应先将轴的端面车平，防止中心钻折断。

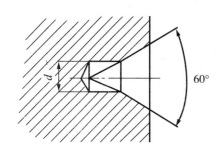

图1-1-38 A型中心孔形状尺寸

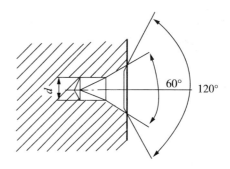

图1-1-39 B型中心孔形状尺寸

②顶尖。

工件装在主轴顶尖和尾座顶尖之间，顶尖作用是进行工件的定心，并承受工件的重量和切削力。

常用顶尖一般可分为普通顶尖（死顶尖）和回转顶尖（活顶尖）两种。普通顶尖刚性好，定心准确，但与工件中心孔之间因产生滑动摩擦而发热过多，容易将中心孔或顶尖"烧坏"，因此，尾架上是死顶尖，则轴的右中心孔应涂上黄油，以减小摩擦，死顶尖适用于低速加工精度要求较高的工件。

活顶尖将顶尖与工件中心孔之间的湍动摩擦改成顶尖内部轴承的滚动摩擦，能在很高的转速下正常地工作；但活顶尖存在一定的装配积累误差，以及当滚动轴承磨损后，会使顶尖产生径向摆动，从而降低了加工精度，故一般用于轴的粗车或半精车。图1-1-40为常见的各种顶尖。车床两顶尖轴线如不重合（前后方向），车削的工件将成为圆锥体。因此，必须横向调节车床的尾座，使两顶尖轴线重合。尾座套筒在不与车刀干涉的前提下，应尽量伸出短些，以增加刚性和减小振动。两顶尖中心孔的配合应该松紧适当。

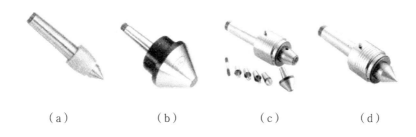

（a） （b） （c） （d）

图1-1-40 顶尖分类

（a）普通顶尖；（b）伞形顶尖；（c）可替换顶尖；（d）可注油回转顶尖。

（7）卡盘与顶尖一夹一顶装夹。

当工件长度大于4倍直径时，由于工件结构的刚性较差，因此，在加工期间需要用尾座和顶尖支撑工件。尾座和顶尖一般要抵消车床车削工件时产生的刀具压力。如果切削这种类型的工件时没有使用尾座，则会得到异常结果。

工件的一端安装在三爪卡盘中，另一端由尾座支撑。尾架顶尖支撑前，应先正确加工中心孔。如果加工出的中心孔不合格，则会严重影响工件的加工精度，甚至造成废品。因此，必须确保中心孔的加工质量。

①中心孔加工操作钻两端中心孔时，要先用车刀把端面车平，再用中心钻钻中心孔。

②不同类型的中心孔加工工具或方法是有区别的。加工 A、B、R 三种类型中心孔需分别采用不带护锥的中心钻和带护锥中心钻，如图 1-1-41 所示。

③中心孔加工不宜过深、过浅、过大、过偏。过深、过浅则顶尖与中心孔接触不良，影响定位精度。过大、过偏容易导致工件成为废品。

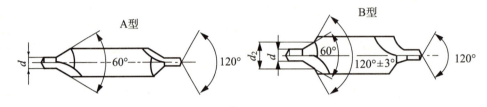

图 1-1-41　中心钻头

④钻中心孔时，中心钻的轴向进给要缓慢、均匀；应加注切削液、勤退刀并及时清除切屑。切削速度过低、轴向进给量过大，不加切削液与排屑不畅，都是中心钻折断的重要原因。

⑤尾座的设置操作，尾座可以沿 Z 轴滑动并支撑工件。尾座可以由 CNC 机床操作员手动或自动定位并紧固在床身上。顶尖是单独的部件，它要锁紧到尾座套筒中。尾座的一般设置过程是：第一步松开锁紧螺钉。第二步将尾座滑动到需要的位置。第三步允许尾座套筒回缩来装、卸工件。第四步拧紧尾座锁紧螺钉。第五步检验主轴顶尖是否对中。当通过程序来设置或操作尾座时，切记不要将手放在正在移动的部件之间。

（8）一夹一顶操作要点。

中心孔定心装夹工件时要注意以下几点：

①在顶尖间加工轴类工件时，车削前要调整尾座顶尖轴线与车床主轴轴线重合。

②在两顶尖间加工细长轴时，应使用跟刀架或中心架。在加工过程中要注意调整顶尖的顶紧力，死顶尖和中心架应注意润滑。

③使用尾座时，套筒尽量伸出短些，以减小振动。

3. 数控车床切削用量的选择

在数控编程时，编程人员必须确定每道工序的切削用量，并以指令的形式写入程序中，所以编程前必须确定合适的切削用量。

1）背吃刀量的确定

在工艺系统刚性和机床功率允许的条件下，尽可能选取较大的背吃刀量，以减少进给次数，当零件的精度要求较高时，应考虑适当留出精车余量，其所留精车余量一般为 0.1~0.5mm。

2）主轴转速的确定

（1）光车时的主轴转速。光车时的主轴转速应根据零件上被加工部位的直径，并按零件、刀具的材料、加工性质等条件所允许的切削速度来确定。切削速度除了计算和查表选取外，还可根据实践经验确定。需要注意的是交流变频调速数控车床低速输出力矩小，因而切削速度不能太低。切削速度确定之后，就用公式计算主轴转速。表1-1-3为硬质合金外圆车刀切削速度的参考值，选用时可参考选择。

表 1-1-3　硬质合金外圆车刀切削速度的参考数值

工件材料	热处理状态	$a_p = 0.3 \sim 2.0mm$ $f = 0.08 \sim 0.30mm/r$	$a_p = 2 \sim 6mm$ $f = 0.3 \sim 0.6mm/r$	$a_p = 6 \sim 10mm$ $f = 0.6 \sim 1.0mm/r$
		$V_c(\mathrm{m \cdot min^{-1}})$		
低碳钢、易切钢	热轧	140 ~ 180	100 ~ 120	70 ~ 90
中碳钢	热轧	130 ~ 160	90 ~ 110	60 ~ 80
	调质	100 ~ 130	70 ~ 90	50 ~ 70
合金结构钢	热轧	100 ~ 130	70 ~ 90	50 ~ 70
	调质	80 ~ 110	50 ~ 70	40 ~ 60
工具钢	退火	90 ~ 120	60 ~ 80	50 ~ 70
灰铸铁	HBS<190	90 ~ 120	60 ~ 80	50 ~ 70
	HBS = 190 ~ 225	80 ~ 110	50 ~ 70	40 ~ 60
高锰钢 Mn13%		10 ~ 20		
铜、铜合金		200 ~ 250	120 ~ 180	90 ~ 120
铝、铝合金		300 ~ 600	200 ~ 400	150 ~ 200
铸铝合金		100 ~ 180	80 ~ 150	60 ~ 100
说明:切削钢、灰铸铁时的刀具耐用度约为60min				

（2）车螺纹时的主轴转速。切削螺纹时，数控车床的主轴转速将受到螺纹螺距（或导程）的大小、驱动电动机的升降频率特性、螺纹插补运算速度等多种因素的影响，故对于不同的数控系统，推荐不同的主轴转速选择范围。例如，大多数经济型数控车床的数控系统，推荐切削螺纹时的主轴转速为：

$$n \leqslant \frac{1200}{p} - k$$

其中：p——工件螺纹的螺距或导程（T），mm；

k——保险系数，一般取80。

3）进给量（或进给速度）的确定

（1）单向进给量计算。单向进给量包括纵向进给量和横向进给量，进给量的数值可按公式计算。粗车时一般取 0.3 ~ 0.8mm/r，精车时常取 0.1 ~ 0.3mm/r，切断时常取

0.05~0.2mm/r。表 1-1-4 为硬质合金车刀粗车外圆或端面的进给量参考值，表 1-1-5 为按表面粗糙度选择进给量的参考值，供参考选用。

表 1-1-4　硬质合金外圆车刀粗车外圆及端面的进给量参考值

工件材料	刀杆尺寸 B×H（mm）	工件直径 d_w（mm）	背吃刀量（a_p/mm）				
			≤3	>3~5	>5~8	>8~12	>12
			进给量 f（mm/r）				
碳素结构钢 合金结构钢 耐热钢	16×25	20	0.3~0.4				
		40	0.4~0.5	0.3~0.4			
		60	0.5~0.7	0.4~0.6	0.3~0.5		
		100	0.6~0.9	0.5~0.7	0.5~0.6	0.4~0.5	
		400	0.8~1.2	0.7~1.0	0.6~0.8	0.5~0.6	
	20×30 25×25	20	0.3~0.4				
		40	0.4~0.5	0.3~0.4			
		60	0.5~0.7	0.5~0.7	0.4~0.6		
		100	0.8~1.0	0.7~0.9	0.5~0.7	0.4~0.7	
		400	1.2~1.4	1.0~1.2	0.8~1.0	0.6~0.9	0.4~0.6
铸铁铜合金	16×25	40	0.4~0.5				
		60	0.5~0.8	0.5~0.8	0.4~0.6		
		100	0.8~1.2	0.7~1.0	0.6~0.8	0.5~0.7	
		400	1.0~1.4	1.0~1.2	0.8~1.0	0.6~0.8	
	20×30 25×25	40	0.4~0.5				
		60	0.5~0.9	0.5~0.8	0.4~0.7		
		100	0.9~1.3	0.8~1.2	0.7~1.0	0.5~0.8	
		400	1.2~1.8	1.2~1.6	1.0~1.3	0.9~1.1	0.7~0.9

说明：①加工断续表面及有冲击工件时，表中进给量应乘系数 $k=0.75~0.85$；
　　　②在无外皮加工时，表中进给量应乘系数 $k=1.1$；
　　　③在加工耐热钢及合金钢时，进给量不大于 1mm/r；
　　　④加工淬硬钢，进给量应减小。当钢的硬度为 44~56HRC 时，应乘系数 $k=0.8$；当钢的硬度为 56~62HRC 时，应乘系数 $k=0.5$

表 1-1-5　按表面粗糙度选择进给量的参考值

工件材料	表面粗糙度 R_a（μm）	切削速度范围 V_c（m/min）	刀尖圆弧半径（r/mm）		
			0.5	1.0	2.0
			进给量 f（mm/r）		
铸铁、青钢、铝合金	>5~10	不限	0.25~0.40	0.40~0.50	0.50~0.60
	>2.5~5.0		0.15~0.25	0.25~0.40	0.40~0.60
	>1.25~2.5		0.10~0.15	0.15~0.20	0.20~0.35
碳钢及合金钢	>5~10	<50	0.30~0.50	0.45~0.60	0.55~0.70
		>50	0.40~0.55	0.55~0.65	0.65~0.70
	>2.5~5.0	<50	0.18~0.25	0.25~0.30	0.30~0.40
		>50	0.25~0.30	0.30~0.35	0.30~0.50
	>1.25~2.5	<50	0.10	0.11~0.15	0.15~0.22
		50~100	0.11~0.16	0.16~0.25	0.25~0.35
		>100	0.16~0.20	0.20~0.25	0.25~0.35

说明：r=0.5mm，用于 12mm×12mm 及以下刀杆；r=1mm，用于 30mm×30mm 以下刀杆；r=2mm，用于 30mm×45mm 以下刀杆

（2）合成进给速度的计算。合成进给速度是指刀具做合成运动（斜线及圆弧插补等）时的进给速度，例如，加工斜线及圆弧等轮廓零件时，刀具的进给速度由纵、横两个坐标轴同时运动的速度合成获得，即：

$$V_{FH} = \sqrt{v_{fx}^2 + v_{fz}^2}$$

由于计算合成进给速度的过程比较繁琐，所以除特别情况需要计算外，在编制数控加工程序时，一般凭实践经验或通过试切确定合成进给速度值。

八、数控车刀的选择

选择数控车削刀具通常要考虑数控车床的加工能力、工序内容及工件材料等因素。与普通车削相比，数控车削对刀具的要求更高，不仅要求精度高、刚度好、耐用度高，而且要求尺寸稳定、安装调整方便。

1. 常用车刀类型

1）焊接式车刀

焊接式车刀是将硬质合金刀片用焊接的方法固定在刀体上，形成一个整体。此类刀具结构简单，制造方便，刚性较好。但由于受焊接工艺的影响，使刀具的使用性能受到影响，另外，刀杆不能重复使用，造成刀具材料的浪费。

根据工件加工表面的形状以及用途不同，焊接式车刀可分为外圆车刀、内孔车刀、切断（切槽）刀、螺纹车刀及成形车刀等，具体如图 1-1-42 所示。

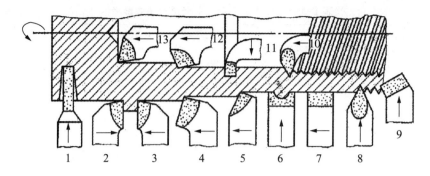

图 1-1-42　常用焊接式车刀的种类

1—切断刀；2—90°左偏刀；3—90°右偏刀；4—弯头车刀；5—直头车刀；

6—成型车刀；7—宽刃车刀；8—外螺纹车刀；9—端面车刀；

10—内螺纹车刀；11—内沟槽刀；12—通孔车刀；13—盲孔车刀。

2）机械夹固式可转位车刀

机械夹固式可转位车刀是已经实现机械加工标准化、系列化的车刀。数控车床常用的机夹可转位车刀结构形式如图 1-1-43 所示，主要由刀杆、刀片、刀垫及夹紧元件组成。刀片每边都有切削刃，当某切削刃磨损钝化后，只需松开夹紧元件，将刀片转一个位置便可继续使用。减少了换刀时间和方便对刀，便于实现机械加工的标准化，数控车削加工时，应尽量采用机夹刀和机夹刀片。

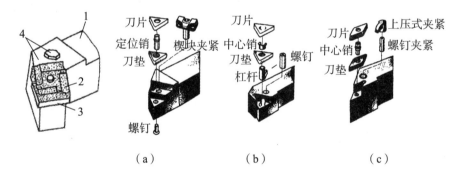

（a）　　　　　　　（b）　　　　　　　（c）

图 1-1-43　机夹可转位车刀

（a）楔块—压式夹紧；（b）杠杆—压式夹紧；（c）螺钉—压式夹紧。

1—刀杆；2—刀片；3—刀垫；4—夹紧元件。

2. 车刀的类型及选择

数控车削常用的车刀一般分为三类，即尖形车刀、圆弧车刀和成型车刀。

1）尖形车刀

尖形车刀的刀尖（也称为刀位点）由直线形的主、副切削刃构成，切削刃为一直线形。如90°内、外圆车刀、端面车刀、切断（槽）车刀等。

尖形车刀是数控车床加工中用的最为广泛的一类车刀。用这类车刀加工零件时，其零件的轮廓形状主要由一个独立的刀尖或一条直线形主切削刃位移后得到。尖形车刀的选择方法与普通车削时基本相同,主要根据工件的表面形状、加工部位及刀具本身的强度等选择合适的刀具几何角度,并应适合数控加工的特点(如加工路线、加工干涉等)。

2)圆弧形车刀

圆弧形车刀的切削刃是一圆度误差或轮廓误差很小的圆弧,该圆弧上每一点都是圆弧形车刀的刀尖,其刀位点不在圆弧上,而在该圆弧的圆心上(图 1-1-44)。

当某些尖形车刀或成形车刀(如螺纹车刀)的刀尖具有一定的圆弧形状时,也可作为这类车刀使用。

圆弧形车刀是较为特殊的数控车刀,可用于车削工件内、外表面,特别适合于车削各种光滑连接(凸凹形)成形面。

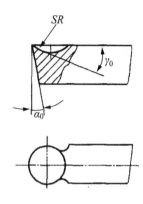

圆弧形车刀的选择,主要是选择车刀的圆弧半径,具体应考虑两点:一是车刀切削刃的圆弧半径应小于零件凹形轮廓上的最小曲率半径,以免发生加工干涉;二是该半径不宜太小,否则不但制造困难,还会削弱刀具强度,降低刀体散热性能。

图 1-1-44 圆弧形车刀

3)成形车刀

成形车刀俗称样板车刀,其加工零件的轮廓形状完全由车刀刀刃的形状和尺寸决定。数控车削加工中,常见的成形车刀有小半径圆弧车刀、非矩形切槽刀和螺纹车刀等。在数控加工中,应尽量少用或不用成形车刀,当确有必要选用时,应在工艺文件或加工程序单上进行详细说明。

3. 机夹可转位车刀的选用

1)刀片材质的选择

常见刀片材料有高速钢、硬质合金、涂层硬质合金,陶瓷、立方氮化硼和金钢石等,其中应用最多的是硬质合金和涂层硬质合金刀片。选择刀片材质主要依据被加工工件的材料、被加工表面的精度、表面质量要求、切削载荷的大小以及切削过程有无冲击和振动等。

2)刀片形状的选择

刀片形状主要依据被加工工件的表面形状、切削方法、刀具寿命和刀片的转位次数等因素选择。

刀片是机夹可转位车刀的重要组成元件,刀片大致可分为三大类 17 种,图 1-1-45 为常见的可转位车刀刀片。

表 1-1-6 为车削加工时被加工表面及适用从主偏角 45°~95°的刀具形状。具体使用时可查阅有关刀具手册选取。

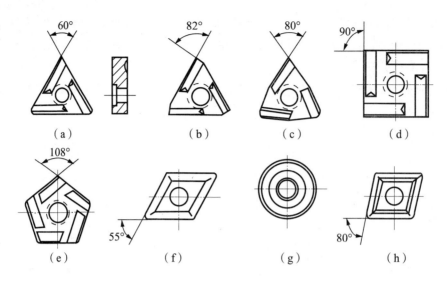

图 1-1-45 常见可转位车刀刀片

（a）T 型刀片；（b）F 型刀片；（c）W 型刀片；（d）s 型刀片；

（e）P 型刀片；（f）D 型刀片；（g）R 型刀片；（h）C 型刀片。

表 1-1-6 被加工表面与适用的刀片形状

车削外圆表面	主偏角	45°	45°	60°	75°	95°
	刀片形状及加工示意图	45° ←	45° ⌐	60° ←	75° ←	95° ⌐
	推荐选用刀片	SCMA SPMR SCMM SNMM-8 SPUN SNMM-9	SCMA SPMAR SCMM SNMG SPUN SPGR	TCMA TNMM-8 TCMM TPUN	SCMM SPUM SCMA SPMR SNMA	CCMA CCMM CNMM-7
车削端面	主偏角	75°	90°		90°	95°
	刀片形状及加工示意图	75° ↑	90° ↑		90° ↑	95° ↑
	推荐选用刀片	SCMA SPMR SCMM SPUR SPUN CNMG	TNUN TNMA TCMA TPUM TCMM TPMR		CCMA	TPUN TPMR
车削成形面	主偏角	15°	45°	60°	90°	93°
	刀片形状及加工示意图	15° ←	45° ←	60° ←	90° ←	93° ←
	推荐选用刀片	RCMM	RNNG	TNMM-8	TNMG	TNMA

4. 车削工具系统

为了提高效率，减少换刀辅助时间，数控车削刀具已经向标准化、系列化、模块化方向发展，目前数控车床的刀具系统常用的有两类。

一类是刀块式，结构是用凸键定位、螺钉夹紧，如图1-1-46（a）所示。该结构定位可靠，夹紧牢固、刚性好，但换装刀具费时，不能自动夹紧。

另一类结构是圆柱柄上铣有齿条的结构，如图1-1-46（b）所示，该结构可实现自动夹紧，换装比较快捷，刚性较刀块式差。

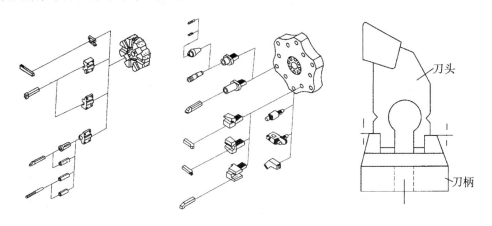

图1-1-46 车削刀具系统

（a）刀块式车刀系统；（b）圆柱齿条式车刀系统；（c）小刀尖刀具。

瑞典山特维克公司推出了一套模块化的车刀系统，刀柄是一样的，仅需更换刀头和刀杆即可用于各种加工，如图1-1-46（c）所示，该结构刀头很小，更换快捷，定位精度高，也可自动更换。

九、车削加工顺序的确定

1. 车削加工顺序的确定

图1-1-47为手柄零件，批量生产，加工时用一台数控车床，该零件加工所用坯料为ϕ32mm的棒料。加工顺序如下：

第一道工序：如图1-1-47所示，将一批工件全部车出，工序内容有：先车出ϕ12mm和ϕ20mm两圆柱面及20°圆锥面（粗车掉R42mm圆弧的部分余量），换刀后按总长要求留下加工余量切断。

第二道工序（调头）：按图1-1-47（c）所示，用ϕ12mm外圆及ϕ20mm端面装夹工件，工序内容有：先车削包络sR7mm球面的30°圆锥面，然后对全部圆弧表面进行半精车（留少量的精车余量），最后换精车刀，将全部圆弧表面一刀精车成型。

在分析了零件图样和确定了工序、装夹方式后，接下来即要确定零件的加工顺序。制定零件车削加工顺序一般遵循下列原则：

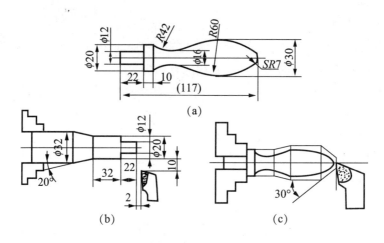

图 1-1-47 手柄加工工序示意图

（a）手柄零件图；（b）手柄加工第一道工序；（c）手柄加工第二道工序。

（1）先粗后精。按照粗车→半精车→精车的顺序，逐步提高加工精度。粗车将在较短的时间内将工件表面上的大部分加工余量（图 1-1-48 中的双点划线内所示部分）切掉，一方面提高金属切除率，另一方面满足精车的余量均匀性要求。若粗车后所留余量的均匀性满足不了精加工的要求，则要安排半精加工，为精车作准备。精车要保证加工精度，按图样尺寸，一刀车出零件轮廓。

（2）先近后远。这里所说的远和近是按加工部位相对于对刀点的距离大小而言的。在一般情况下，离对刀点远的部位后加工，以便缩短刀具移动距离，减少空行程时间。而且对于车削而言，先近后远还有利于保持坯件或半成品的刚性，改善其切削条件。

例如，当加工如图 1-1-49 所示零件时，如果按 $\phi38mm \to \phi36mm \to \phi34mm$ 的次序安排车削，不仅会增加刀具返回对刀点所需的空行程时间，而且一开始就削弱了工件的刚性，还可能使台阶的外直角处产生毛刺。对这类直径相差不大的台阶轴，当第一刀的背吃刀量（图中最大背吃刀量可为 3mm 左右）未超过限时，宜按 $\phi34mm \to \phi36mm \to \phi38mm$ 的次序先近后远地安排车削。

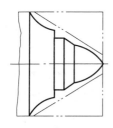

图 1-1-48 先粗后精示例

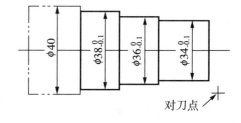

图 1-1-49 先近后远示例

（3）内外交叉。对既有内表面（内型、腔），又有外表面需加工的零件，安排加工顺序时应先进行内外表面粗加工，后进行内外表面精加工。切不可将零件上一部分表面（外表面或内表面）加工完毕后，再加工其他表面（内表面或外表面）。

2. 进给路线的确定

刀具刀位点相对于工件的运动轨迹和方向称为进给路线，即刀具从对刀点开始运动起，直至加工结束所经过的路径，包括切削加工的路径及刀具切入、切出等切削空行程。在数控车削加工中，因精加工的进给路线基本上都是沿零件轮廓的顺序进行，因此确定进给路线的工作重点主要在于确定粗加工及空行程的进给路线。加工路线的确定必须在保证被加工零件的尺寸精度和表面质量的前提下，按最短进给路线的原则确定，以减少加工过程的执行时间，提高工作效率。在此基础上，还应考虑数值计算的简便，以方便程序的编制。

下面是数控车削加工零件时常用的加工路线。

1）轮廓粗车进给路线

在确定粗车进给路线时，根据最短切削进给路线的原则，同时兼顾工件的刚性和加工工艺性等要求，来选择确定最合理的进给路线。

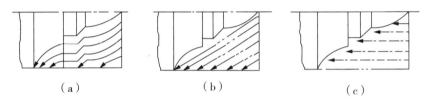

（a）　　　　　　　（b）　　　　　　　（c）

图 1-1-50　粗车进给路线示意图

（a）按工件轮廓线进行进给的路线；（b）三角形循环（车锥法）进给路线；（c）矩形循环进给路线。

图 1-1-50 给出了 3 种不同的轮廓粗车切削进给路线，其中图 1-1-50（a）表示利用数控系统的循环功能控制车刀沿着工件轮廓线进行进给的路线；图 1-1-50（b）为三角形循环（车锥法）进给路线；图 1-1-50（c）为矩形循环进给路线，其路线总长最短，因此在同等切削条件下的切削时间最短，刀具损耗最少。

2）车削圆锥的加工路线

在数控车床上车削外圆锥可以分为车削正圆锥和车削倒圆锥两种情况，而每一种情况又有两种加工路线。图 1-1-51 为车削正圆锥的两种加工路线。按图 1-1-51（a）车削正圆锥时，需要计算终刀距 S。设圆锥大径为 D，小径为 d，锥长为 L，背吃刀量为 U_p，则由相似三角形可知：

$$\frac{D-d}{2L}=\frac{a_p}{S}$$

根据公式，便可计算出终刀距 S 的大小。

当按图 1-1-51（b）的走刀路线车削正圆锥时，则不需要计算终刀距 S，只要确定背吃刀量 a_p，即可车出圆锥轮廓。

按第一种加工路线车削正圆锥，刀具切削运动的距离较短，每次切深相等，但需要通过计算。按第二种方法车削，每次切削背吃刀量是变化的，而且切削运动的路线较长。

图 1-1-52（a）、(b) 为车削倒锥的两种加工路线，分别与图 1-1-52（a）、(b) 相对应，其车锥原理与正圆锥相同，有时在粗车圆弧时也经常使用。

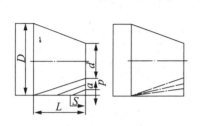

图 1-1-51　粗车正锥进给路线示意图

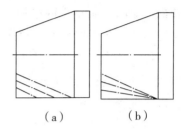

（a）　　　　（b）

图 1-1-52　粗车倒锥进给路线示意图

3）车削圆弧的加工路线

在粗加工圆弧时，因其切削余量大，且不均匀，经常需要进行多刀切削。在切削过程中，可以采用多种不同的方法，现将常用方法介绍如下：

（1）车锥法粗车圆弧。图 1-1-53 为车锥法粗车圆弧的切削路线，即先车削一个圆锥，再车圆弧。在采用车锥法粗车圆弧时，要注意车锥时的起点和终点的确定。若确定不好，则可能会损坏圆弧表面，也可能将余量留得过大。确定方法是连接 OB 交圆弧于点 D，过 D 点作圆弧的切线 AC。由几何关系得：

$$BD = OB - OD = 0.414R$$

此为车锥时的最大切削余量，即车锥时，加工路线不能超过 AC 线。由 BD 和 △ABC 的关系即可算出 BA、BC 的长度，即圆锥的起点和终点。当 R 不太大时，可取 $AB = BC = 0.5R$，此方法数值计算较为繁琐，但其刀具切削路线较短。

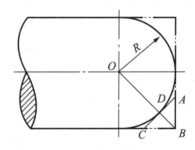

图 1-1-53　车锥法粗车圆弧示意图

（2）车矩形法粗车圆弧，不超过 1/4 的圆弧，当圆弧半径较大时，其切削余量往往较大，此时可采用车矩形法粗车圆弧。在采用车矩形法粗车圆弧时，关键要注意每刀切削所留的余量应尽可能保持一致，严格控制后面的切削长度不超过前一刀的切削长度，以防崩刀。图 1-1-54 为车矩形法粗车圆弧的两种进给路线，图 1-1-54（a）是错误的进给路线，图 1-1-54（b）按 1→5 的顺序车削，每次车削所留余量基本相等，是正确的进给路线。

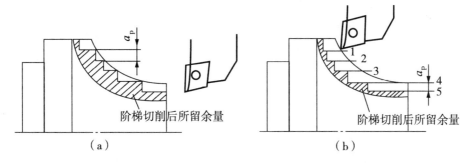

图 1-1-54　车矩形法粗车圆弧示意图

（a）车矩形法粗车圆弧错误的进给路线；（b）车矩形法粗车圆弧正确的进给路线。

（3）车圆法粗车圆弧，前面两种方法粗车圆弧，所留的加工余量都不能达到一致，用 G02（或 G03）指令粗车圆弧，若一刀就把圆弧加工出来，这样吃刀量太大，容易打刀。所以，实际切削时，常常可以采用多刀粗车圆弧，先将大部分余量切除，最后才车到所需圆弧，如图 1-1-55 所示。此方法的优点在于每次背吃刀量相等，数值计算简单，编程方便，所留的加工余量相等，有助于提高精加工质量。缺点是加工的空行程时间较长。加工较复杂的圆弧常常采用此类方法。

4）车螺纹时的加工路线分析

在数控车床上车螺纹时，沿螺距方向的 Z 向进给应和车床主轴的转速保持严格的比例关系，因此应避免在进给机构加速或减速的过程中切削。为此要有升速进刀段和降速进刀段，如图 1-1-56 所示，δ_1 一般为 2~5mm，δ_2 一般为 1~2mm。这样在切削螺纹时，能保证在升速后使刀肯接触工件，刀具离开工件后再降速。

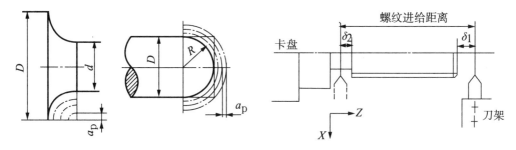

图 1-1-55　车圆法车圆弧示意图　　　图 1-1-56　车螺纹时的引入距离和超越距离

5）车槽加工路线分析

（1）对于宽度、深度值相对不大，且精度要求不高的槽，可采用与槽等宽的刀具，直接切入一次成型的方法加工，如图 1-1-57 所示。刀具切入到槽底后可利用延时指令使刀具短暂停留，以修整槽底圆度，退出过程中可采用工进速度。

（2）对于宽度值不大，但深度较大的深槽零件，为了避免切槽过程中由于排屑不畅，使刀具前部压力过大出现扎刀和折断刀具的现象，应采用分次进刀的方式，刀具在切入工件一定深度后，停止进刀并退回一段距离，达到排屑和断屑的目的，如

图 1-1-58 所示。

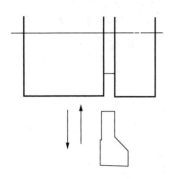
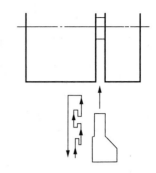

图 1-1-57 简单槽类零件的加工方式　　　　**图 1-1-58 深槽零件的加工方式**

（3）宽槽的切削。通常把大于一个切刀宽度的槽称为宽槽，宽槽的宽度、深度的精度及表面质量要求相对较高。在切削宽槽时常采用排刀的方式进行粗切，然后是用精切槽刀沿槽的一侧切至槽底，精加工槽底至槽的另一侧，再沿侧面退出，切削方式如图 1-1-59 所示。

6）空行程进给路线

（1）合理安排"回零"路线。合理安排退刀路线时，应使其前一刀终点与后一刀起点间的距离尽量减短，或者为零，以满足进给路线为最短的要求。另外，在选择返回参考点指令时，在不发生加工干涉现象的前提下，宜尽量采用 X、Z 坐标轴同时返回参考点指令，该指令的返回路线将是最短的。

（2）巧用起刀点和换刀点。图 1-1-60（a）为采用矩形循环方式粗车的一般情况。考虑到精车等加工过程中换刀的方便，故将对刀点 A 设置在离坯件较远的位置处，同时将起刀点与对刀点重合在一起，按三刀粗车的进给路线安排如下：

第一刀为 $A \rightarrow B \rightarrow C \rightarrow D \rightarrow A$；

第二刀为 $A \rightarrow E \rightarrow F \rightarrow G \rightarrow A$；

第三刀为 $A \rightarrow H \rightarrow I \rightarrow J \rightarrow A$。

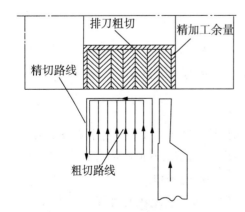

图 1-1-59 宽槽切削方法示意图

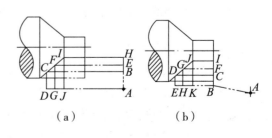

（a）　　　　　　　（b）

图 1-1-60 巧用起刀点

（a）起刀点与对刀点重合；（b）起刀点与对刀点分离。

图 1-1-60（b）则是将起刀点与对刀点分离，并设于 B 点位置，仍按相同的切削用量进行三刀粗车，其进给路线安排如下：

车刀先由对刀点 A 运行至起刀点 B；

第一刀为 B→C→D→E→B；

第二刀为 B→F→G→H→B；

第三刀为 B→I→J→K→B。

显然，图 1-1-60（b）所示的进给路线短。该方法也可用在其他循环（如螺纹车削）的切削加工中。

为考虑换刀的方便和安全，有时将换刀点也设置在离坯件较远的位置处（图 1-1-60 中的 A 点），那么，当换刀后，刀具的空行程路线也较长。如果将换刀点都设置在靠近工件处，则可缩短空行程距离。换刀点的设置，必须确保刀架在回转过程中，所有的刀具不与工件发生碰撞。

7）轮廓精车进给路线

在安排轮廓精车进给路线时，应妥善考虑刀具的进、退刀位置，避免在轮廓中安排切入和切出，避免换刀及停顿，以免因切削力突然发生变化而造成弹性变形，致使在光滑连续的轮廓上产生表面划伤、形状突变或滞留刀痕等缺陷。合理的轮廓精车进给路线应是一刀连续加工而成。

零件加工的进给路线，应综合考虑数控系统的功能、数控车床的加工特点及零件的特点等多方面的因素，灵活使用各种进给方法，从而提高生产效率。

十、编制数控加工工艺文件

填写数控加工专用技术文件是数控加工工艺设计的内容之一。这些技术文件既是数控加工的依据、产品验收的依据，也是操作者遵守、执行的规程。技术文件是对数控加工的具体说明，目的是让操作者更明确加工程序的内容、装夹方式、各个加工部位所选用的刀具及其他技术问题。数控加工技术文件主要有：数控编程任务书、工件安装和原点设定卡片、数控加工工序卡片、数控加工走刀路线图、数控刀具卡片等。以下提供了常用文件格式，文件格式可根据企业实际情况自行设计。

数控加工工艺文件不仅是进行数控加工和产品验收的依据，也是操作者遵守和执行的规程，同时还为产品零件重复生产积累了必要的工艺资料，完成技术储备。这些技术文件是对数控加工的具体说明，目的是让操作者更明确加工程序的内容、装夹方式、各个加工部位所选用的刀具及其他技术问题。

1. 数控加工编程任务书

编程任务书阐明了工艺人员对数控加工工序的技术要求和工序说明，以及数控加工前应保证的加工余量。它是编程人员和工艺人员协调工作和编制数控程序的重要依据之一，如表 1-1-7 所示。

表 1-1-7　数控编程任务书

工艺处	数控编程任务书	产品零件图号		任务书编号	
		零件名称			
		使用数控设备		共　页第　页	
主要工序说明及技术要求：					
		编程收到日期	月　日	经手人	
编制		审核		编程	审核	批准

(注：最后一行合并为：编制 | 审核 | 编程 | 审核 | 批准)

2. 数控加工工序卡

数控加工工序卡与普通加工工序卡有许多相似之处，所不同的是：工序简图中应注明编程原点与对刀点，要进行简要编程说明（如：所用机床型号、程序编号、刀具半径补偿、镜向对称加工方式等）及切削参数（即程序编入的主轴转速、进给速度、最大背吃刀量或宽度等）的选择，如表 1-1-8 所示。

表 1-1-8　数控加工工序卡片

单位	数控加工工序卡片	产品名称或代号		零件名称	零件图号
工序简图		车间		使用设备	
		工艺序号		程序编号	
		夹具名称		夹具编号	

工步号	工步作业内容	加工面	刀具号	刀补量	主轴转速	进给速度	背吃刀量	备注

编制		审核		批准		年 月 日	共　页	第　页

3. 数控刀具卡片

数控加工时，对刀具的要求十分严格，一般要在机外对刀仪上预先调整刀具直径和长度。刀具卡反映刀具编号、刀具结构、尾柄规格、组合件名称代号、刀片型号和材料等。它是组装刀具和调整刀具的依据，如表 1-1-9 所示。

表 1-1-9　数控刀具卡片

产品名称或代号		×××		零件名称	平面槽形凸轮	零件图号	××
序号	刀具号	刀　具		加工表面			备注
		规格名称	数量	刀长（mm）			
1		φ5 中心钻			钻 φ5mm 中心孔		
2		内 19.6 钻头	1	45	φ20　孔粗加工		
3		φ11.6 钻头	1	30	φ12　孔粗加工		
4		φ20 铰刀	1	45	φ20　孔精加工		
5		φ12 铰刀	1	30	φ12　孔精加工		
6		90°倒角铣刀	1		φ20　孔倒角 1.5×45°		
7		φ6 高速钢立铣刀	1	20	粗加工凸轮槽内外轮廓		底圆角 R0.5
8		φ6 硬质合金立铣刀	1	20	精加工凸化槽内外轮廓		
编制	××	审核	×××	批　××　年　月　日　共　页			第　页

4. 数控加工程序单

数控加工程序单是编程员根据工艺分析情况，按照机床特点的指令代码编制的。它是记录数控加工工艺过程、工艺参数的清单，有助于操作员正确理解加工程序内容，如表 1-1-10 所示。

表 1-1-10　数控加工程序单

数控车床程序卡	编程原点	工件右端面与轴线交点		编写日期	
	零件名称		零件图号		材料
	车床型号	CAK6150DJ	夹具名称	三爪卡盘	实训车间
程序号			编程系统	FANUC 0-TD	
序　号	程　序		简要说明		
N010					
N010					
N020					
N030					

续表

序　号	程　序	简要说明
N040		
N050		
N060		
N070		
N080		
N090		
N0110		
N0120		
N0130		

十一、仿真加工基础知识

开启软件，依次选择"开始"→"程序"→"LegalSoft"→"VNUC4.0 网络版"菜单命令，然后再单击"LegalSoft"→"VNUC4.0 网络版"按钮，即可完成自动操作。

开启 VUNC4.0 仿真软件后，出现如图 1-1-61 所示的界面，便进入到了仿真系统的操作界面，出现系统默认的数控系统和机床面板。

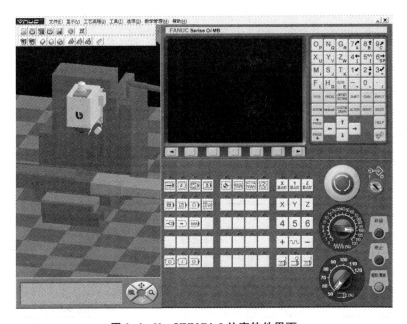

图 1-1-61　VUNC4.0 仿真软件界面

1. 选择机床参数

在"选项"里选择"选择机床与数控系统"，选择如图 1-1-62 所示的机床类型、数控系统、机床面板，即卧式车床，FANUC0iMate-TB 系统和大连机床操作面板。数控车床界面由数控系统面板（图 1-1-62）和数控车床操作面板（图 1-1-63）组成，右上角为数控系统面板，其主要按钮功能如表 1-1-11 所示；右下角为数控车床操作面板，其主要按钮功能如表 1-1-12 所示。

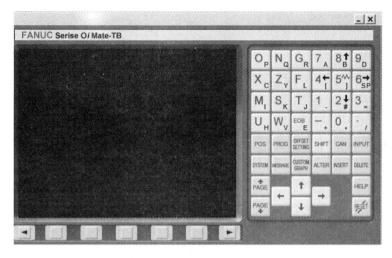

图 1-1-62　数控系统面板

图 1-1-63　机床操作面板

表 1-1-11　数控系统面板按钮功能

名称	图标	功能说明
复位键	RESET	按下这个键可以使 CNC 复位或者取消报警等
帮助键	HELP	当对 MDI 键的操作不明白时，按下这个键可以获得帮助

名称	图标	功能说明
软键		根据不同的画面，软键有不同的功能。软键功能显示在屏幕的底端
地址和数字键	O_P	按下这个键可以输入字母、数字或者其他字符
切换键	SHIFT	在键盘上的某些键具有两个功能。按下<SHIFT>键可以在这两个功能之间进行切换
输入键	INPUT	当按下一个字母键或者数字键时，再按该键数据被输入到缓冲区，并且显示在屏幕上。要将输入缓冲区的数据复制到偏置寄存器中等，请按下该键。这个键与软键中的［INPUT］键是等效的
取消键	CAN	取消键，用于删除最后一个进入输入缓存区的字符或符号
程序功能键	ALTER INSERT DELETE	ALTER：替换键 INSERT：插入键 DELETE：删除键
功能键	POS PROG OFFSET SETTING SYSTEM MESSAGE CUSTOM GRAPH	按下这些键，切换不同功能的显示屏幕
光标移动键	← ↑ → ↓	四种不同的光标移动键。 →：将光标向右或者向前移动 ←：将光标向左或者往回移动 ↓：将光标向下或者向前移动 ↑：将光标向上或者往回移动
翻页键	PAGE↑ PAGE↓	有两个翻页键。 PAGE↑：将屏幕显示的页面往前翻页 PAGE↓：将屏幕显示的页面往后翻页

表 1-1-12 机床操作面板按钮功能

名称	图标	功能说明
方式选择键	编辑 自动 MDI JOG 手摇	用来选择系统的运行方式。 编辑：按下该键，进入编辑运行方式 自动：按下该键，进入自动运行方式 MDI：按下该键，进入 MDI 运行方式 JOG：按下该键，进入 JOG 运行方式 手摇：按下该键，进入手轮运行方式
操作选择键	单段 照明 回零	用来开启单段、回零操作。 单段：按下该键，进入单段运行方式 回零：按下该键，可以进行返回机床参考点操作（即机床回零）
主轴旋转键	正转 停止 反转	用来开启和关闭主轴。 正转：按下该键，主轴正转 停止：按下该键，主轴停转 反转：按下该键，主轴反转
循环启动/停止键	□ ■	用来开启和关闭，在自动加工运行和 MDI 运行时都会用到它们
主轴倍率键	主轴降速 主轴100% 主轴升速	在自动或 MDI 方式下，当 S 代码的主轴速度偏高或偏低时，可用来修调程序中编制的主轴速度。 按 主轴100%（指示灯亮），主轴修调倍率被置为100%，按一下 主轴升速，主轴修调倍率递增 5%； 按一下 主轴降速，主轴修调倍率递减 5%

续表

名称	图标	功能说明
超程解除	 超程解锁	用来接触超程警报
进给轴和方向选择开关	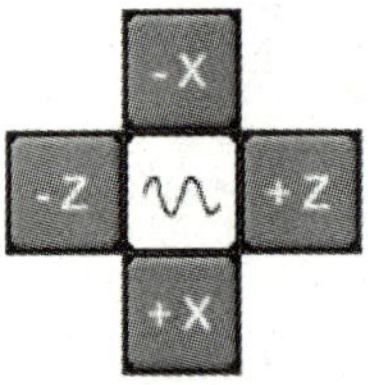 -X -Z +Z +X	用来选择机床欲移动的轴和方向。 其中的 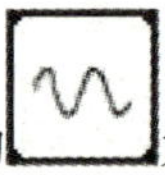 为快进开关。当按下该健后，该键变为红色，表明快进功能开启。再按一下该键，该键的颜色恢复成白色，表明快进功能关闭
JOG 进给倍率刻度盘	 倍率 50 100 0 150 进给速率	用来调节 JOG 进给的倍率。倍率值从 0～150%。每格为 10%。 左键单击旋钮，旋钮逆时针旋转一格；右键单击旋钮，旋钮顺时针旋转一格
系统启动/停止	 系统启动 系统停止	用来开启和关闭数控系统。在通电开机和关机的时候用到
电源/回零指示灯	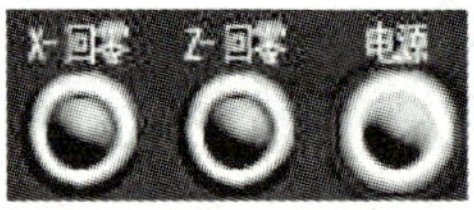 X-回零 Z-回零 电源	用来表明系统是否开机和回零的情况。当系统开机后，电源灯始终亮着。当进行机床回零操作时，某轴返回零点后，该轴的指示灯亮
急停键	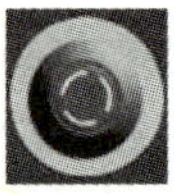	用于锁住机床。按下急停键时，机床立即停止运动。 　急停键抬起后，该键下方有阴影，见下图（a）；急停键按下时，该键下方没有阴影，见下图（b） 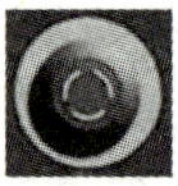 　　　（a） 　　　（b）

名称	图标	功能说明
手轮进给倍率键	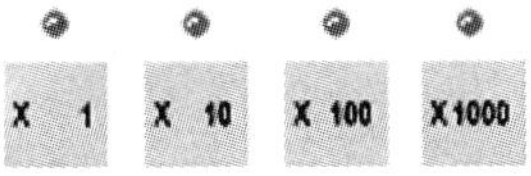	用于选择手轮移动倍率。按下所选的倍率键后，该键左上方的红灯亮。  ：0.001 倍  ：0.010 倍  ：0.100 倍
手轮		手轮模式下用来使机床移动。 左键单击手轮旋钮，手轮逆时针旋转，机床向负方向移动；右键单击手轮旋钮，手轮顺时针旋转，机床向正方向移动。 鼠标单击一下手轮旋钮即松手，则手轮旋转刻度盘上的一格，机床根据所选择的移动倍率移动一个档位。如果鼠标按下后不松开，则 3s 后手轮开始连续旋转，同时机床根据所选择的移动倍率进行连续移动，松开鼠标后，机床停止移动
手轮进给轴选择开关		手轮模式下用来选择机床要移动的轴。 单击开关，开关扳手向上指向 X，表明选择的是 X 轴；开关扳手向下指向 Z，表明选择的是 Z 轴

2. 手轮面板

1）JOG 进给

JOG 进给就是手动连续进给。在 JOG 方式下，按机床操作面板上的进给轴和方向选择开关，机床沿选定轴的选定方向移动。

手动连续进给速度可用 JOG 进给倍率刻度盘调节。

操作步骤如下：

（1）按下 JOG 按键  ，系统处于 JOG 运行方式。

（2）按下进给轴和方向选择开关 ，机床沿选定轴的选定方向移动。

（3）可在机床运行前或运行中使用 JOG 进给倍率刻度盘 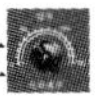 ，根据实际需要调节进

给速度。

（4）如果在按下进给轴和方向选择开关前按下快速移动开关，则机床按快速移动速度运行。

2）手轮进给

在手轮方式下，可使用手轮使机床发生移动。

操作步骤如下：

（1）按手摇键 手摇，进入手轮方式。

（2）按手轮进给轴选择开关，选择机床要移动的轴。

（3）按手轮进给倍率键 X 1 X 10 X 100，选择移动倍率。

（4）根据需要移动的方向，按下手轮旋钮，手轮旋转，同时机床发生移动。

（5）鼠标单击手轮旋钮即松手，则手轮旋转刻度盘上的一格，机床根据所选择的移动倍率移动一个挡位。如果鼠标按下后不松开，则 3s 后手轮开始连续旋转，同时机床根据所选择的移动倍率进行连续移动，松开鼠标后，机床停止移动。

3. 软件操作准备工作

首先单击红色的急停按钮"STOP"，按钮将明显变大；然后单击"启动系统"，系统将开启，出现如图 1-1-64 所示的界面；手动返回参考点。

手动返回参考点就是用机床操作面板上的按钮或开关，将刀具移动到机床的参考点。

图 1-1-64　仿真软件操作界面

操作步骤如下：

（1）在方式选择键中按下 JOG 键 [JOG]。这时数控系统显示屏幕左下方显示状态为 RAPID。

（2）在操作选择键中按下回零键[回零]。这时该键左上方的小红灯亮。

（3）在坐标轴选择键中按下 +X 键 [+X]，X 轴返回参考点，同时 X 回零指示灯亮[·]。

（4）依上述方法，按下 +Z 键 [+Z]，Z 轴返回参考点，同时 Z 回零指示灯亮 [·]。各准备工作完成后可进入下一步操作，如图 1-1-65 所示。

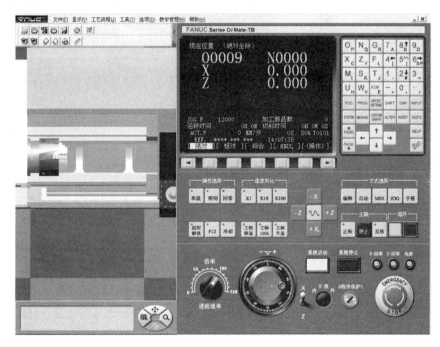

图 1-1-65　回零操作

4. 程序输入

在编辑模式下单击"PORG"按钮，进入程序输入界面，可在此界面下输入相应零件的程序。也可以利用该仿真系统的加载功能，直接将编辑好的程序加载到系统，如图 1-1-65 所示，加载的为 0009 号程序。

5. 刀具及毛坯选择

根据编辑的程序和零件要求选择合理的刀具和毛坯。选择和装夹毛坯时，需要注意夹持长度和露出的长度，如图 1-1-66 所示；选择刀具时，注意刀具的参数。

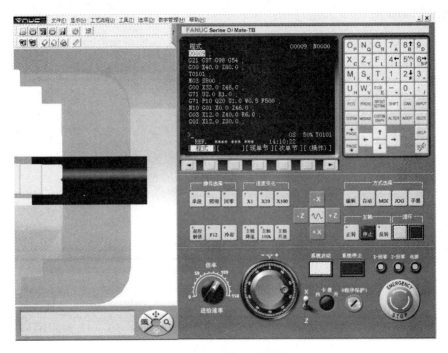

图 1-1-66　毛坯的装夹

　　加工本零件需要两把刀具，一把车外圆刀和一把切断刀。外圆车刀和切断刀的参数分别如图 1-1-67 和图 1-1-68 所示。选择好相应刀具参数后，单击"完成编辑"按钮，选择完所有刀具后再单击"确定"按钮。

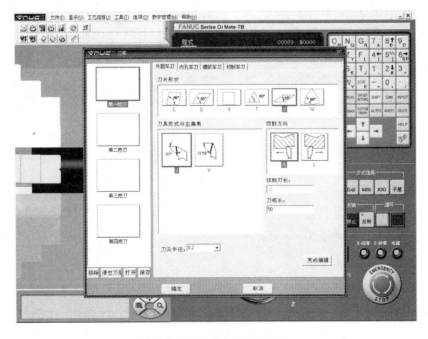

图 1-1-67　外圆车刀安装

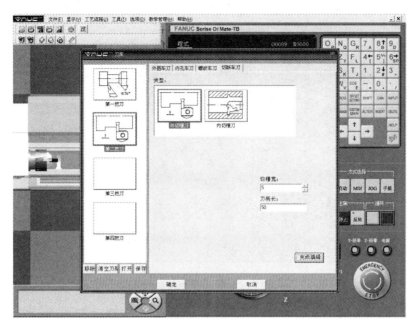

图 1-1-68　切断刀安装

6. 第一把刀试切对刀

在 JOG 模式下，单击"正转"按钮，使主轴正转。然后移动 X 及 Z，需要注意进给速度的倍率，在刀具远离毛坯时，倍率可适当的增大，当刀具要靠近毛坯时，适当降低倍率。

试切时，不宜切的过多、过深，避免影响正式加工时零件的尺寸，试切一小段即可。试切后，停止主轴，此时需要注意的是不能将刀具移动，需要停留在原处。然后测量出试切的长度和试切后的直径，如图 1-1-69 所示。

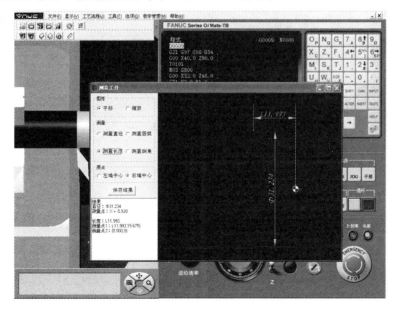

图 1-1-69　对刀操作

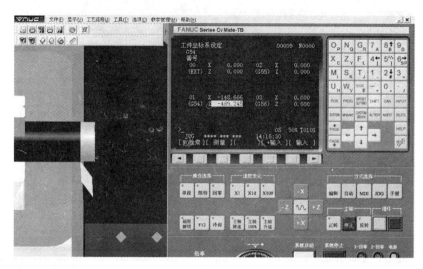

图 1-1-70　输入对刀 X、Z 值

测量后单击"OFFSET SETTING"在图 1-1-70 的界面下输入测量的值。此时需要注意的是：直径方向，即 X 方向，可将测量的值直接输入 G54 中 X 栏，单击"测量"，系统自行运算；Z 方向则需要用零件的长度减去测量值后所得的数据输入 Z 栏，然后再单击"测量"，系统自动运算。

7. 第二把刀对刀及刀补

在 MDI 模式下输入 T0202，然后单击"循环"，将刀具换成第二把刀。然后照第一把刀的步骤进行试切，并测量出相应的值，如图 1-1-71 所示。

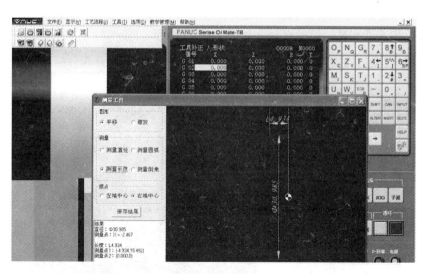

图 1-1-71　第二把刀对刀

测量各数据后，单击"OFFSET SETTING"，将界面切换到如图 1-1-72 所示的界面。将光标移动到第二行，即第二把刀的刀补出，将测量的数据输入到相应的位置。

此时需要注意的是，在 X 方向同样是直接输入测量的值，并需要在数据前加"X"，再单击"测量"；Z 方向同样需要用零件长度减去测量的数据，并在数据前加"Z"，再单击"测量"。最终结果如图 1-1-72 所示。

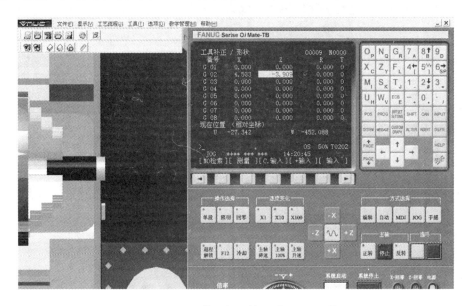

图 1-1-72　第二把刀输入对刀 X、Z 值

8. 加工零件

在自动模式下单击"循环"，系统将按照编写的程序自动循环加工。过程如图 1-1-73~图 1-1-80 所示。

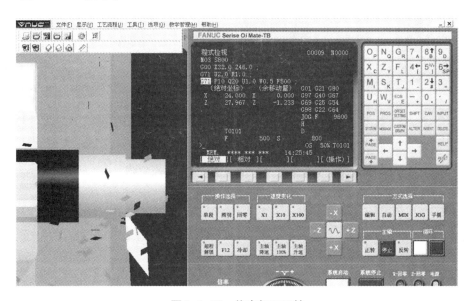

图 1-1-73　仿真加工开始

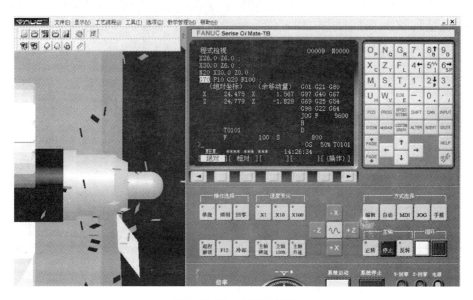

图 1-1-74　外圆粗加工

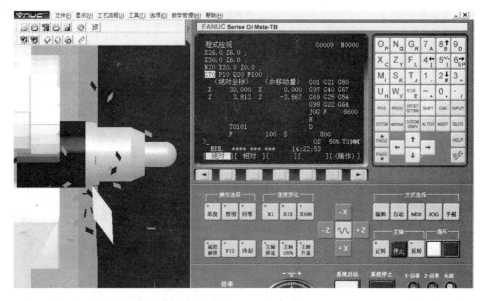

图 1-1-75　外圆精加工

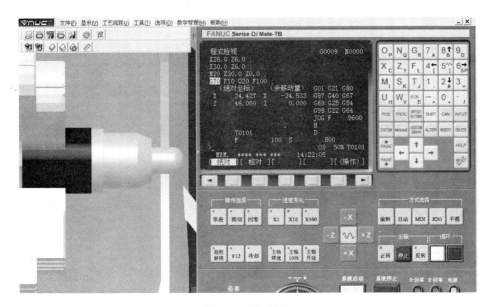

图 1-1-76 换刀

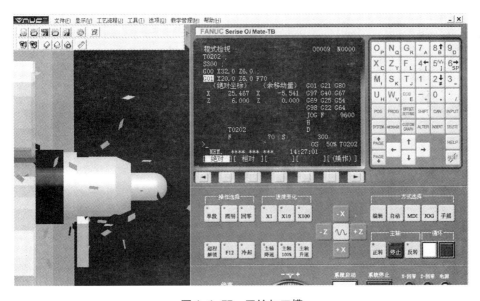

图 1-1-77 开始加工槽

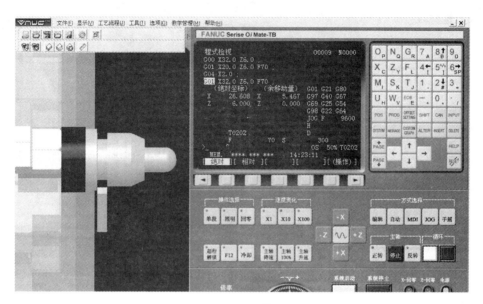

图 1-1-78　切槽退刀

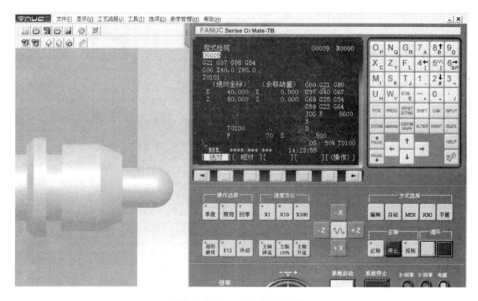

图 1-1-79　加工第二个槽

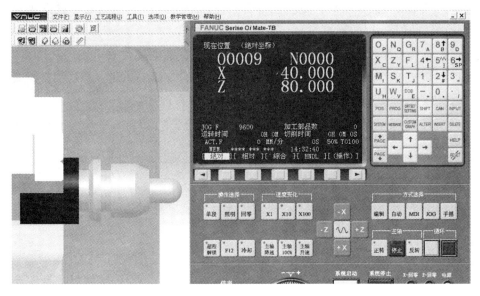

图 1-1-80　仿真加工结束

9. 仿真加工中的注意事项

（1）在试验之前，一定要先熟悉所选操作面板布局和结构，各按钮的功能、作用，方便试验时操作，避免不恰当的操作；

（2）系统启动后，一定要按下急停按钮；

（3）系统开启后，一定要先回零；

（4）编辑程序时，程序名不要使用 00000，且要根据使用说明书要求，规范编写，程序一定要和系统对应，不要盲目套用；

（5）选择毛坯和刀具参数时，要根据需要加工的零件的各种参数合理选择，毛坯不要太大，避免材料和能源的浪费；

（6）装夹毛坯时需要注意露出的长度，不要太短，防止打刀、行程跃出等现象出现；

（7）准备试切前，要注意主轴一定要在开启状态，主轴开启后，再移动刀架、刀具，否则会打刀；

（8）试切时，切屑的长度和深度都不宜太大，防止影响零件的尺寸，同时防止由于深度过大而打刀；

（9）试切后，测量时，刀具要停在原位，不能移动，待测量完成后才能移动刀具，否则数据将不准确；

（10）针对本实验，数据测量后，在输入数据时，X 方向数据可以直接运用，而 Z 方向数据需要处理后才能运用；

（11）若坐标系建立的不一样，需要根据坐标实际的设置情况进行数据的输入，不能盲目的套用；

（12）换第二把刀试切时，要注意将刀架退回离工件一定距离处再进行相应的操作，更换第二把刀，以防止打刀；

（13）进行刀补时，数据前一定要加"X"或"Z"，否则无效；

（14）正式加工时，注意观察刀具运行情况，零件加工的质量，观察加工是否按加工意愿进行，若加工出现错误，及时找出原因，并排除故障。

任务实施

1. 零件图的分析

如图 1-1-1 所示，这个工件由 $\phi20$ 圆柱段、$\phi35$ 圆柱段、倒角及倒圆组成。工件尺寸精度和表面粗糙度要求不高。

2. 加工方案及加工路线的确定

以零件右端中心 0 作为坐标系原点，设定工件坐标系。根据零件尺寸精度及技术要求，本例将粗、精加工分开来考虑。

确定的加工工艺路线为：车削右端面→粗车外圆柱面为 $\phi35$mm→粗车外圆柱台阶面为 $\phi20$mm$\times$15mm→粗车外圆柱台阶面为 $\phi35$mm$\times$25mm→精车外圆柱台阶面为 $\phi20$mm$\times$15mm→精车外圆柱台阶面为 $\phi35$mm$\times$25mm→切断。

3. 工艺分析

（1）加工方案的确定。

根据零件的加工要求，各表面的加工方案确定为：粗车→精车。

（2）装夹方案的确定。

利用三爪卡盘装夹即可。

（3）加工工艺的确定。

①刀具的选择。选择 1 号刀具为 90°硬质合金机夹偏刀，用于粗、精车削加工。

②切削用量的选择。采用的切削用量主要考虑加工精度要求并兼顾提高刀具的耐用度、机床寿命等因素。确定主轴转速 $n = 630$ r/min，进给速度粗车为 $F = 0.2$mm/r，精车为 $F = 0.1$ mm/r 。

注意：安装刀具时，刀具的刀尖一定要和零件旋转中心等高，否则在车削零件的端面时将在零件端面中心产生小凸台，或损坏刀尖。

加工工序卡如表 1-1-13 所示。

表 1-1-13　加工工序卡

数控加工工艺过程卡片		产品名称	零件名称	材料	零件图号
				铝料	
工序号	程序号	夹具名称	夹具编号	使用设备	车间
		三爪卡盘		CJK6140 数控车床	实训基地

续表

工步号	工步内容	刀具号	主轴转速 （r/min）	进给速度 （mm/min）	背吃刀量 （mm）	备注
装夹；夹住棒一头，留出长度75~80mm，车端面（手动），对刀，调用程序						
1	粗车外轮廓	T0101	800	0.2	2	
2	精车外轮廓	T0101	1000	0.1	0.3	
3	切断	T0102	600	0.08	3.5	

加工刀具卡如表1-1-14所示。

表1-1-14 数控加工刀具卡

数控加工		工序号	程序编号	产品名称	零件名称	材料	零件图号
刀具卡片						45#钢	
序号	刀具号	刀具名称及规格（mm）		刀尖半径（mm）		加工表面	备注
1	T0101	93°右偏外圆车刀（35°菱形刀片）		0.8		外轮廓	硬质合金
2	T0102	切断刀（B=4）				切槽，切断	硬质合金
3	T0103	60°螺纹车刀				车螺纹	硬质合金

4. 零件的装夹及夹具的选择

采用数控车床本身的标准卡盘，毛坯伸出三爪盘外90mm左右，并找正夹紧。

5. 参考程序

```
N10  G50  X100.0  Z100.0;        工件坐标系的设定
N20  S630  M03  T0101;           主轴正转n=630r/min，调用1号刀，
                                 刀具补偿号为1
N30  G00  X50.0  Z3.0;           快速点定位
N40  G01  X0.0  F0.2;            车削右端面
N50  G00  Z1.0;                  快速定位
N60  X35.;
N70  G01  Z-30.0;                粗车外圆柱面为φ35mm
N80  X50.0;                      车削台阶
N90  G00  Z1.0;                  快速点定位
N100  X20.;
N110  G01  Z-15.0;               粗车外圆柱台阶面为φ20mm×L15mm
N120  X32;                       车削台阶
```

N130　G01　Z-16.5;　　　　　　　　快速点定位

N140　X35.;

N150　G01　Z-25.0;　　　　　　　　粗车外圆柱台阶面为$\phi35mm\times L25mm$

N160　X50;　　　　　　　　　　　　车削台阶

N170　G00　Z0.0;　　　　　　　　　快速点定位

N180　X17;

N190　G01　Z-1.50;　　　　　　　　粗车外圆锥面

N200　G00　Z0.0;　　　　　　　　　快速点定位

N210　X20.0;

N220　G01　X20.0　Z-15.0　F0.1;　　精车外圆锥面

N230　Z-15.0;　　　　　　　　　　　精车$\phi20mm$外圆柱面

N240　X32.0;　　　　　　　　　　　车削台阶

N250 G01　X35.0　Z-25.0　F0.1;　　精车外圆锥面

N260　x50.;

N270　G00　X100.0　Z100.0　T10;　快速退回刀具起始点，取消1号刀的刀
　　　　　　　　　　　　　　　　　　具补偿

N280M05;　　　　　　　　　　　　　主轴停止转动

N290M30;　　　　　　　　　　　　　程序结束

6. 仿真结果

仿真加工后的零件如前图 1-1-2 所示。

技能训练

使用尺寸为 $\phi40mm$ 硬铝棒料进行夹持器销轴零件的加工，如图 1-1-81 所示。

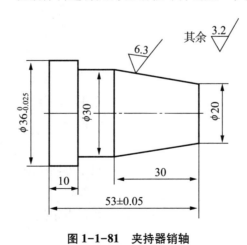

图 1-1-81　夹持器销轴

（1）安装仿形工件。

（2）设置安装仿形工件，填写各点坐标（X 向余量 4mm），如表 1-1-15 所示。

表 1-1-15 仿形工件各点坐标表

坐标点	X（直径）	Z	圆弧半径	圆弧顺逆

任务评价

完成任务后，请填写下表。

班级：_____ 姓名：_____ 日期：_____

任务 1 简单轴类零件的编程与加工				
序号	评分项目	分值	自我评分	小组评分	教师评分

序号	评分项目	分值	自我评分	小组评分	教师评分
1	程序编制	40			
2	零件加工	40			
3	安全生产、规范操作	20			
总分		100			

你的最大收获：

你遇到的困难和解决的方法：

今后还需要更加努力的方面：

教师评语：

任务2　圆弧曲面零件的编程与加工

任务描述

准备加工如图1-2-1所示圆轴零件，毛坯材料为塑料，进行精车外圆、圆弧面、切断的程序精加工余量为0.5mm。要求应用VNUC4.0软件进行仿真加工，仿真结果如图1-2-2所示。

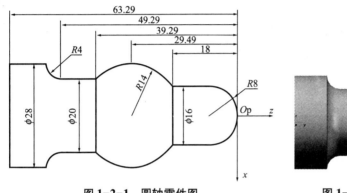

图1-2-1　圆轴零件图

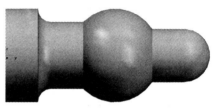

图1-2-2　圆轴零件仿真结果

任务分析

该零件为轴类零件。主要加工面为外圆柱面。其中多个尺寸有较高的尺寸精度和表面质量，无形位公差要求。

（1）设圆轴零件毛坯尺寸为$\phi30\times70$，轴心线为工艺基准，用三爪自定心卡盘夹持$\phi30$外圆，使工件伸出卡盘65mm。并取零件右端面中心为工件坐标系零点，一次装夹完成粗、精加工。

（2）加工顺序。首先完成零件端面及外圆的粗、精车、每面留有0.5mm精加工余量，本工序从右到左精车端面及外圆，达到尺寸及精度要求。

（3）基点计算按标注尺寸的平均值计算。

相关知识

圆弧插补指令 G02/G03 及零件检测

一、圆弧插补指令（G02、G03）模态代码

1. 指令格式

指令格式：G02（G03）　X（U）　Z（W）　I　K　（R）　F；

功能：圆弧插补指令是切削圆弧时使用的指令，即G02、G03指令表示刀在给定平面内以 F 进给速度从圆弧起点向圆弧终点进行圆弧插补，属于模态指令。

其中：G02——顺时针圆弧插补指令，即凹圆弧的加工；

　　　　G03——逆时针圆弧插补指令，即凸圆弧的加工，如图 1-2-3 所示；

　　　　X，Z——圆弧终点绝对值坐标，即采用绝对坐标编程时，X、Z 为圆弧终点坐标值；

　　　　U，W——终点相对圆弧起点增量坐标，即用增量坐标编程时，U、W 为圆弧终点相对圆弧起点的坐标增量；

　　　　R——圆弧半径（R 编程），当圆弧所对圆心角为 0~180°时，R 取正值；当圆心角为 180°~360°时，R 取负值，如图 1-2-4 所示，R 编程只适用于非整圆的圆弧插补；

　　　　I，K——相对圆弧起点增量坐标（I、K 编程），如图 1-2-5 所示，即 I、K 为圆心在 X、Z 轴方向上相对圆弧起点的坐标增量（用半径值表示），I、K 为零时可以省略；

　　　　F——插补的进给量。

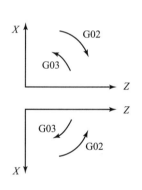

图 1-2-3　G02、G03 指令选择

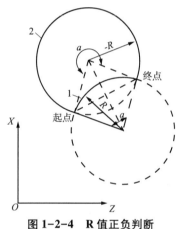

图 1-2-4　R 值正负判断

2. 圆弧插补指令 G02/G03 指令应用

【例 2-1】利用圆弧插补指令 G02/G03 加工如图 1-2-6 所示圆弧零件，从 A 点到 B 点的圆弧插补。可以用圆弧插补 I、K 编程与 R 编程方法。

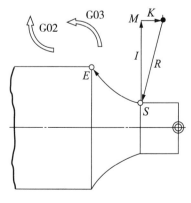

图 1-2-5　圆心 I、K 计算

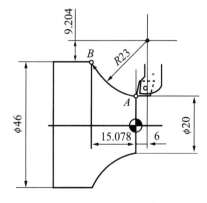

图 1-2-6　圆弧零件

绝对值编程：

①I、K 编程：G02　X46.0　Z-15.078　I22.204　K6.0　F0.1；

②R 编程：G02　X46.0　Z-15.078　R23.0　F0.1；

增量值编程：

①I、K 编程：　G02　U26.0　W-15.078　I22.204　K6.0　F0.1；

② R 编程：　　G02　U26.0　W-15.078　R23.0　F0.1；

【例2-2】如图 1-2-7 所示圆弧零件，走刀路线为 A-B-C-D-E-F，试分别用绝对坐标方式和增量坐标方式编程。

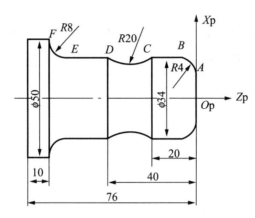

图 1-2-7　圆弧零件

绝对坐标编程：

G03 X34 Z-4. K-4.（或 R4）F50；	A→B
G01 Z-20.；	B→C
G02 Z-40. R20.；	C→D
G01 Z-58.；	D→E
G02 X50. Z-66. I8.（或 R8）；	E→F

增量坐标编程：

G03 U8 W-4. k-4.（或 R4）F50；	A→B
G01 W-16.；	B→C
G02 W-20. R20.；	C→D
G01 W-18.；	D→E
G02 U16. W-8. I8.（或 R8）；	E→F

3. 零件检测

1）游标卡尺

（1）游标卡尺。

游标卡尺是一种测量长度、内外径、深度的量具。游标卡尺由主尺和附在主尺上能滑动的游标两部分构成。游标卡尺的主尺和游标上有两副活动量爪，分别是内测量爪和外测量爪，内测量爪通常用来测量内径，外测量爪通常用来测量长度和外径。

（2）组成机构。

游标卡尺是精密的长度测量仪器，常见的机械游标卡尺如图1-2-8所示。游标卡尺的基本结构包含：内测量爪（上）、外测量爪（下）、紧固螺钉、微动装置（部分卡尺有）、主尺、游标尺、深度尺组成。

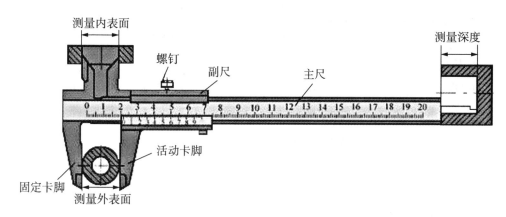

图1-2-8 游标卡尺

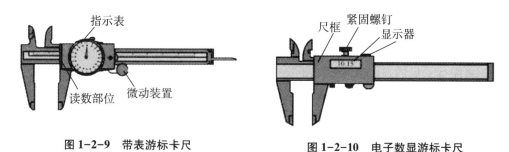

图1-2-9 带表游标卡尺　　　　　　　图1-2-10 电子数显游标卡尺

（3）主要种类。

卡尺主要有游标卡尺、带表卡尺如图1-2-9所示和电子数显卡尺如图1-2-10所示3种。基本结构类似，其中游标卡尺是最常见也是使用最广泛的一种。

①游标卡尺。利用游标原理细分读数的尺形手携式通用长度测量工具，主要用于测量内径、外径、阶梯和深度等。测量时，量值的整数部分从主尺上读出，小数部分从游标尺上读出。游标原理是利用主尺上的刻线间距（简称线距）和游标尺上的线距之差来读出小数部分。有0.02mm、0.05mm和0.1mm三种最小读数值。

②带表卡尺。以精密齿条、齿轮的齿距作为已知长度，以带有相应分度的指示表作为放大、细分和指示部分的大形手携式长度测量工具。带表卡尺能解决游标卡尺的读数误差问题。常见的最小读数值有0.01mm和0.02mm两种。

③电子数显卡尺。采用容栅、磁栅等测量系统，以数字显示测量示值的长度测量工具。常用的分辨率为0.01mm，允许误差为±0.03mm/150mm。也有分辨率为0.005mm的高精度数显卡尺，允许误差为±0.015mm/150mm。还有分辨率为0.001mm的多用途数显千分卡尺（这是安一量具的国家专利，只有他们能够生产），允许误差为

±0.005mm/50mm。由于读数直观、清晰，测量效率较高。

另外，还有各种非标专用的卡尺，如测量沟槽深度的带钩深度卡尺、测量齿轮厚度的齿厚卡尺、测量物体高度的高度卡尺和测量焊接质量的焊缝卡尺（焊缝规）等。目前我国生产的游标卡尺的测量范围及其游标读数值如表1-2-1所示。

表1-2-1　游标卡尺的测量范围和游标卡尺读数值 单位：mm

测量范围	游标读数值	测量范围	游标读数值
0~150	0.02；0.05；0.10	300~800	0.05；0.10
0~200	0.02；0.05；0.10	400~1000	0.05；0.10
0~300	0.02；0.05；0.10	600~1500	0.05；0.10
0~500	0.05；0.10	800~2000	0.10

（4）卡尺原理。

利用主尺上的刻线间距（简称线距）和游标尺上的线距之差来读出小数部分，如果按游标的刻度值来分，游标卡尺又分0.1、0.05、0.02mm三种以刻度值0.02mm的精密游标卡尺为例，这种游标卡尺由带固定卡脚的主尺和带活动卡脚的副尺（游标）组成。

在副尺上有副尺固定螺钉。主尺上的刻度以mm为单位，每10格分别标以1、2、3、……等，以表示10、20、30、……mm。

这种游标卡尺的副尺刻度是把主尺刻度49mm的长度，分为50等份，即每格为：0.98mm。主尺和副尺的刻度每格相差：1−0.98＝0.02mm，即测量精度为0.02mm。

如果用这种游标卡尺测量工件，测量前，主尺与副尺的0线是对齐的，测量时，副尺相对主尺向右移动，若副尺的第1格正好与主尺的第1格对齐，则工件的厚度为0.02mm。同理，测量0.06mm厚度的工件时，应该是副尺的第3格正好与主尺的第3格对齐。

（5）游标卡尺读数方法。

读数方法，可分三步：

①根据副尺零线以左的主尺上的最近刻度读出整毫米数；

②根据副尺零线以右与主尺上的刻度对准的刻线数乘上0.02读出小数；（简便方法：副尺整数部分×0.1+小数部分×0.02）

③将上面整数和小数两部分加起来，即为总尺寸。

例：0.02mm游标卡尺的读数方法，如图1-2-11所示。

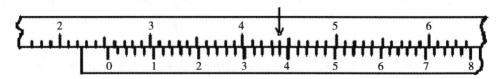

图1-2-11　游标卡尺的读数

副尺 0 线所对主尺前面的刻度 25mm，副尺 0 线后的第 19 条线与主尺的一条刻线对齐。副尺 0 线后的第 19 条线表示：

$$0.02×19 = 0.38mm$$

所以，被测工件的尺寸为：

$$25+0.38 = 25.38mm$$

（6）使用方法。

游标卡尺使用规范如图 1-2-12 所示。测量时，右手拿住尺身，大拇指移动游标，左手拿待测外径（或内径）的物体，使待测物位于外测量爪之间，当与量爪紧紧相贴时，即可读数。

尺身和游标尺上面都有刻度。以准确到 0.1mm 的游标卡尺为例，尺身上的最小分度是 1mm，游标尺上有 10 个小的等分刻度，总长 9mm，每一分度为 0.9mm，比主尺上的最小分度相差 0.1mm。量爪并拢时，尺身和游标的零刻度线对齐，它们的第一条刻度线相差 0.1mm，第二条刻度线相差 0.2mm，……，第 10 条刻度线相差 1mm，即游标的第 10 条刻度线恰好与主尺的 9 毫米刻度线对齐。

当量爪间所量物体的线度为 0.1 毫米时，游标尺向右应移动 0.1 毫米。这时它的第一条刻度线恰好与尺身的 1 毫米刻度线对齐。同样当游标的第五条刻度线跟尺身的 5 毫米刻度线对齐时，说明两量爪之间有 0.5 毫米的宽度，……，依此类推。

在测量大于 1 毫米的长度时，整的毫米数要从游标"0"线与尺身相对的刻度线读出。

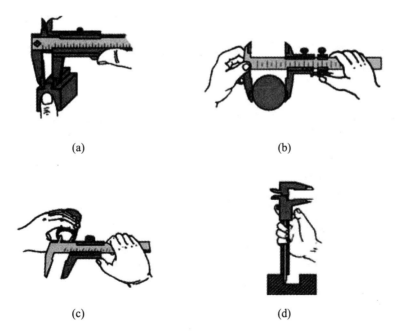

（a）　　　　　　　　　　　　　（b）

（c）　　　　　　　　　　　　　（d）

图 1-2-12　游标卡尺使用规范

（a）测量工件宽度；（b）测量工件外径；（c）测量工件内径；（d）测量工件深度。

（7）游标卡尺使用注意事项。

①测量前应把卡尺揩干净，检查卡尺的两个测量面和测量刃口是否平直无损，把两个量爪紧密贴合时，应无明显的间隙，同时游标和主尺的零位刻线要相互对准。这个过程称为校对游标卡尺的零位。

②移动尺框时，活动要自如，不应有过松或过紧，更不能有晃动现象。用固定螺钉固定尺框时，卡尺的读数不应有所改变。在移动尺框时，不要忘记松开固定螺钉，也不宜过松以免掉了。

③当测量零件的外尺寸时，卡尺两测量面的联线应垂直于被测量表面，不能歪斜。测量时，可以轻轻摇动卡尺，放正垂直位置，决不可把卡尺的两个量爪调节到接近甚至小于所测尺寸，把卡尺强制的卡到零件上去。这样做会使量爪变形，或使测量面过早磨损，使卡尺失去应有的精度。

④当测量零件的内尺寸时，要使量爪分开的距离小于所测内尺寸，进入零件内孔后，再慢慢张开并轻轻接触零件内表面，用固定螺钉固定尺框后，轻轻取出卡尺来读数。取出量爪时，用力要均匀，并使卡尺沿着孔的中心线方向滑出，不可歪斜，免使量爪扭伤；变形和受到不必要的磨损，同时会使尺框走动，影响测量精度。

⑤用游标卡尺测量零件时，不允许过分地施加压力，所用压力应使两个量爪刚好接触零件表面。如果测量压力过大，不但会使量爪弯曲或磨损，且量爪在压力作用下产生弹性变形，使测量得的尺寸不准确（外尺寸小于实际尺寸，内尺寸大于实际尺寸）。

⑥为了获得正确的测量结果，可以多测量几次。即在零件的同一截面上的不同方向进行测量。对于较长零件，则应当在全长的各个部位进行测量，务使获得一个比较正确的测量结果。

2）千分尺

螺旋测微器又称千分尺（Micrometer）、螺旋测微仪、分厘卡，是比游标卡尺更精密的测量长度的工具，用它测长度可以准确到 0.01mm，测量范围为几个厘米。它的一部分加工成螺距为 0.5mm 的螺纹，当它在固定套管 B 的螺套中转动时，将前进或后退，活动套管 C 和螺杆连成一体，其周边等分成 50 个分格。螺杆转动的整圈数由固定套管上间隔 0.5mm 的刻线去测量，不足一圈的部分由活动套管周边的刻线去测量。

（1）常用外径千分尺基本结构。

常用外径千分尺基本结构，如图 1-2-13 所示。

（2）千分尺使用准备。

①确认使用的千分尺为检定合格量具。

生产使用的千分尺必须是经计量检定合格的量具。通过检定合格标签来进行确认。

②测量端面清理。

由于千分尺是利用测量端面的啮合来测量零件尺寸的，测量端面上的任何杂质或残留液体都可能影响测量结果。因此在使用前必须将测砧清理干净，特别注意测砧上

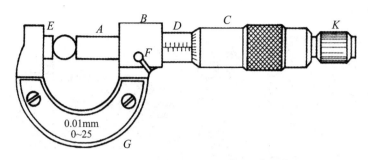

图 1-2-13 外径千分尺基本结构

A—测微螺杆；B—螺母套管；C—微分筒；D—固定套管；

E—测砧；F—锁紧装置；G—尺架；K—棘轮旋柄。

的细小切削或杂质。

③ 0 位确认。

手持千分尺，旋转微分筒或测力装置，使测微螺杆先后退几毫米，然后向前与测砧接触，检查千分尺刻度归"0"情况。

测微螺杆即将与测砧接触时，应旋转测力装置套筒，使测微螺杆缓慢平滑移动，与测砧接触，严禁冲击测砧。

与测砧接触后，由千分尺测力装置控制微分筒的旋转和停止位置。当听到连续发出三声"咔哒"声，即表示达到规定的测力，可以读数，此时可确认归"0"情况，如图 1-2-14 所示。

（3）千分尺测量过程。

①根据被测长度，选择合适量程的千分尺，旋转微分筒，退出测微螺杆，使两测砧之间的距离略大于被测长度；

②将被测件中待测的部分放入两测砧之间；

注意：千分尺测量轴的中心线要与工件被测长度方向相一致，不要歪斜。

③当千分尺的测量面与被测表面快接触时，就停止旋转微分筒，而改旋转测力装置，使两接触面与被测面相接触，等到发出"咔哒"的三声后，即可进行读数。

（4）千分尺读数方法。

①读出固定套筒上露出刻度线的毫米数和半毫米数。一格为 0.5mm，如果读数在 9.5~10mm 之间，切记读数后面的 0.5mm，将读数记下作为结果的第一部分。这里是 9.5mm。

②读出微分筒上与固定套筒基准线对齐的刻度，作为第二部分，这里是 45，即 0.45mm。

③估读测量值千分位，按 0.001mm 为间隔实施估读，作为测量结果的第三部分，这里是一小格的约 40%，即 0.004mm。

④将上述 3 部分结果相加即为最终的读数：9.954mm。

例如：以下的测量结果，如图 1-2-15 所示，直接读数为 9.95，估读数为 0.004，测量值为 9.954。

图 1-2-14 千分尺使用

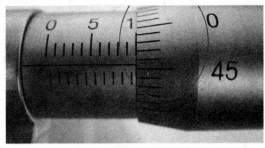

图 1-2-15 千分尺读数

（5）千分尺的保养和保存。

①千分尺使用完毕后应及时清理测砧及其他部位粘附的杂质、油或水分，以方便保存及下次使用；

②存放时，使两测砧间略保持距离，如 0.1mm，严禁施加测力，使两测砧端面在紧密啮合的情况下存放；

③千分尺不使用时应保存在包装盒内，并放置在指定位置，不得将量具与工具，刀具混置；严禁将量具作为某种临时性的工具使用；在使用和存放过程中如有意外掉落、碰撞或其他损伤，应立即检查确认，必要时需要重新检定合格后才能继续使用。

3）大批量加工轴类零件技巧

从数控加工的角度出发，以 3Cr13 不锈钢零件避雷针头的加工为例，如图 1-2-16 所示，说明在数控车床上加工此类零件的一些通用技巧。

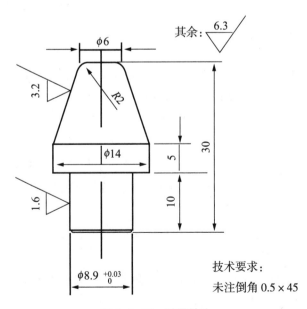

图 1-2-16 避雷针头

（1）加工方案及加工路线的确定。零件的加工采用两道数控加工工序：工序 1 完成从 $\phi 8.9$ 至 $\phi 6$ 的外形加工，保证 $\phi 8.9$ 的尺寸精度和表面质量要求；工序 2 处理 $R2$ 圆角及其端面，定总长。由于生产纲领为 5000 件，安排在两台数控车床上完成。加工设备型号：CAK6136V/750（沈阳第一机床厂），数控系统：HNC-21T。

以零件右端中心 0 作为坐标系原点，设定工件坐标系。根据零件尺寸精度及技术要求，本例将粗、精加工分开来考虑。

确定的加工工艺路线为：车削右端面→粗车外圆柱面为 $\phi 46.5$mm → 粗车外圆柱台阶面为 $\phi 43.5$mm×L25mm→粗车外圆柱台阶面为 $\phi 40.5$mm×L10mm→粗车外圆柱锥面、精车外圆锥面→精车 $\phi 60$mm 外圆柱。

（2）程序编制。

将程序原点选定在工件轴线与工件前端面的交点上，以工序 1 的编程为例编制加工程序如下（见程序清单）。该程序选用两把可转位机夹车刀：外圆刀刀杆型号：MD-JNR2020-K1506，刀片：DNMG150604-HM CC115；切刀刀杆型号：ZQ2020R-04，刀片：ZQMX3N11-1E YBC251。在综合考虑机床、刀具和材料等方面的因素下，选择粗加工时吃刀深度 $a_p = 1.2$mm，进给速度 $F = 88$mm/min，主轴转速 $n = 800$r/min；精加工时，$a_p = 0.2$mm，进给速度 $F = 60$mm/min，主轴转速 $n = 1200$r/min。

程序的编制体现了以下技巧：

①编制 N06 G00X17Z2，切削循环起点靠近工件，可减少空行程，缩短进给路线。

②编制 N10 G81 X-0.5 能确保零件端面车削完整，防止由于对刀或装夹中的误差造成进刀量不足而在端面留下小的尾钉。

③编制 N12G71U1.2R5，退刀量取 5mm 可防止在倒锥（最大直径相差 4mm）加工中的刀具干涉。

④针对不锈钢材料加工中刀具易磨损严重的情况，编制 N14 刀具 T01 磨损补偿子程序%0001。";"的使用可使磨损补偿在加工过程中应用灵活，作用类似于 FANUC 系统中的跳段标识符"/"，确保零件的加工质量。

⑤零件切断时，切刀切至 2.5 时工件一般便会掉下，编制 N48 G01 X2 F18 而不用 G01 X-0.5，可减少加工时间，提高加工效率。

⑥在批量生产中，N56 G00X8Z1 的编制为后续工件的装夹提供方便，使工件的装夹迅速，节约大量辅助加工时间。

（3）程序清单如下：

```
%1234;
N02  ·T0101;                      调刀并建立工件坐标系
N04  M03S800;                     主轴正转，粗加工转速
N06  G00X17.Z2;                   切削循环起点
N08  M08;                         切削液开
N10  G81 X-0.5Z0 F40;             端面车削简单循环，进给量
```

N12 G71U1.2R5.P20Q30X0.2Z0.1F88;	外径车削复合循环加工，粗加工进给量
N14 M98P0001;	调用磨损补偿程序
N16 M03 S1200 F60;	精加工转速和进给速度
N20 G00G42X2.9;	精加工开始段号
N22 G01X8.9Z-1;	
N24 Z-10;	
N26 X14.;	
N28 W-5.;	
N30 X6.Z-30.;	精加工结束段号
N32 M05;	
N34 M09;	
N36 G40G00X17.;	取消刀具补偿
N38 Z50.;	
N40 T0202;	
N42 M03S300;	
N44 G00X17.Z-33.;	刀宽为 3mm
N46 M08;	
N48 G01X2.F18;	零件切断
N50 G00X17.;	
N52 Z50.;	
N54 T0101;	

4）装夹技巧

（1）工件装夹前，必须先把工件外表、三爪卡盘卡爪清理干净，以防零件夹偏、夹歪。工件装夹时，毛坯伸出卡盘右端面的长度也应尽量小，以提高整体刚性，防止加工振动。因为三爪卡盘三个伞齿装夹工件的精度并不一样，且其中有一个伞齿装夹工件的精度既稳定又高，所以应选择在该卡爪上施力。

（2）车刀刀片安装时，不应随意使用套管等增大力矩，以免螺钉因预应力过大而造成刀体报废。

（3）车刀安装时，刀头伸出刀架的长度应尽量小，伸出过长会引起刀具振动，降低切削用量；对中心高时尽量使用一块厚的刀垫，这比使用几片薄刀垫好，后者加工过程中容易产生振动；应均匀拧紧固定螺栓，预应紧力也不应太大，防止车刀安装不准确。避雷针的加工中，工件悬长为 36mm，车刀刀头伸出长度为 30mm。由于卡盘中心高为 20.8mm，选择 6mm 厚的刀片与 20×20 的刀杆组合中心高略高出中心线 0.2mm，易于排屑，且无需垫铁。

5）对刀技巧

对刀的目的是确定工件坐标系与机床坐标系的相互位置关系。

对刀过程一般是从各坐标方向分别进行，目前多用试切法对刀。对刀数据处理的好坏将直接影响到加工零件的精度。在多刀作业时，应根据零件的技术要求，灵活采用对刀方式。一般有以下技巧：

（1）外圆刀一般承担最多的加工任务，因此要首先试切，并将试切长度和与试切直径的结果输入到对应刀偏寄存器中。为保证端面车削质量，一般应设置试切长度值为 0.1mm 左右。后续其他刀具对刀时的试切长度应以此为参照。

（2）切刀在加工中多承担切槽和切断的任务，切槽的位置和零件的总长为重要检测指标，因此，首先要确保对 Z 方向的刀偏值准确，并用增量×1 挡方式试切端面得到刀偏值；X 方向的刀偏值则用目测法快速完成（螺纹退刀槽或砂轮越程的槽深尺寸精度要求一般不高），可提高对刀速度，且不影响加工质量。

（3）螺纹加工时，螺纹大、小径是重要检测指标，因此首先要确保对 X 方向的刀偏值准确，并用增量×1 挡方式试切外圆得到刀偏值，Z 方向的刀偏值则用目测法快速完成（螺纹加工编程中有进退刀量，故 Z 方向误差对螺纹旋合长度值影响小），既缩短对刀时间，又不影响使用效果。

6）加工技巧

（1）首件试切时，要想保证尺寸精度，应该在粗加工结束后安排暂停指令测量尺寸，修改刀偏值再进行精加工。可在程序清单中将 N14；M98P0001 中的";"号去掉，使 T01 刀具的磨损补偿程序生效。当避雷针粗加工结束后，程序执行 N130 M00 时暂停，此时刀具位于 X17Z50 处，便于工件进行测量。测量完毕，将测量结果输入刀具磨损补偿中，若测量结果偏大，磨损补偿值为负，反之为正。磨损补偿添加后，按循环启动键继续加工，程序执行 N140 T0101 时将刀具磨损补偿带入精加工中，确保零件的加工质量。当完成 2~3 件产品加工后，刀具进入正常磨损期，为节约时间，可将程序清单中 N14 行中的";"号加上，使 T01 刀具的磨损补偿程序失效。

（2）首件加工完成后，需要更换工件。由于毛坯为 16×1000mm 的棒料，故将刀具停在 N56 X8Z1 位置处，利用 T01 刀头左侧面作长度方向的定位粗基准，用一块厚度略小于 1mm 的刀垫作为塞尺来调整工件从卡爪中伸出的长度，可迅速实现工件更换，不需要再次对刀便可重新加工。

（3）批量加工初期，操作者应在每件加工完毕后测量其外径尺寸 8.9，统计刀具的磨损情况。随着刀具的磨损，8.9 的正偏差应逐渐加大。当零件的偏差超过中值时，在加工下一工件前的辅助时间内，可将刀具磨损补偿值输入机床，不必在加工中测量、修改，效率更高。当刀具进入急剧磨损期时，应更换刀位点。此时刀尖磨损明显，加工零件突然有较大偏差。注意每次更换刀位点后要将磨损补偿值清零。避雷针的加工中，每刀位点可加工零件约 50 件，每刀片加工零件约 200 件，每件零件加工工时约 2min，每完成 10~15 件零件加工后要将刀具磨损补偿值在负方向累加 0.01mm。

任务实施

1. 零件图的分析

如图 1-2-1 所示，根据零件图确定工件的装夹方式及加工工艺路线，以轴心线为工艺基准，用三爪自定心卡盘一次装夹完成加工，并取零件右端面中心为工件坐标系零点。

2. 加工方案及加工路线的确定

以零件右端中心 O 作为坐标系原点，设定工件坐标系。根据零件尺寸精度及技术要求，本例将粗、精加工分开来考虑。

确定的加工工艺路线为：车削右端面→粗车外圆柱面为 ϕ28mm→粗车外圆柱面为 ϕ16mm×L18mm→粗车外圆为 ϕ28mm×L21.29mm→粗车外圆柱为 ϕ20mm×L10mm 精车外圆柱 ϕ16mm×L18mm→精车外圆柱为 ϕ28mm×L21.29mm→精车外圆柱为 ϕ20mm×L10mm→切断。

3. 工艺分析

（1）刀具选择：车端面、粗车外圆选用 90°外圆车刀、刀号为 T0101，精车外圆选用 35°外圆车刀、刀号为 T0202，切断刀刀号为 T0303，宽 3mm。

（2）切削用量确定：切削用量确定如表 1-2-2 所示。

表 1-2-2　切削用量表

加工内容	主轴转速 S（r/min）	进给速度 F（mm/min）
车端面	500	80
精车外圆	460	60
切断	460	30

4. 加工程序

加工程序如下：

```
%0001;
N10 T0101;
N20 M03 S460;
N30 G00 X0. Z3.;
N40 G01 Z0. F60;
N50 G03 X16. Z-8. R8.;
N60 G01 Z-18.;
N70 G03 X20. Z-39.29 R14.;
N80 G01 Z-49.29;
```

N90 G02 X28. Z-53.29 R4.;

N100 G01 Z-63.29;

N110 X32.;

N120 G00 X100. Z200.;

N130 T0202;

N140 G00 X32. Z-63.;

N150 G01 X-1. F30;

N160X32. F200;

N170 G00 X100. Z200.;

N180 M05;

N190 M02;

5. 仿真结果

仿真加工后的零件，如图 1-2-17 所示。

图 1-2-17 仿真结果

技能训练

使用尺寸为 ϕ 40mm 硬铝棒料完成锥轴零件的加工，如图 1-2-18 所示。

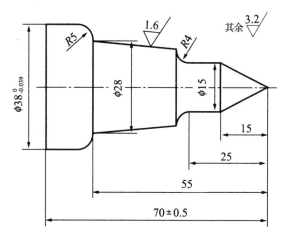

图 1-2-18 锥轴零件

（1）安装仿形工件。

（2）设置安装仿形工件，各点坐标参考如下（X 向余量 4mm）。

坐标点	X（直径）	Z	圆弧半径	圆弧顺逆

任务评价

完成任务后，请填写下表。

班级：＿＿＿＿＿＿＿＿＿＿＿＿＿＿ 姓名：＿＿＿＿＿＿＿＿＿ 日期：＿＿＿＿＿＿

任务 2　圆弧曲面零件的编程与加工					
序号	评分项目	分值	自我评分	小组评分	教师评分
1	程序编制	40			
2	零件加工	40			
3	安全生产、规范操作	20			
	总分	100			

你的最大收获：

你遇到的困难和解决的方法：

今后还需要更加努力的方面：

教师评语：

项目 2 数控车床编程与操作基础

任务 1 轴类零件的编程与加工

任务描述

利用单一固定循环指令加工如图 2-1-1 所示阶梯轴零件，毛坯材料为铝料，要求应用 VNUC4.0 软件进行仿真加工，仿真结果如图 2-1-2 所示。

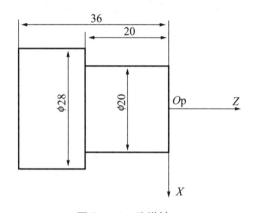

图 2-1-1 阶梯轴

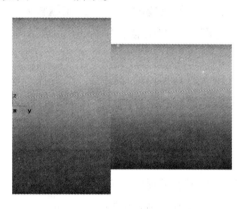

图 2-1-2 圆轴零件仿真结果

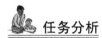

任务分析

零件结构工艺性分析：

（1）该零件结构要素包括端面、外圆柱面等。外圆柱面处尺寸精度要求为 $\phi 8$，总长度要求为 36，表面粗糙度要求全部为 $Ra3.2$，无热处理和硬度要求。

（2）加工顺序。零件完成端面及外圆的粗车、每面留有 0.25mm 精加工余量（$\phi 48 \times 52$），本工序从右到左精车端面及外圆，达到尺寸及精度要求。

（3）基点计算按标注尺寸的平均值计算。

相关知识

刀具补偿、G90/G94 单一固定循环指令用法

一、刀具补偿

刀具补偿是补偿实际加工时所用的刀具与编程时使用的理想刀具或对刀时使用的

基准刀具之间的偏差值，保证加工零件符合图纸要求的一种处理方法。

1. 刀具补偿功能

编程时，通常设定刀架上各刀在工作位时，其刀尖位置是一致的。但由于刀具的几何形状、安装不同，其刀尖位置不一致，相对于工件原点的距离不相同。各刀位置进行比较，设定刀具偏差补偿。可以使加工程序不随刀尖位置的不同而改变。

刀具使用一段时间后会磨损，会使加工尺寸产生误差。将磨损量测量获得后进行补偿。可以不修改加工程序。数控程序一般是针对刀位点，按工件轮廓尺寸编制的。当刀尖不是理想点而是一段圆弧时，会造成实际切削点与理想刀位点的位置偏差。对刀尖圆弧半径进行补偿。可以使按工件轮廓编程不受影响。

具有补偿功能的数控车，在编程时，不用计算刀尖半径中心轨迹，只要按工件轮廓编程即可（按照加工图上的尺寸编写程序）；在执行刀具半径补偿时，刀具会自动偏移一个刀具半径值；当刀具磨损，刀尖半径变小；刀具更换，刀尖半径变大时，只需更改输入刀具半径的补偿值，不需修改程序。补偿值可通过手动输入方式，从控制面板输入，数控系统自动计算出刀具半径中心运动轨迹。

2. 刀具补偿的种类

数控车床的刀具补偿可分为两类，如图 2-1-3 所示。即刀具位置补偿和刀具半径补偿。在车削过程中，刀尖圆弧半径中心与编程轨迹会偏移一个刀尖圆弧半径值 r，用指令补偿因刀尖半径引起的偏差的这种偏置功能，称为刀具半径补偿。

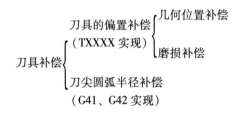

图 2-1-3　数控车床的刀具补偿分类

（1）几何位置补偿。

刀具几何位置补偿是用于补偿各刀安装好后，其刀位点（如刀尖）与编程时理想刀具或基准刀具刀位点的位置偏移的。

通常是在所用的多把车刀中选定一把车刀作基准车刀，对刀编程主要是以该车刀为准，如图 2-1-4 所示。

（2）补偿数据获取。

分别测出各刀尖相对于刀架基准面的偏离距离 $[X_1, Z_1]$、$[X_2, Z_2]$、$[X_3, Z_3]$ …

若选刀具 1 为对刀用的基准刀具，则各刀具的几何偏置分别为 $[\Delta X_j, \Delta Z_j]$。

$$\Delta X_{j1} = 0 \qquad\qquad \Delta Z_{j1} = 0$$

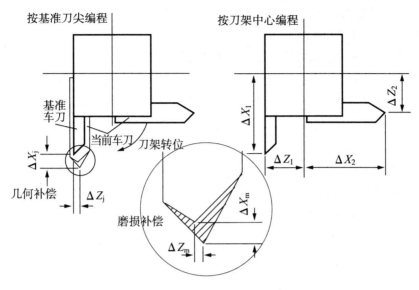

图 2-1-4 刀具几何位置补偿原理

$$\Delta X_{j_2} = (X_2 - X_1) \times 2 \qquad \Delta Z_{j_2} = Z_2 - Z_1$$
$$\Delta X_{j_3} = (X_3 - X_1) \times 2 \qquad \Delta Z_{j_3} = Z_3 - Z_1$$

（3）磨损补偿。

主要是针对某把车刀而言，当某把车刀批量加工一批零件后，刀具自然磨损后而导致刀尖位置尺寸的改变，此即为该刀具的磨损补偿。批量加工后，各把车刀都应考虑磨损补偿（包括基准车刀）。

（4）刀具几何补偿的合成。

若设定的刀具几何位置补偿和磨损补偿都有效存在时，实际几何补偿将是这两者的矢量和。

$$\Delta X = \Delta X_j + \Delta X_m \qquad \Delta Z = \Delta Z_j + \Delta Z_m$$

（5）刀具几何补偿的实现。

刀具的几何补偿是通过引用程序中使用的 Txxxx 来实现的。

T　　<u>x　x</u>　　　　<u>x　x</u>

　　当前刀具号　　　地址号

过程如下：

将某把车刀的几何偏置和磨损补偿值存入相应的刀补地址中。当程序执行到含 Txxxx 的程序行的内容时，即自动到刀补地址中提取刀偏及刀补数据。

驱动刀架拖板进行相应的位置调整。

（6）T XX 00 取消几何补偿。

对于有自动换刀功能的车床来说，执行 T 指令时，将先让刀架转位，按刀具号选择好刀具后，再调整刀架拖板位置来实施刀补。

（7）刀尖圆弧半径补偿。

①刀具半径补偿的目的。

若车削加工使用尖角车刀，刀位点即为刀尖，其编程轨迹和实际切削轨迹完全相同。

若使用带圆弧头车刀（精车时），在加工锥面或圆弧面时，会造成过切或少切。

为了保证加工尺寸的准确性，必须考虑刀尖圆角半径补偿以消除误差。

由于刀尖圆弧通常比较小（常用 $r1.2 \sim 1.6$mm），故粗车时可不考虑刀具半径补偿。

②刀具半径补偿的方法。

人工预刀补：人工计算刀补量进行编程。

③机床自动刀补。

机床自动刀具半径补偿，当编制零件加工程序时，不需要计算刀具中心运动轨迹，只按零件轮廓编程。使用刀具半径补偿指令，在控制面板上手工输入刀具补偿值。执行刀补指令后，数控系统便能自动地计算出刀具中心轨迹，并按刀具中心轨迹运动。即刀具自动偏离工件轮廓一个补偿距离，从而加工出所要求的工件轮廓。

④刀尖方位的设置。

车刀形状很多，使用时安装位置也各异，由此决定刀尖圆弧所在位置。要把代表车刀形状和位置的参数输入到数据库中。以刀尖方位号表示，如图 2-1-5 所示。

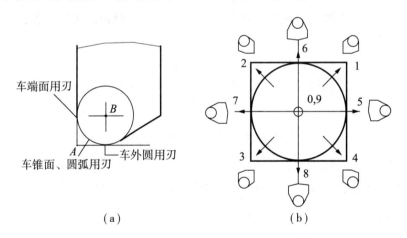

（a）　　　　　　　　　　　　（b）

图 2-1-5　刀尖方位

（a）刀尖切削刃；（b）刀尖方位。

从图示可知，若刀尖方位码设为 0 或 9 时，机床将以刀尖圆弧中心为刀位点进行刀补计算处理；当刀尖方位码设为 1~8 时，机床将以假想刀尖为刀位点，根据相应的代码方位进行刀补计算处理。

（8）刀具半径补偿指令。

①刀具半径补偿编程格式：

$$\begin{Bmatrix} G41 \\ G42 \end{Bmatrix} \begin{Bmatrix} G00 \\ G01 \end{Bmatrix} \quad X\_\_ \quad Z\_\_$$

G40　　　G00　　X__　Z__

其中：G41——刀具半径左补偿；

　　　　G42——刀具半径右补偿；

　　　　G40——取消刀具半径补偿；

　　　　X、Z ——为建立或取消刀补程序段中，刀具移动的终点坐标。刀具进刀路
　　　　　　　　线如图 2-1-6 所示。

②执行刀补指令应注意，刀径补偿的引入和取消应在不加工的空行程段上，且在
G00 或 G01 程序行上实施，不要在 G02/G03 程序段上进行。刀径补偿引入和卸载时，
刀具位置的变化是一个渐变的过程。当输入刀补数据时给的是负值，则 G41、G42 互相
转化。G41、G42 指令不要重复规定，否则会产生一种特殊的补偿。G40、G41、G42 都
是模态代码，可相互注销。

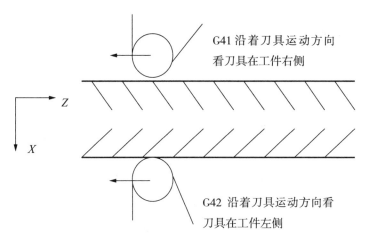

图 2-1-6　刀具进刀路线

（9）刀具补偿的编程实现。

刀具补偿的编程实现，如图 2-1-7 所示。

①刀径补偿的引入（初次加载）：刀具中心从与编程轨迹重合到过度到与编程轨迹
偏离一个偏置量的过程。

②刀径补偿进行。

③刀径补偿的取消。

刀具中心从与编程轨迹偏离过度到与编程轨迹重合的过程。刀径补偿的引入和取
消必须是不切削的空行程段上。

（10）刀具补偿的编程实例。

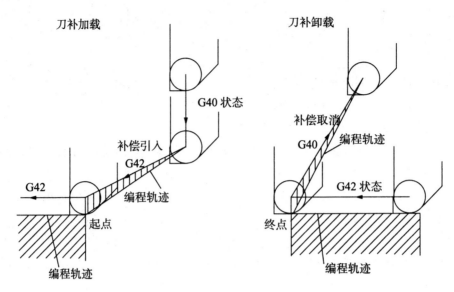

图 2-1-7 刀具补偿编程

【例 2-1】考虑刀尖半径补偿，如图 2-1-8 所示。

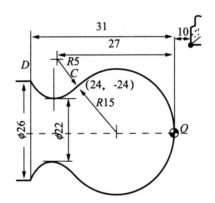

图 2-1-8 刀尖半径补偿实例

```
%0001;
N1T0101;
N2M03 S400;
N3G00 X40.0 Z5.0;
N4G00 X0.0;
N5G42 G01 Z0 F60;（加刀补）
N6G03 X24.0 Z-24.R15.;
N7G02 X26.0 Z-31.0 R5.;
N8G40 G00 X30.;（取消刀补）
N9G00  X45.Z5.;
N10M30;
```

二、G90/G94 单一固定循环指令用法

固定循环，对于加工余量较大的毛坯，刀具常常反复执行相同的动作，需要编写很多相同或相似的程序段。为了简化程序，缩短编程时间，用一个或几个程序段指定刀具做反复切削动作，这就是循环指令的功能。将常用的相关指令序列结合成为一个指令。

车床固定循环包括：简单固定循环和复合固定循环

简单固定循环：可以将一系列连续加工动作，如：切入→切削→退刀→返回，用一个循环指令完成，从而简化程序。

1. 内、外圆切削循环指令 G90

1）指令格式

圆柱面切削 G90　X(U)_　Z(W)_　F_

其中：X、Z——为绝对值编程时切削终点 C 在工件坐标系下的坐标；

　　　U、W——为增量编程时切削终点 C 相对于循环起点 A 的有向距离（有正负号）；

　　　F——为切削进给速度。

2）运动轨迹及工艺说明（图 2-1-9）

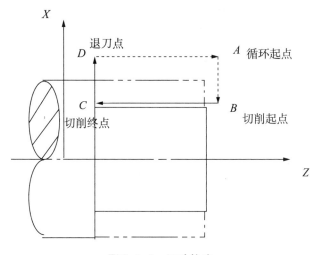

图 2-1-9　运动轨迹

刀具从 A 点出发：

第一段沿 X 轴快速移动到 B 点；

第二段以 F 指令的进给速度切削到达 C 点；

第三段切削进给退到 D 点；

第四段快速退回到出发点 A 点，完成一个切削循环。

3）应用用于轴类零件的加工

注意：正确选择程序循环起始点的位置，因为该点既是程序循环的起点，又是程序循环的终点。对于该点一般宜选择在离开工件或毛坯1~2mm的位置。

循环起点的选择应在靠近毛坯外圆表面与端面交点附近，循环起点离毛坯太远会增加走刀路线，影响加工效率。注意根据粗、精加工不同加工状态改变切削用量。

4）切削循环指令轴类零件的加工实例

【例2-2】加工零件如图2-1-10所示。主轴转速1000r/m，进给速度200mm/min，试利用圆柱面切削单一循环指令编写其粗、精加工程序。

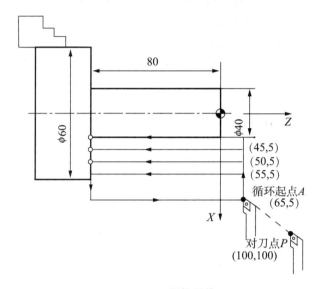

图2-1-10　圆柱零件

O0001;

N10 G50 X100.0 Z100.0;

N20 M03 S1000;

N30 G00 X65.0 Z5.0;

N40 G90 X55.0 Z-80.0 F200;

N50 X50.0;

N60 X45.0;

N70 X40.5;

N80 X40.0 F60;

N90 G00 X100.0 Z100.0;

N100 M05;

N110 M30;

【例2-3】试用圆柱面切削循环G90指令编写如图2-1-11所示工件的加工程序，毛坯为φ50mm的棒料，只加工φ30mm外圆至要求尺寸。

```
O0005;
N10 T0101;
N20 M03 S600;
N30 G00 X52.0 Z2.0;
N40 G90 X46.0 Z-30.0 F120;
N50 X42.0;
N60 X38.0;
N70 X34.0;
N80 X30 .5;
N90 X30.0 F60;
N100 G00 X100.0 Z100.0;
N110 M30;
```

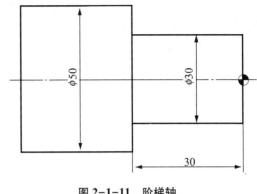

图 2-1-11 阶梯轴

2. G90 圆锥面切削指令

1）G90 圆锥面切削编程格式

指令格式：G90 X (U) _ Z (W) _ R_ F_

其中：X、Z——绝对值编程时切削终点 C 在工件坐标系下的坐标；

U、W——增量编程时切削终点 C 相对于循环起点 A 的有向距离（有正负号）；

R——切削起点 B 与切削终点 C 的半径差，其符号为差的符号（无论是绝对值编程还是增量值编程）；

F——切削进给速度。进刀如图 2-1-12 所示。

圆锥面切削指令循环起点为 A，刀具从 A 到 B 为快速移动以接近工件；从 B 到 C、C 到 D 为切削进给，进行圆锥面和端面的加工；从 D 点快速返回到循环起点。

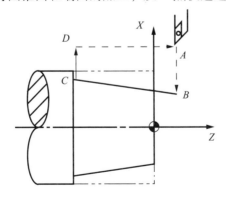

图 2-1-12 圆锥面切削路线图

2）G90 圆锥面切削指令应用实例

【例 2-4】试用圆锥面切削循环 G90 指令编写工件的加工程序，如图 2-1-13 所示。毛坯为 ϕ50mm 的棒料，只加工圆锥面至要求尺寸。

加工程序如下：

O0006;

N10 T0101;

N20 M03 S600;

N30 G42 G00 X52.0 Z0.0;

N40 G90 X50.0 Z-30.0 R-5.0 F120;

N60 X48.0;

N70 X44.0;

N80 X40.5;

N90 X40.0 F60;

N100 G40 G00 X100.0 Z100.0;

N110 M30

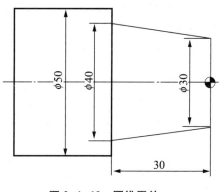

图 2-1-13　圆锥零件

【例 2-5】加工圆锥零件如图 2-1-14 所示。试利用圆锥面切削单一固定循环指令编写其粗、精加工程序。

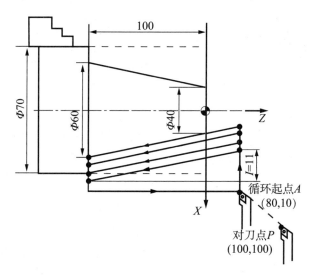

图 2-1-14　圆锥零件

加工程序如下：

O6234;

N10　G50　X100.0　Z100.0;

N20　M03　S1000;

N30　G00　X80.0　Z10.0　M08;

N40　G90　X75.0　Z-100.0

　　　　　R-11.0　F200;

N50 X70.0;

N60 X65.0;

N70 X60.0;

N80 G00 X100.0 Z100.0 M09;

N90 M05;

N100 M30;

3）G90 圆锥面切削指令中参数符号的确定

G90 圆锥面切削指令中参数符号的确定，如图 2-1-15 所示。

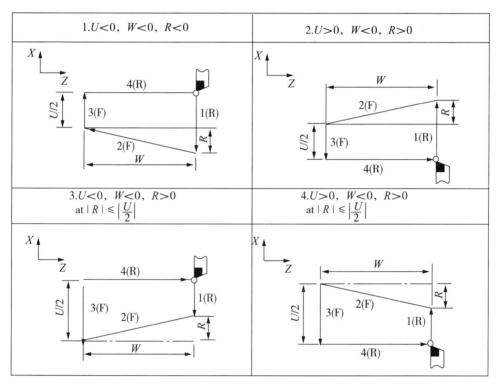

图 2-1-15 圆锥面切削指令中参数符号的确定

4）编程要点

（1）当编程起点不在圆锥面小端外圆轮廓上时，注意锥度起点和终点半径差的计算，如本例锥度差 R 为 -5.5，而不是 -5.0，如图 2-1-16 所示。

（2）在对锥度进行粗、精加工时，虽然每次加工时，R 值都一样，但每条语句中 R 值都不能省略，否则系统会按照圆柱面轮廓处理。

（3）各参数正负号的确定：

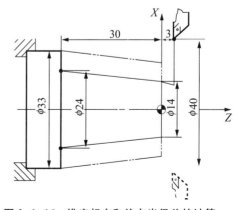

图 2-1-16 锥度起点和终点半径差的计算

圆锥切削循环指令编程走刀路线分析：在车床上车削外圆时分为车正锥和车倒锥两种情况，如图 2-1-17 所示。

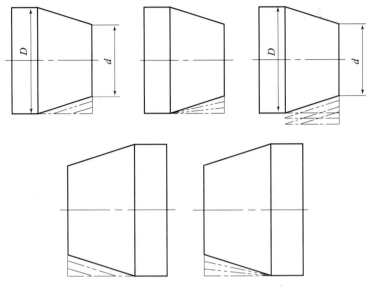

图 2-1-17　正锥和车倒锥编程正负号确定

2. 端面切削循环指令 G94

1）端面切削循环 G94 编程格式

平端面切削循环指令格式：

```
G94  X(U)_  Z(W)_  F_
```

其中：X、Z——循环切削终点处的坐标；

U、W——切削终点相对于循环起点的坐标分量；

F——循环切削过程中的进给速度。

2）端面切削循环 G94 运动轨迹及工艺说明

端面切削循环指令 G94 运动轨迹如图 2-1-18 所示。

刀具从循环起点 A 开始沿 ABCDA 的方向运动。

从 A 到 B 为快速移动以接近工件；从 B 到 C、C 到 D 为切削进给，进行端面和圆柱面的加工；从 D 点快速返回到循环起点。

3）端面切削循环指令 G94 应用盘类零件的加工实例

【例 2-6】加工零件，如图 2-1-19 所示。试利用端面切削单一循环指令编写其粗、精加工程序。

加工程序如下：

```
O0007;
N10 T0101;
N20 M03 S600;
```

N30 G00 X52.0 Z2.0;

N40 G94 X20.0 Z-2.0 F100;

N50 Z-4.0;

N60 Z-6.0;

N70 Z-7.5;

N80 Z-8.0 F50;

N90 G00 X100.0 Z100.0;

N100 M30;

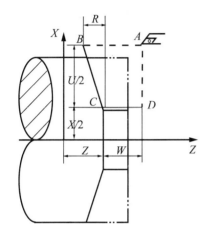

图 2-1-18 端面切削循环指令 G94 运动轨迹

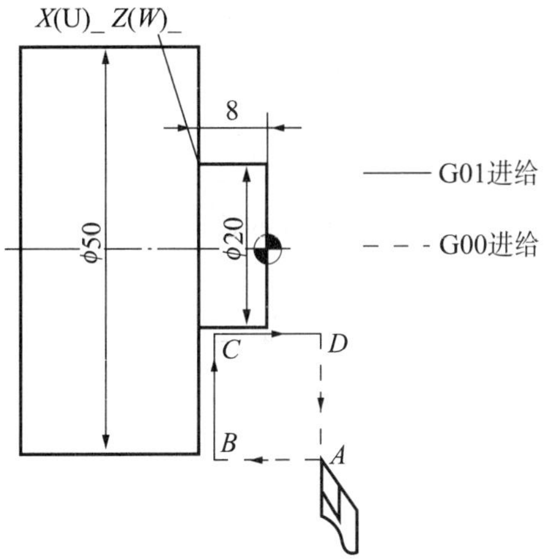

图 2-1-19 盘类零件

【例 2-7】加工零件,如图 2-1-20 所示。试利用端面切削单一循环指令编写其粗、精加工程序。

加工程序如下:

O7234;

N10 G50 X100.0 Z100.0;

N20 M03 S1000;

N30 G00 X85.0 Z5.0 M08;

N40 G94 X30.0 Z-5.0 F200;

N50 Z-10.0;

N60 Z-15.0;

N70 Z-20.0;

N80 G00 X100.0 Z100.0 M09;

N90 M05;

N100 M30;

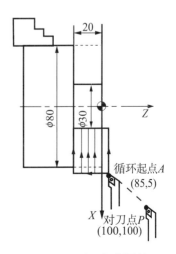

图 2-1-20 端面切削零件

4）锥端面切削循环

锥端面切削循环 G94 编程格式：

```
G94  X(U)_  Z(W)_  R_  F_
```

其中：R——锥端面切削起点处的 Z 坐标值减去其终点处的 Z 坐标值，进刀路线如图 2-1-21 所示。

（1）应根据坯件形状和工件的加工轮廓进行选择用 G90 还是 G94。

（2）由于 X/U、Z/W 和 R 的数值在固定循环期间是模态的，所以如果没有重新指定 X/U、Z/W 和 R，则原来指定的数据有效。

（3）如果在单段运行方式下执行循环，则每一循环分 4 段进行，执行过程中必须按 4 次循环启动按钮。

5）锥端面切削循环 G94 指令应用轴类零件的加工实例

【例 2-8】试用斜端面切削循环 G94 指令编写轴类零件的加工程序，如图 2-1-22 所示，毛坯为 ϕ50mm 的棒料，只加工锥面至要求尺寸。

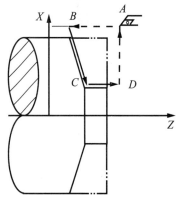

图 2-1-21　锥端面切削循环 G94 指令进刀路线

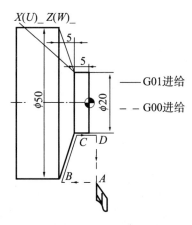

图 2-1-22　加工轴类零件

加工程序如下：

```
O0006;
N10 T0101;
N20 M03 S600;
N30 G41 G00 X53.0 Z2.0;
N40 G94 X20.0 Z0.0 R-5.5 F100;
N50 Z-1.0 R-5.5;
N60 Z-2.0 R-5.5;
N70 Z-3.0 R-5.5;
N80 Z-4.5 R-5.5;
N100 Z-5.0 R-5.5 F50;
```

N110 G40 G00 X100.0 Z100.0;

N120 M30;

任务实施

1. 零件结构工艺性分析

该零件结构要素包括端面、外圆柱面等。外圆柱面处尺寸精度要求为$\phi28$，总长度要求为36，表面粗糙度要求全部为$Ra3.2$，无热处理和硬度要求。

2. 机床选择

可选择通用卧式数控车床，如选用华中数控股份有限公司生产卧式数控车床，配置 FANUC 0i Mate 数控系统。

3. 毛坯选择

选择 LY12 硬铝合金材料，并选用$\phi30\times40$圆柱棒料。

4. 工件装夹方式确定

由于是回转体零件加工，形状相对于中心线对称，工件可采用三爪卡盘装夹。

5. 刀具选择

根据轮廓形状及零件加工精度要求，选择 90° 外圆车刀作为粗加工刀具，选择 93° 外圆车刀作为精加工刀具。数控加工刀具卡如表 2-1-1 所示。

表 2-1-1　数控加工刀具卡

零件图号		WHCY2016	零件名称		锥弧连接零件		
使用设备名称		数控车床	使用设备型号		MJ-50		
换刀方式		回转刀架换刀	程序编号		O2016		
序号	刀号	刀具名称及规格	刀尖半径及刀柄尺寸		数量	加工表面	
1	T0101	90°外圆车刀	20×20		1	端面及外圆表面	
2	T0202	93°外圆车刀	20×20		1	端面及外圆表面	
备注			日期				
编制		审核	批准		第　页	共　页	

6. 零件加工工艺路线设计

用循环指令粗车外圆表面及端面，换刀后精加工各表面。

7. 切削用量选择

粗加工时主轴转速为 500r/min，进给量为 0.3mm/r，精加工时主轴转速为 800r/min，进给量为 0.1mm/r。数控加工工序卡如表 2-1-2 所示。

表 2-1-2　数控加工工序卡

零件图号	WHCY2016		零件名称		锥弧连接零件
使用设备名称	数控车床		使用设备型号		MJ-50
换刀方式	回转刀架换刀		程序编号		O2016
刀具表		量具表		工具表	
刀具刀号	刀具名称	序号	量具名称及规格	序号	工具名称及规格
T01	90°外圆车刀	1		1	
T02	93°外圆车刀	2		2	
T03		3		3	
T04		4		4	
T05		5		5	
T06		6		6	

序号	工艺内容	切削用量			备注
		a_p（mm）	n（r/min）	f（mm/r）	
1	粗车外圆端面		500	0.3	
2	粗车长度为 36 段外圆尺寸至 $\phi28$		500	0.3	
3	粗车长度为 20 段外圆尺寸至 $\phi20$		500	0.3	
4	粗车长度为 36 段外圆尺寸至 $\phi28$		500	0.3	
5	精车轮廓至尺寸		800	0.1	

编制		审核		批准	
日期				第　页	共　页

8. 加工程序

O2016；

T0101；（粗加工及半精加工）

N10 T0101；

N20 M03 S500；

N30 G00 X32.Z2.；

N40 G94 X-1.Z0.F100；

N50 G90 X28.5 Z-40.；

N60 X28.Z-20.；

N70 X26 Z-20；

N80 X-24.Z-20.；

N90 X22.Z-20；

N100 X20.5 Z-20.；

N110 X20.Z-20.；

```
N120  X28.Z-40.;
N130 G00X100.Z200.;
N140 T0202;
N150 G00 X32.Z-39.;
N160 G01X-1.F30;
N170 X32.F100;
N180 G00 X150.Z200.;
N190 M05;
N200 M02;
```

技能训练

加工阶梯轴类零件，如图 2-1-23 所示，已知毛坯为 $\phi30\times45$，材料 45[#]钢，试编制加工程序。

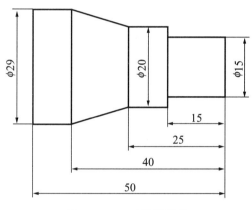

图 2-1-23   阶梯轴零件

（1）安装仿形工件。

（2）设置安装仿形工件，填写各点坐标（X 向余量 4mm），如表 2-1-3 所示。

表 2-1-3   仿形工件各点坐标表

坐标点	X（直径）	Z	圆弧半径	圆弧顺逆

任务评价

完成任务后，请填写下表。

班级：＿＿＿＿＿＿＿＿＿　姓名：＿＿＿＿＿＿＿＿＿　日期：＿＿＿＿＿＿＿＿＿

任务 1 轴类零件的编程与加工					
序号	评分项目	分值	自我评分	小组评分	教师评分
1	程序编制	40			
2	零件加工	40			
3	安全生产、规范操作	20			
总分		100			

你的最大收获：

你遇到的困难和解决的方法：

今后还需要更加努力的方面：

教师评语：

任务 2　复杂轴类零件的编程与加工

任务描述

利用单一固定循环指令加工圆轴零件如图 2-2-1 所示，毛坯材料为铝料，要求应用 VNUC4.0 软件进行仿真加工。

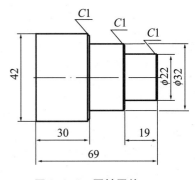

图 2-2-1　圆轴零件

 任务分析

分析零件图样：

（1）该零件结构要素包括端面、外圆柱面等。外圆柱面处尺寸精度要求分别为 $\phi22mm$、$\phi32mm$、$\phi42mm$，总长度要求为 69，表面粗糙度要求全部为 $Ra3.2$，无热处理和硬度要求。

（2）加工顺序。零件完成端面及外圆的粗车、每面留有 0.25mm 精加工余量，本工序从右到左精车端面及外圆，达到尺寸及精度要求。

（3）基点计算按标注尺寸的平均值计算。

（4）加工内容：两端面、外轮廓和倒角。

（5）加工方案，比较、选择合理的加工方法：可用 G1、G90、G71 指令，最终选择：左端外轮廓用 G90，右端外轮廓用 G71 可以优化程序。

（6）装夹工件伸出 65mm 长。

（7）用 G71 编程粗车 $\phi40$、$\phi30$、$\phi15$ 外圆，留 0.5mm 精加工余量。粗车圆锥。

（8）用 G00、G01 指令编程精车并倒角。

 相关知识

G71/G72/G73/G70 复合固定循环指令用法

在复合固定循环中，对零件的轮廓定义之后，即可完成从粗加工到精加工的全过程，使程序得到进一步简化。用这些加工指令，只需给定最终精加工路径、循环次数和每次加工余量，机床就能自动确定粗加工的刀具路径。

1. 多重复合循环切削区域边界定义

FANUC 系统允许用循环指令调用对切削区域分层加工的动作过程，这种指令称为多重复合循环指令。在多重复合循环指令中，要给定切削区域的切削工艺参数。

多重复合循环首先要定义多余的材料的边界，形成了一个完全封闭的切削区域，在该封闭区域内的材料，根据循环调用程序段中的加工参数进行有序切削。从数学角度上说，定义一个封闭区域至少需要三个不共线的点，图 2-2-2 为一个由三点定义的简单边界，如图 2-2-2（a）和一个由多点定义的复杂边界，如图 2-2-2（b）所示。S、P 和 Q 点则表示所选（定义）加工区域的极限点。图 2-2-2（b）中，车削工件轮廓由 P 点开始，到 Q 点结束，它们之间还可以有很多点，这样由 P 开始到 Q 点结束形成了复杂的轮廓，P、Q 间的复杂轮廓就是精加工的路线。这样由 S 点和 P 到 Q 精加工的路线就确定了一个完全封闭的切削区域。

2. 起点和 P、Q 点的设计

图 2-2-2（b）中的 S 点为切削循环的起点，起点是调用轮廓切削循环前刀具的

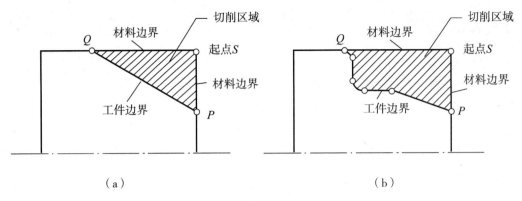

图 2-2-2 封闭的切削区域定义

（a）简单的三角形区域；（b）复杂的切削区域。

X，Z 坐标位置。认真选择起点很重要，它应趋近工件，并具有安全间隙。P 点代表精加工轮廓的起点；Q 点代表精加工后轮廓终点。P、Q 点应在工件之外，与工件有一定的安全间隙。

3. 轴向粗车复合循环 G71

1）功能　适合于使刀具从当前点，以系统预先设定好的速度移动定位至所指定的目标点用圆柱棒料粗车阶梯轴的外圆或内孔需切除较多余量时的情况。

2）轴向粗车复合循环 G71

外圆粗切循环是一种复合固定循环。适用于外圆柱面需多次走刀才能完成的粗加工，加工过程如图 2-2-3 所示。

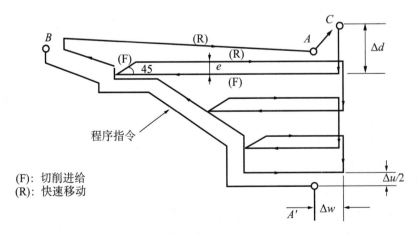

图 2-2-3 轴向粗车复合循环 G71 进刀路线图

3）轴向粗车复合循环 G71 指令格式

G71 指令格式：

```
G0  X_ Z_  ；-------------------循环起始点
G71 U（△d）  R（△e）；
```

G71　P（ns）　Q（nf）　　U（△u）　　W（△w）　　F（f）；

ns

.

.

.

.

nf

{零件精加工轮廓轨迹线

其中：△d——每次切削背吃刀量，即 x 轴向的进刀，深度以半径值表示，一定为正值；

　　e——每次切削结束的退刀量；

　　ns——精车开始程序段的顺序号；

　　nf——精车结束程序段的顺序号；

　　△u——x 轴方向精加工余量，以直径值表示；

　　△w——z 轴方向精加工余量；

　　△f——粗车时进给量；

　　△s——粗车时主轴功能（在 G71 之前即已指令，故大多省略）；

　　t——粗车时所用刀具（在 G71 之前即已指令，故大多省略）；

　　s——精车时主轴功能；

　　f——精车时进给量。

（1）轴向粗车复合循环 G71 编程格式说明。

① 在使用 G71 进行粗加工时，只有含在 G71 程序段中的 F、S、T 功能才有效，而包含在 ns～nf 程序段中的 F、S、T 指令对粗车循环无效。

② G71 指令必须带有 P、Q 地址 ns、nf，且与精加工路径起、止顺序号对应，否则不能进行加工。

③ ns、nf 的程序段必须为 G00/G01 指令，即从 A 至 A′ 的动作必须是直线或点定位运动且程序段中不应编有 Z 向移动指令。

④ 在 ns～nf 的程序段中不能调用子程序。

⑤ 在进行外形加工时 △u 取正，内孔加工时 △u 取负值，从右向左加工 △u 取正值，从左向右加工 △u 取负值。

⑥ 当用恒表面切削速度控制时，ns～nf 的程序段中指定的 G96、G97 无效，应在 G71 程序段以前指定。

⑦ 循环起点的选择应在接近工件处以缩短刀具行程和避免空进给。

（2）轴向粗车复合循环 G71 指令 △U 和 △W 正负取值。

轴向粗车复合循环 G71 指令 △U 和 △W 正负取值，如图 2-2-4 所示。进行外圆粗车循环加工时，△U 和 △W 正负取值，如图 2-2-4（a）所示。进行内孔粗车循环加工时，△U 和 △W 正负取值，如图 2-2-4（b）所示。

（3）轴向粗车复合循环 G71 指令加工零件轮廓类型。

①零件轮廓在 X 和 Z 方向坐标值必须是单调增加或减小，由 A 至 A′刀具垂直于 Z 轴移动，如图 2-2-5 所示。

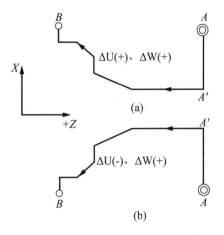

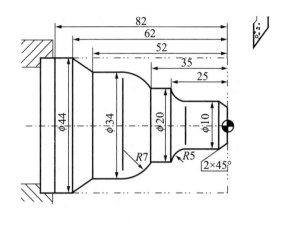

图 2-2-4　G71 循环△U 和△W 正负取值

（a）外圆粗车循环；（b）内孔粗车循环。

图 2-2-5　G71 粗车循环类型一

②零件轮廓在 X 方向坐标值不是单调变化的，允许有凹槽，但在 Z 方向必须是单调变化的，刀具由 A 至 A′移动的程序段中，必须制定 X（U）和 Z（W）坐标，如图 2-2-6 所示。

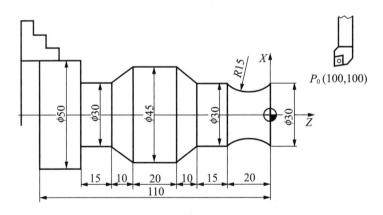

图 2-2-6　G71 粗车循环类型二

（4）轴向粗车复合循环 G71 指令加工零件外轮廓。

【例 2-9】车削手柄，试应用轴向粗车复合循环 G71 指令编程计算，如图 2-2-7 所示。

①取工件右端顶点处为工件原点 W，则三个光滑连接的圆弧的端点（A、B、C），如图 2-2-8 所示，坐标计算如下：

$$O_2E = 29 - 9 = 20$$

$$O_1O_2 = 29 - 3 = 26$$

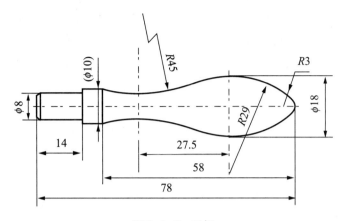

图 2-2-7　手柄

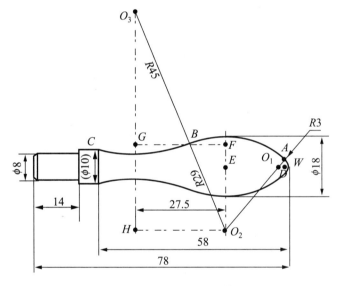

图 2-2-8　手柄坐标计算

$$O_1E = \sqrt{(O_2O_2)^2 - (O_2E)^2} = 16.613$$

$$AD = O_2E \times \frac{O_1A}{O_1O_2} = 20 \times \frac{3}{26} = 2.308$$

$$O_1D = O_1E \times \frac{O_1A}{O_1O_2} = 16.613 \times \frac{3}{26} = 1.917$$

则 A 点的坐标为：$X_A = 2 \times 2.308 = 4.616$（直径值），$Z_A = -(O_1W - O_1D) = -(3 - 1.817) = -1.083$。又算得：

$$BG = O_2H \times \frac{O_3B}{O_2O_3} = 27.5 \times \frac{45}{45 + 29} = 16.723$$

$$BF = O_2H - BG = 10.777$$

$$W_1O_1 + O_1E + BF = 3 + 16.613 + 10.777 = 30.39$$

$$O_2F = \sqrt{(O_2B)^2 - (BF)^2} = \sqrt{29^2 - 10.77^2} = 26.923$$

$$EF = O_2F - O_2E = 6.923$$

则 B 点的坐标为：$X_B = 2 \times 6.923 = 13.846$，$Z_B = -30.39$；$C$ 点的坐标可直接从图中得到为：$X_c = 10.0$，$Z_c = -58.0$。

② 车削该手柄时，需要编写两个程序。第一个程序车削手柄左端外圆阶台到尺寸，对圆弧成形面则留下适当的余量先粗车成斜面，其中间工序尺寸，如图 2-2-9（a）所示。

③ 阶台和锥面可使用 G71 复合循环先粗车，再精车台阶到尺寸。另一个程序是用于当一端车好后，将工件调头，夹住 $\phi8 \times 14$ 的外圆，先粗车右端锥面，再精车右端所有圆弧部分，其中间工序尺寸，如图 2-2-9（b）所示。为了确定粗车时的中间工序尺寸，可将手柄画到坐标纸上，利用网格粗略决定，或者利用 CAD 绘图来确定。

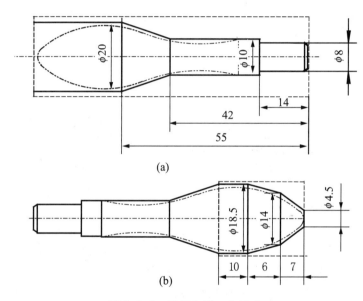

图 2-2-9　手柄中间工序尺寸

（a）车削手柄左端外圆阶台；（b）工件调头加工。

④ 为了确保调头车削时工件尺寸的一致，建议在第一个程序车削的毛坯装夹时，应调整到工件伸出卡爪长为 78-14 = 64mm。调头车削时，应让卡爪刚好夹住$\phi8 \times 14$的外圆，这样调头车削时就不需再对刀而可直接执行程序。（如果刀架所处的位置妨碍工件的装卸，可根据实际让刀位置同样地修改两程序中的 G92 后跟的坐标值，调头车削时应保持刀架拖板位置不动）

⑤ 加工程序如下：

O0022；	主程序号
G92 X80.0 Z50.0；	建立工件坐标系
S300 M03；	主轴正转，转速 300r/min
G90 G00 X25.0 Z5.0；	快进到 $X=25$，$Z=5$ 的循环起点

G71U0.8R1.2P10 Q20 X0.2 Z0.2 F50;　　　用外圆粗车复合循环车阶台和锥面
N10 G00 X8.0 Z5.0;　　　　　　　　　　快速移到精车起始处
G01 X8.0 Z-14.0 F30;　　　　　　　　　　精车开始
　　X10.0 Z-14.0;　　　　　　　　　　　……
　　X10.0 Z-42.0;　　　　　　　　　　　……
N20 G01 X20.0 Z-55.0;　　　　　　　　　精车的最后一段——车锥面
　　G00 X25.0 Z5.0;　　　　　　　　　　快退至循环起点
G00 X4.0 Z1.0;　　　　　　　　　　　　快移到倒角的起点
G01 X10.0 Z-2.0 F50;　　　　　　　　　倒角
G00 X80.0 Z50.0 M05;　　　　　　　　　退回到程序起点
M02;　　　　　　　　　　　　　　　　　程序结束

调头车削的程序:
O0023;　　　　　　　　　　　　　　　　主程序号
G92 X80.0 Z50.0;　　　　　　　　　　　建立工件坐标系
S300 M03;　　　　　　　　　　　　　　主轴正转,转速 300 r/min
G90 G00 X25.0 Z5.0;　　　　　　　　　　快进到 X=25,Z=5 的循环起点
G71U0.8R1.2P10 Q20 X0.2 Z0.2 F50;　　　用外圆粗车复合循环车锥面
N10 G00 X4.5 Z5.0;　　　　　　　　　　快速移到精车起始 1 处
G01 X4.5 Z0 F30;　　　　　　　　　　　精车开始
　　X14.0 Z-7.0;　　　　　　　　　　　……
　　X18.5 Z-13.0;　　　　　　　　　　　……
　　X18.5 Z-23.0;　　　　　　　　　　　……
N20 G01 X21.0 Z-23.0;　　　　　　　　　精车的最后一段
　　　G00 X25.0 Z5.0;　　　　　　　　　快退至循环起点
G00 X0 Z2.0;　　　　　　　　　　　　　快 1 移到精车圆弧的起点,右端轴
　　　　　　　　　　　　　　　　　　　心附近
G01 Z0 F30;　　　　　　　　　　　　　进给到圆弧起点
G03 X4.616 Z-1.083 R3.0;　　　　　　　精车 R3 的圆弧
G03 X13.846 Z-30.39 R29.0;　　　　　　精车 R29 的圆弧
G02 X10.0 Z-58.0 R45.0;　　　　　　　　精车 R45 的圆弧
G00 X25.0;　　　　　　　　　　　　　　X 向退刀到 X=25
G00 X80.0 Z50.0 M05;　　　　　　　　　快速退回到程序起点
M02;　　　　　　　　　　　　　　　　　程序结束

(5) 轴向粗车复合循环 G71 指令加工轮廓零件。

【例 2-10】应用轴向粗车复合循环 G71 指令加工阶梯孔类零件如图 2-2-10 所示,

材料为铝合金，材料规格为 $\phi50\times30mm$，其中毛坯轴向余量为 5mm，要求按图纸要求加工完成该零件。

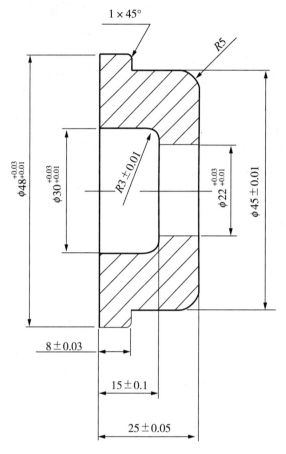

图 2-2-10　阶梯孔零件

① 工艺分析。

该零件表面由内外圆柱面、圆弧等表面组成，工件在加工的过程中要进行两次装夹才能够完成加工，同时根据在加工孔类零件时一般按照先进行内腔加工工序，后进行外形的加工工序的原则，应该首先进行孔的加工然后进行其他面的加工。

② 操作步骤。

首先进行工件装夹，内孔加工时以外圆定位，用三爪自定心卡盘夹紧。

其次对刀，内孔镗刀的对刀：内孔刀对刀之前，内孔已经钻完成，调用所需刀具，首先对 Z 轴，刀具刀尖接近工件外端面，试切削工件外端面，然后在工件补正界面内输入 Z0 测量，Z 轴对刀完成，X 轴对刀，沿 Z 轴切削工件内孔表面，沿 Z 轴切削深度控制在 10mm 左右，刀具沿 Z 向退刀，主轴停转，测量工件内孔直径，在工件补正界面内输入 X 测量值即可完成 X 轴对刀，刀具及切削参数如表 2-2-1 所示。

表 2-2-1　阶梯孔加工刀具及切削参数

工步	工步内容	刀具	切削用量		
			背吃刀量（mm）	主轴转速（r/min）	进给速度（mm/r）
1	粗车工件端面	T11（90°外圆车刀）		<400	0.3
2	钻孔	中心钻		<400	
3	钻底孔	φ15 麻花钻		<400	
4	扩孔	φ20 麻花钻		<400	
5	粗加工 φ45 外圆、R5 圆弧	T11（90°外圆车刀	2	<500	0.3
6	精加工工件端面 φ45 外圆、R5 圆弧	T22（90°外圆车刀）	0.3	<1000	0.1
7	调头装夹工件找正				
8	车削工件端面，保证工件总长	T11（90°外圆车刀）		<400	0.3
9	粗加工阶梯孔、R3 圆弧	通孔镗刀 T33	1	<500	0.2
10	精加工阶梯孔、R3 圆弧	通孔镗刀 T44	0.2	<800	0.05
11	粗加工 φ48 外圆	T11（90°外圆车刀）	2	<500	0.3
12	精加工 φ48 外圆	T22（90°外圆车刀）	0.3	<1000	0.1

③编写程序。

应用 G71 内外径粗车复合循环指令进行编程：

O0013;	
G90;	绝对坐标编程
G95;	转化为每转进给
M03S400;	主轴正转 400r/min
T0101;	调用一号刀具 90°外圆车刀粗加工用
G00X52;	
Z2;	刀具定位
G71U1R1X0.5Z0.1P10Q11F0.3;	外圆粗车复合循环指令，单边切深为 2mm，退刀量为 1mm，轴向留量为 0.5mm，径向留量为 0.1mm
M00;	程序停止
M05;	主轴停转
T0202;	调用二号刀具 90°外圆车刀精加工用
G95;	转化为每转进给
G00X50;	

Z2;	刀具定位
P10G00X35;	精加工开始行
G01G42Z0F0.1;	刀具精进给至 Z0 位置进给量为 0.1mm/r
G03X45Z-5R5F0.1;	精加工 R5 圆弧
G01Z-17;	精加工 ϕ45 尺寸
G00G40X50;	取消刀补
Z100;	刀具退刀至安全位置
M05;	主轴停转
G95;	转化为每转进给
M03S400;	主轴正转 400r/min
T0303;	调用三号刀具通孔镗刀粗加工内孔用
G00X18;	
Z2;	刀具定位
G71U1R1X-0.5Z0.1P12Q13F0.3;	内孔粗车复合循环指令，单边切深为 2mm，退刀量为 1mm，轴向留量为 0.5mm，径向留量为 0.1mm
M00;	程序停止
M05;	主轴停转
M03S800;	主轴正转 800r/min
T0404;	调用四号刀具通孔镗刀精加工内孔用
G95;	转化为每转进给
G00X18;	
Z2;	刀具定位
N12G00X30;	刀具快速进给至加工位置
G01G41Z-12F0.1;	精加工 ϕ30 建立刀补进给量为 0.1mm/r
G03X24Z-15R3;	精加工 R3 圆弧
G01X22;	
N13Z-27;	精加工 ϕ22 内孔进给量为 0.1mm/r
G00G40X18;	取消刀补
Z100;	刀具退刀至安全位置
M05;	主轴停转
G95;	转化为每转进给
M03S400;	主轴正转 400r/min
T0101;	调用一号刀具 90°外圆车刀粗加工外圆用
G00X52;	
Z2;	刀具定位

G71U1R1X0.5Z0.1P14Q15F0.3;	外圆粗车复合循环指令，单边切深为2mm，退刀量为1mm，轴向留量为0.5mm，径向留量为0.1mm
M00;	程序停止
M05;	主轴停转
M03S800;	主轴正转800r/min
G95;	转化为每转进给
T0202;	调用二号刀具90°外圆车刀精加工外圆用
G00X52;	
Z2;	刀具定位
P14G00X48;	刀具快速进给至加工位置
P15G01G42Z-10F0.1;	精加工ϕ48外圆进给量为0.1mm/r
G00G40X55;	取消刀补
Z100;	刀具退刀至安全位置
M05;	主轴停转
M30;	程序结束返回至程序头

（6）阶梯孔零件加工相关问题及注意事项。

①钻孔前，必须先将工件端面车平，中心处不允许有凸台，否则钻头不能自动定心，会使钻头折断。

②当钻头将要穿透工件时，由于钻头横刃首先穿出，因此轴向阻力大减。所以这时进给速度必须减慢，否则钻头容易被工件卡死，造成锥柄在尾座套筒内打滑，损坏锥柄和锥孔。

③钻小孔或钻较深孔时，由于切屑不易排出，必须经常退出钻头排屑，否则容易因切屑堵塞而使钻头"咬死"或折断。

④钻小孔时，转速应选得快一些，否则钻削时抗力大，容易产生孔位偏斜和钻头折断。

⑤精车内孔时，应保持刀刃锋利，否则容易产生让刀（因刀杆刚性差），把孔车成锥形。

⑥车平底孔时，刀尖必须严格对准工件旋转中心，否则底平面无法车平。

⑦用塞规测量孔径时，应保持孔壁清洁，否则会影响塞规测量。

⑧用塞规检查孔径时，塞规不能倾斜，以防造成孔小的错觉，把孔径车大。相反，孔径小的时候，不能用塞规硬塞，更不能用力敲击。

4. 端面复合切削循环 G72 指令

端面复合切削循环是一种复合固定循环。适用于外圆柱面需多次走刀才能完成的粗加工，加工过程如图2-2-11所示。

1）端面复合切削循环 G72 编程格式

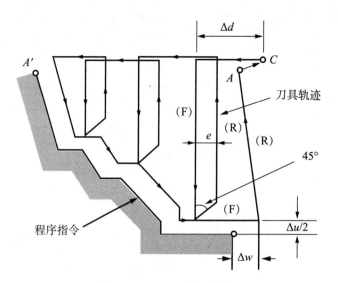

图 2-2-11　G72 走刀路线

G72 编程格式如下：

```
G72W（△d）R（e）
G72P（ns）Q（nf）U（△u）W（△w）F（f）S（s）T（t）
ns
·
·          零件精加工轮廓轨迹线
·
·
nf
```

2）端面复合切削循环 G72 编程格式说明

（1）在使用 G72 进行粗加工时，只有含在 G72 程序段中的 F、S、T 功能才有效，而包含在 ns～nf 程序段中的 F、S、T 指令对粗车循环无效。

（2）G72 切削循环下，切削进给方向平行于 X 轴，U（△u）和 W（△w）的符号为正表示沿轴的正方向移动，负表示沿轴负方向移动。

（3）G72 指令必须带有 P、Q 地址 ns、nf，且与精加工路径起、止顺序号对应，否则不能进行加工。

（4）ns 的程序段必须为 G00/G01 指令，即从 A～A′ 的动作必须是直线或点定位运动且程序段中不应编有 X 向移动指令。

（5）在 ns～nf 的程序段中，不能调用子程序。

（6）当用恒表面切削速度控制时，ns～nf 的程序段中指定的 G96、G97 无效，应在 G71 程序段以前指定。

（7）循环起点的选择应在接近工件处以缩短刀具行程和避免空进给。

G71、G72 指令适合于型材棒料的粗车加工，将工件切削至精加工之前的尺寸，粗加工后可使用 G70 指令完成精加工。

3）端面复合切削循环 G72 指令△U 和△W 正负取值

端面复合切削循环 G72 指令△U 和△W 正负取值，如图 2-2-12 所示。

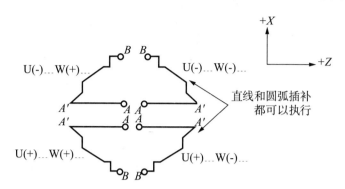

图 2-2-12　端面复合切削循环 G72 指令△U 和△W 正负取值

4）使用 G72 指令应注意事项

（1）f、s、t：包含在 ns~nf 程序段中的任何 F，S 或 T 功能在循环中被忽略，而在 G71 程序段中的 F、S 或 T 功能有效。即在 ns ~nf 中的 F、S 、T 对 G72 无效，对 G70 有效；

（2）零件轮廓必须符合 X 轴、Z 轴方向同时单调增大或单调减少。即不可有内凹的轮廓外形；

（3）在顺序号 ns 的程序段中，可使用 G00 或 G01 指令。只能作 Z 轴方向移动指令，不可有 X 轴方向移动指令；

（4）顺序号"ns"和"nf"之间的程序段不能调用子程序。

5）端面复合切削循环 G72 指令加工外轮廓

【例2-11】应用端面复合切削循环 G72 指令，制订如图 2-2-13 所示工件右端轮廓加工工艺，编写切削程序，输入加工，毛坯为 $\phi100$ 的棒料，工件右端轮廓面有的尺寸精度要求，表面粗糙度要求为 Ra1.6。

（1）右端轮廓加工方案设计。

①用 G72 粗加工件右端轮廓，Z 向、X 向各留 0.5mm 的精加工余量。

②机床停，测量尺寸，填写磨损补偿值。例如，粗加工后，测量端面位置尺寸 AB 值等于 9.42，与理论值（10.09-0.5=9.59）相差 0.17，则 Z 向磨损补偿值填写-0.17。

③用与粗加工相同的刀具，在正确设置磨损补偿的情况下，用 G70 循环精加工右端轮廓。

（2）装夹方案。

拟用三爪自定心卡盘进行装夹，夹持左端 $\phi100mm$ 柱面，伸长 28mm。工件坐标的零点选在右端面的中心。

（3）刀具及切削用量选择。

轮廓粗、精加工刀具选用刀尖角 80°、主偏角为 93° 的外圆车刀。刀具及切削参数

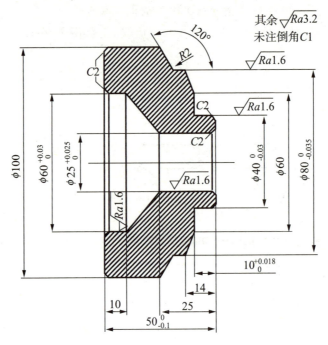

图 2-2-13　端面加工零件

如表 2-2-2 所示。

表 2-2-2　刀具及切削参数

序号	加工内容	刀具号	刀具类型	背吃刀量（mm）	主轴转速（m/min）	进给速度 F（mm/min）
1	粗车右端面	T01	93°外圆车刀	1.5	80	0.2
2	精车右端面	T01	93°外圆车刀	0.5	120	0.1

（4）刀具路线。

刀具路线如图 2-2-14 所示，可见右端轮廓由直线 1→2、圆弧 2→3、直线 3→4、直线 4→5、直线 5→6、直线 6→7、直线 7→8 组成。为控制刀具安全地切入、切出工件，增设接近工件的点 S，轮廓切入点 P，轮廓切出点口。以右端面中心为零点建立 XOZ 直角坐标系，可得各点坐标如表 2-2-3 所示。

表 2-2-3　各点坐标

坐标＼点	S	P	1	2	3	4	5	6	7	8	Q
X	102	102	100	82	80	80	60	40	40	36	36
Z	2	−25	−25	−19.8	−18.07	−14	−10	−10	−2	0	2

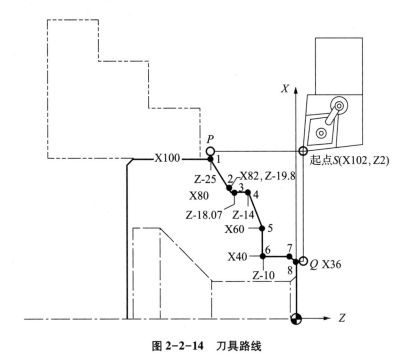

图 2-2-14 刀具路线

（5）加工程序填写。

根据以上加工设计和工艺数据，参考程序 O5203，填写加工程序。

O5203；

G99；

S500；

T0101；

M3；

G00 X102.Z2.；

G72 W2.R0.5；

G72 P10 Q20 U0.5 W0.5 F0.15；

N10 G00 Z-25.；（到达 P）

G01 X100.；（到达 1）

X82.Z-19.8；（到达 2）

X80.Z-18.07；（到达 3）

X80.Z-14.；（到达 4）

X60.Z-10.；（到达 5）

X40.Z-10.；（到达 6）

X40.Z-2.；（到达 7）

X36.Z0.；（到达 8）

N20.X36.Z2.；（到达 Q）〈G72 执行完后刀具又回到起点 S〉

```
M00;
M03 S800;
G70 P50 Q100 F0.1;〈G70 执行完后刀具又回到起点 S〉
G00 X100.Z100.;
M05;
M30;
```

5. 仿形粗车循环 G73 指令

仿形粗车循环适用于加工零件毛坯已基本成型的铸件或锻件。铸件或锻件毛坯的形状与零件的形状基本接近，这时若仍用 G71 或 G72 指令，则会产生许多无效切削而且浪费加工时间。仿形粗车循环如图 2-2-15 所示。

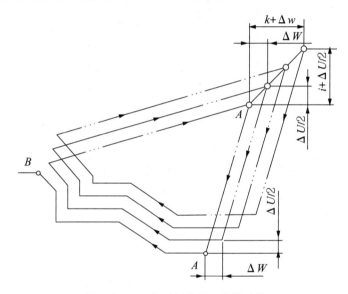

图 2-2-15　仿形粗车循环进给路线

1）仿形粗车循环 G73 编程格式

仿形粗车循环 G73 编程格式：

```
G0   X_ Z_ ; ------------------循环起始点
G73  U（△d）    R（△e）;
G73  P（ns）    Q（nf）    U（△u）    W（△w）    F（f）;
ns
.
.                零件精加工轮廓轨迹线
.
.
nf
```

其中：△d——毛坯的最大直径与零件图纸上所要加工的最小直径之差再除以 2；

　　　△e——循环次数；

　　　ns——精加工程序段的第一个程序段段号；

nf——精加工程序段的最后一个程序段段号；

△——工件直径（X 轴）精加工余量直径值；

△w——工件长度（Z 轴）精加工余量；

f——粗加工的进给速度。

2）使用 G73 指令应注意事项

（1）f、s、t：包含在 ns～nf 程序段中的任何 F、S 或 T 功能在循环中被忽略，而在 G73 程序段中的 F、S 或 T 功能有效。即在 ns～nf 中的 F、S 、T 对 G73 无效，对 G70 有效；

（2）零件轮廓没有单调性要求。可有内凹的轮廓外形；

（3）在顺序号 ns 的程序段中，可使用 G00 或 G01 指令。对 X、Z 轴方向移动指令不做要求；

（4）在顺序号 ns～nf 之间的程序段不能调用子程序。

3）仿形粗车循环 G73 指令回退量计算

回退量计算：

X 向：$\triangle i = \triangle u/2 + X/d\ (d-1)$

Z 向：$\triangle k = \triangle w + 2 * w/d$

【例2-12】如图 2-2-16 所示。毛坯尺寸为 $\phi20\times50$，材料为 LY12。

X 向总的吃刀深度为：

$$U = （20-0）/2 = 10$$

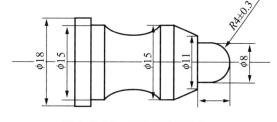

图 2-2-16　回退量计算零件

4）仿形粗车循环 G73 应用

例如：如图 2-2-17 所示，毛坯为 $\phi40\times100$ 棒料，材料 LY12，T01：93°外圆车刀。

（1）刀具与切削用量选择。

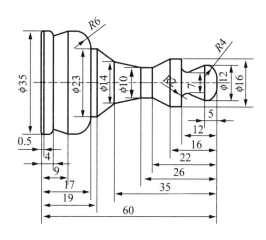

图 2-2-17　国际象棋

刀具与切削用量选择，如表 2-2-4 所示。

表 2-2-4 刀具与切削用量选择

加工内容	刀具选择	主轴转速 S	进给速度 F（mm/min）
车端面	90°外圆刀	120	100
粗车外圆	93°外圆刀	800	100
精车外圆	93°外圆刀	1000	60
切断	切断刀	250	20

（2）完整程序编制如下：

```
O1234;
G0 X100. Z100.;
    T0101;
    M3 S800;
    X42. Z2.;
G73 U1. R1.;
    G73 P1 Q2 U0.3 W0.1 F100;
N1 G0 X0.;
G1 Z0.;
    X4.;
G3 X12 Z-4. R4.;
G1W-1.;
    X7.5 Z-9.03.;
G2 X9 Z-12. R2.;
G1 X16.;
    Z-16.;
    X10. Z-22.;
    Z-26.;
    X14. Z-35.;
    X23. Z-41.;
Z-43.;
G3 X35. Z-49. R6.;
G1 Z-51.;
    X33. Z-56.;
G3 X35. Z-57.R2.;
G1 Z-59.5;
    X34 Z-60.;
N2 X42.;
```

```
M03 S1200;
G70 P1 Q2 F60;
G00 X100 Z100.;
M30;
```

5）精车循环 G70

由 G71、G72、G73 完成粗加工后，可以用 G70 进行精加工。精加工时，G71、G72、G73 程序段中的 F、S、T 指令无效，只有在 ns ~ nf 程序段中的 F、S、T 才有效。当 G70 循环加工结束时，刀具返回到起点并读下一个程序段。ns ~ nf 间的程序段不能调用子程序。

（1）编程格式：　G70 P（ns）Q（nf）：

其中：ns——精加工轮廓程序段中开始程序段的段号；

nf——精加工轮廓程序段中结束程序段的段号。

（2）使用 G70 指令应注意以下几点：

①在 G71，G72，G73 程序段中规定的 F，S 和 T 功能无效，但在执行 G70 时顺序号"ns" ~ "nf"之间指定的 F、S 和 T 有效。

②当 G70 循环加工结束时，刀具返回到起点并读下一个程序段。

③G70 中 ns ~ nf 间的程序段不能调用子程序。

6）综合应用

【例 2-13】棋子图样，如图 2-2-18 所示，毛坯尺寸为 $\phi5$ 的白色塑料，试分析其加工工艺并编写其加工程序。

（1）工艺分析。

①装夹方案：用三爪自定心卡盘夹紧定位。

②选定刀具、制定加工方案，刀具的选择：

T01 外轮廓粗、精加工右偏刀，主偏角 90°、副偏角 45°；

T02 外轮廓粗、精加工左偏刀，主偏角 90°、副偏角 45°；

T03 切断刀，刀刃宽 3 毫米，左刀尖对刀。

（2）加工方案。

刀具与切削用量选择，如表 2-2-5 所示。

表 2-2-5　刀具与切削用量选择

材料	塑料		图号		系统	GSK980TD	
操作序号	主要工步内容	G 代码	T 刀具	切削用量			
				转速 S（r/min）	进给速度 F（mm/min）	切深（mm）	
1	粗车外轮廓	G71	T01	600	80	1	
2	粗车右端外轮廓	G73	T01	600	80	1	
3	切工艺槽	G94	T03	600	20		

续表

材料		塑料	图号			系统	GSK980TD	
4	粗加工左端轮廓	G73		T02		600	60	1
5	精加工右端轮廓	G70		T01		1000	30	0.3
6	精加工左端轮廓	G70		T02		1000	30	0.3
7	切断	G94		T03		300	20	

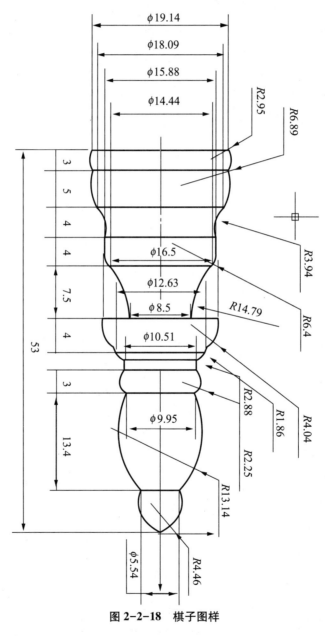

图 2-2-18　棋子图样

（3）减少走刀空程的毛坯加工方案。

减少走刀空程的毛坯加工方案，如图 2-2-19 所示。

①右端轮廓 Δi 由最大 12.5mm 减少为 4.23mm；

②左端轮廓 Δi 由最大 12.5mm 减少为 3.79mm。

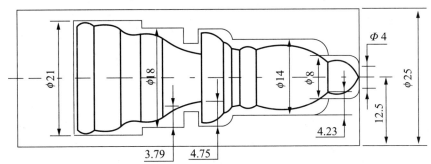

图 2-2-19　减少走刀空程的毛坯加工方案

（4）完整程序编制如下：

O0088；

N10G00X60.Z40.；

N20M03S01；

N30T0101M08；　　　　　　　　副偏角 45°右偏刀，右端轮廓粗精加工

N40G00X25.Z3.；

N50G71U1.5R0.5F80；　　　　外轮廓粗加工

N60G71P70Q113U0.5W0；

N70G00X4.；

N80G01Z0.F30；

N81G03X8.Z-2.R2；

N82G01Z-6.；

N83G03X14.Z-9.R3；

N84G01Z-24.；

N85G03X18.Z-26.R2；

N86G01Z-41；

N87X21.；

N113Z-58；

N150G73U4.W0.R3.F60；　　　右端外轮廓粗加工

N160G73P161Q169U0.6W0；

N161G00X0.；

N162G01Z0.F30；

N163G03X5.54Z-6.R4.46；

N164X9.95W-13.4R13.14；

N165X10W-3.R2.25；

N166G02X10.51W-1.6R2.88；

N167G03X13W-1.5R1.86;

N168X16.5W-4R4.04;

N169G01W-1;

N172G00X60.Z40;

N173T0303;　　　　　　　切槽刀

N174G00X25.Z-34;

N175G94X12.5F30;　　　　切浅槽

N176G00X30.Z-56.5;

N177G94X16.F30;　　　　　切浅槽

N178G00X60.Z40;

N180T0202;　　　　　　　副偏角45°左偏刀，左端轮廓粗精加工

N190G00X23.Z-54;

N200G73U3.W0.R2.F60;　　左端轮廓粗加工

N210G73P220Q280U0.6W0;

N220G01X19.14Z-53F30;

N230G02X19.14Z-50.R2.95;

N240X18.08W5R6.89;

N250G03X16W4R3.49;

N260G02X14.44W4R6.4;

N270G03X8.5Z-29.5R14.79;

N280G01X16.5;

N281G00X60.Z40;

N282T0101S02;

N283G00X30.Z3;

N284G70P161Q169;　　　　右端轮廓精加工

N285G00X60.Z40;

N286T0202;

N287G00X23.Z-54;

N288G70P220Q280;　　　　左端轮廓精加工

N340G00X60.Z40;

N350T0303S01;

N360G00X23.Z-56;

N370G94X0.F20;　　　　　　切断

N380G00X100.Z50;

N390M05T0100;

N400M30;

7）使用内、外圆复合固定循环（G71、G72、G73、G70）的注意事项

（1）应根据毛坯形状、工件的加工轮廓及其加工要求选用内、外圆复合固定循环。

（2）使用内、外圆复合固定循环进行编程时，在其 ns～nf 之间的程序段中，不能含有以下指令：

① 固定循环指令；

② 参考点返回指令；

③ 螺纹切削指令；

④ 宏程序调用或子程序调用指令。

（3）执行 G71、G72、G73 循环时，只有在 G71、G72、G73 指令的程序段中，F、S、T 才是有效的，在调用的程序段 ns～nf 之间编入的 F、S、T 功能将被全部忽略。相反，在执行 G70 精车循环时，在 G71、G72、G73 指令的程序段中功能无效，这时的 F、S、T 值决定于程序段 ns～nf 之间编入的 F、S、T 功能。

（4）在 G71、G72、G73 程序段中，△d（△i）、△u 都用地址符 U 进行指定，而 △k、△w 都用地址符 W 进行指定，系统是根据 G71、G72、G73 程序段中是否指定 P、Q 以区分△d（△i）、△u 及△k、△w 的。当程序段中没有指定 P、Q 时，该程序段中的 U 和 W 分别表示△d（△i）和△k；程序段中如指定了 P、Q，该程序段中的 U、W 则分别表示△u 和△w。

（5）在 G71、G72、G73 程序段中的△w、△u 是指精加工余量值，该值按其余量的方向有正、负之分。另外，G73 指令中的△i、△k 值也有正、负之分，其正负值是根据刀具位置和进退刀方式来判定的。

任务实施

1. 确定装夹方案

三爪卡盘装夹。

2. 选择刀具

（1）端面车刀 T0101，硬质合金刀片；

（2）外圆车刀 T0202，硬质合金刀片。

3. 确定加工顺序

（1）加工零件左端 ϕ42×30mm：三爪卡盘夹紧毛坯，伸出约 40mm，用 T0101 端面车刀手动车平左端面→用 T0202 分粗精自动加工 ϕ42 外圆，保证 30mm 尺寸；

（2）加工零件右端轮廓：三爪卡盘夹紧 ϕ42 外圆，伸出约 45mm，用 T0101 端面车刀手动加工右端面，保证 69mm 尺寸→用 T0202 外圆车刀分粗精自动加工右端外轮廓；保证各尺寸。

4. 确定循环起点

确定循环起点为（50，2）、换刀点：（100，100）；走刀方向：从右向左。

5. 确定加工参数

（1）外圆粗加工参数：

切削速度：$V=80\text{m/min}$

进给速度：0.25mm/r

背吃刀量：2mm

（2）外圆精加工参数：

切削速度：$V=120\text{m/min}$

进给速度：0.08mm/r

背吃刀量：0.4mm

（3）编程原点的选择：

右端面与轴线交点。

6. 加工准备

（1）毛坯的选用：

45#钢 φ50×75 的棒料。

（2）刀具的选用：

45°外圆车刀、90°外圆车刀。

7. 编制加工程序

（1）左端外圆柱面的加工程序：

O0001；

G54G21G99G40；

M03G96S80.T0202；

G50S2000；

G0X52.0Z2.0M08；

G90X46.0Z-32.0F0.25；

X42.8；

S120；

G90X42.0Z-32.0F0.08；

G0G97X100.0Z100.0M09；

M30；

（2）右端外圆柱面的加工程序：

O0002；

G54G21G99G40；

M03G96S80.T0202；

G50S2000；

```
G0X52.0Z3.0 M08;
G71U2.0R1.0;
G71P10Q20U0.8W0.5F0.25;
N10G01X18.0;
    Z0;
X22.0C1.0F0.08;
Z-19.0;
X32.0C1.0;
Z-39.0;
X44.0C2.0;
N20   X52.0;
M03G96S120T0202;
G50S2000;
G0X52.0Z3.0;
G70P10Q20;
G0G97X100.0Z100.0M09;
M30;
```

技能训练

编制如图 2 - 2 - 20 所示，完成"葫芦"零件的数控加工程序。（材料 45# 钢，ϕ40mm×70mm，10 件，表面粗糙度 Ra1.6）

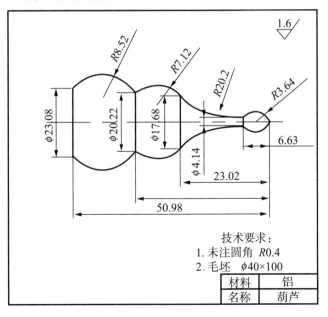

技术要求：
1. 未注圆角 R0.4
2. 毛坯　ϕ40×100

材料	铝
名称	葫芦

图 2 - 2 - 20　"葫芦"零件

任务评价

班级：_____ 姓名：_____ 日期：_____

任务 2 复杂轴类零件的编程与加工					
序号	评分项目	分值	自我评分	小组评分	教师评分
1	程序编制	40			
2	零件加工	40			
3	安全生产、规范操作	20			
总分		100			

你的最大收获：

你遇到的困难和解决的方法：

今后还需要更加努力的方面：

教师评语：

任务3 典型内孔零件的编程与加工

任务描述

加工如图 2-3-1 所示内孔零件，毛坯材料为铝棒，要求应用 VNUC4.0 软件进行仿真加工，仿真结果如图 2-3-2 所示。

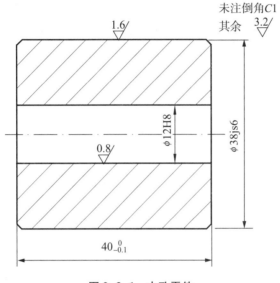

图 2-3-1 内孔零件

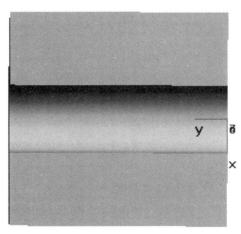

图 2-3-2 仿真结果

任务分析

图样分析：

根据图样可知，该小孔径套筒孔径偏小为 $\phi12$，孔的精度为 IT8，基孔制，表面粗糙度均为 $Ra0.8$。

外径尺寸为 $\phi38$，尺寸公差为 js6，为过渡配合尺寸，表面粗糙度 $Ra1.6$。

零件总长为 40，两端面的表面粗糙为 $Ra3.2$。毛坯为 $\phi40\times65$ 的棒料，材料为铝。

（1）该零件加工先用外圆车刀粗车、精车端面和外圆及倒角。

（2）孔加工可先打中心孔，打中心孔时，主轴转速设定为 1000r/min。然后用 $\phi11.5$ 麻花钻孔，主轴转速选择 500r/min，进给量为 0.2mm/r。再用 $\phi11.8$ 麻花钻扩孔，主轴转速选择 500r/min，进给量为 0.15mm/r。最后用 $\phi10H7$ 铰刀进行精加工，主轴转速选择约 80r/min，进给量 0.5mm/r。

（3）切断工件。

（4）调头车端面控制总长。

**相关知识**

内孔加工工艺及测量方法和配合件编程与加工

1. 套类零件应用

套类零件在机器中主要起支承和导向作用，在实际中应用非常广泛。这类零件结构上有共同的特点：零件的主要表面为同轴度要求较高的内外回转面；零件的壁厚较薄易变形；通常长径比 $L/D>1$ 等。如套筒、轴承套等都是典型的套类零件。

2. 套类零件的精度要求

（1）尺寸精度。

内孔直径的尺寸精度一般为 IT7，精密轴套有时取 IT6。

外径的尺寸精度通常为 IT6~IT7。

（2）形状精度。

内孔的形状精度，应控制在孔径公差以内，有些精密轴套控制在孔径公差的 $1/2 \sim 1/3$。

（3）相互位置精度。

套类零件本身的内外圆之间的同轴度一般为 0.01~0.05mm。

套孔轴线与端面的垂直度精度一般为 0.01~0.05mm。

（4）表面粗糙度要求。

内孔表面粗糙度 Ra 值为 2.5~0.16μm，外径的表面粗糙度达 $Ra5 \sim 0.63$μm。

3. 套类零件的材料和毛坯

套类零件的毛坯选择与其材料、结构和尺寸等因素有关。套类零件一般选用钢、铸铁、青铜或者黄铜等材料。有些滑动轴承采用在钢或铸铁套的内壁上浇铸巴氏合金等轴承合金材料。

孔径较小（如 $D < 20mm$）的套类零件一般选择热轧或冷拉棒料，也可采用实心铸铁。

孔径较大时，常采用无缝钢管或带孔的空心铸件和锻件。

大量生产时可采用冷挤压和粉末冶金等先进的毛坯制造工艺。

1）孔加工刀具

（1）中心孔与中心钻。

中心孔又称顶尖孔，它是轴类零件的基准，对轴类零件的作用是非常重要。中心孔可分 A 型中心孔、B 型中心孔、C 型中心孔和 R 型中心孔，如图 2-3-3 所示。A 型如图 2-3-4（a）所示和 B 型如图 2-3-4（b）所示型中心孔可以分别用 A 型中心钻和 B 型中心钻加工。

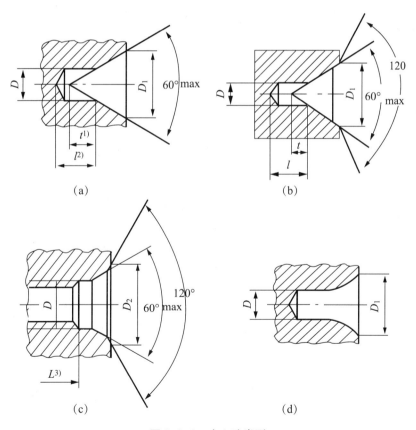

图 2-3-3　中心孔类型

（a）A 型中心孔；（b）B 型中心孔；（c）C 型中心孔；（d）R 型中心孔。

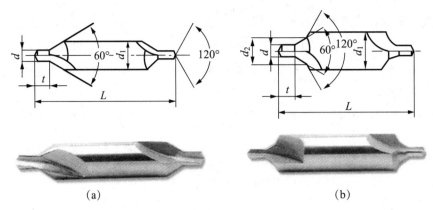

图 2-3-4 中心钻类型

（a）A 型中心钻；（b）B 型中心钻。

（2）麻花钻。

①麻花钻的组成部分。

麻花钻由柄部、颈部和工作部分组成，如图 2-3-5 所示。柄部是钻头的夹持部分，装夹时起定心作用，切削时起传递转矩的作用。颈部是柄部和工作部分的连接段，颈部较大的钻头在颈部标注有商标、钻头直径和材料牌号等信息。工作部分是钻头的主要部分，由切削部分和导向部分组成，起切削和导向作用。

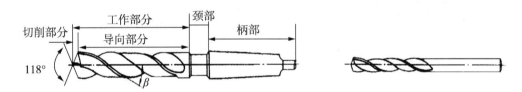

图 2-3-5 麻花钻组成

②麻花钻工作部分的几何形状。

有两条对称的主切削刃，两条副切削刃和一条横刃。麻花钻钻孔时，相当于两把反向的车孔刀同时切削，所以它的几何角度的概念与车刀基本相同。麻花钻的螺旋角（β）、前刀面、主后刀面、主切削刃、顶角（$2k_r$）、前角（γ_o）、后角（α_o）、横刃、横刃斜角（ψ）和棱边，如图 2-3-6 所示。

（3）扩孔钻。

扩孔钻的主要特点是：扩孔钻齿数较多（一般有 3~4 刃），导向性好，切削平稳。切削刃不必自外缘一直到中心，没有横刃，可避免横刃对切削的不利影响。扩孔钻钻心粗，刚性好，可选较大的切削用量，如图 2-3-7 所示。

（4）铰刀。

①铰刀的组成。

铰刀由工作部分、颈部和柄部组成。柄部是铰刀的夹持部分，切削时起传递转矩

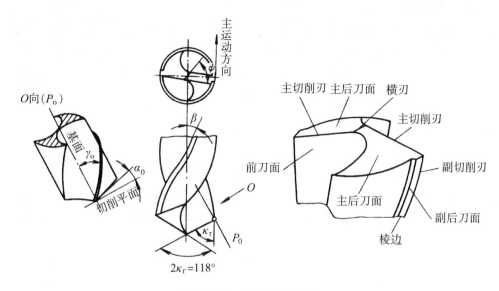

图 2-3-6 麻花钻几何角度

图 2-3-7 扩孔钻

的作用。工作部分由引导部分、切削部分、修光部分和倒锥组成。引导部分是铰刀开始进入孔内时的导向部分，其导向角（k）一般为 $45°$。切削部分担负主要切削工作，其切削锥形角较小，因此铰削时定心好，切屑薄。修光部分上有棱边，它起定向、碾光孔壁、控制铰刀直径和便于测量等作用。倒锥部分可减小铰刀与孔壁之间的摩擦，还可防止产生喇叭形孔和孔径扩大。铰刀的前角一般为 $0°$，粗铰钢料时可取前角 $\gamma_o = 5°\sim10°$。铰刀后角一般取 $\alpha_o = 6°\sim8°$。主偏角一般取 $k_r = 3°\sim1.5°$，如图 2-3-8 所示。

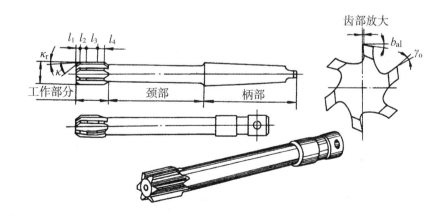

图 2-3-8 铰刀结构及参数

②铰刀的种类。

铰刀按用途分有机用铰刀和和手用铰刀。机用铰刀的柄有直柄和锥柄两种。铰孔时由车床尾座定向,标准机用铰刀的主偏角 $k_r = 15°$。手用铰刀的柄部做成方榫形,以便套入铰杠铰削工件。手用铰刀工件部分较长,主偏角较小,一般为 $k_r = 40' \sim 1.5°$。

铰刀按切削部分材料分有高速钢和硬质合金铰刀。

4. 套类零件内孔的加工方法

1)钻中心孔

(1) 中心钻装在钻夹头上的安装。用钻夹头钥匙逆时针方向旋转钻夹头的外套,如图 2-3-9 (a) 所示。使钻夹头的三个爪张开,然后将中心钻插入三个夹爪中间,再用钻夹头钥匙顺时针方向转动钻夹头外套,通过三个夹爪将中心钻夹紧,如图 2-3-9 (b) 所示。

(2) 钻夹头在尾座锥孔中安装。先擦净钻夹头柄部和尾座锥孔,然后用左手握钻夹头,沿尾座套轴线方向将钻夹头锥柄部用力插入尾座套锥孔中,如钻夹头柄部与车床尾座锥孔大小不吻合,可增加一合适过渡锥套后再插入尾座套筒的锥孔内,如图 2-3-9 (c) 所示。

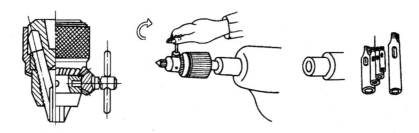

图 2-3-9　钻中心孔操作

(a) 中心钻装在钻夹头上的安装;(b) 钻夹头在尾座锥孔中的安装;(c) 校正尾座中心。

(3) 校正尾座中心。工件装夹在卡盘上,启动车床、移动尾座,使中心钻接近工件端面,观察中心钻钻头是否与工件旋转中心一致,并校正尾座中心使之一致,然后坚固尾座。

(4) 转速的选择和钻削。由于中心钻直径小,钻削时应取较高的转速,进给量应小而均匀,切勿用力过猛。当中心钻钻入工件后应及时加切削液冷却润滑。钻毕时,中心钻在孔中应稍作停留,然后退出,以修光中心孔,提高中心孔的形状精度和表面质量。

2)钻中心孔的注意事项

①中心钻轴线必须与工件旋转中心一致。

②工件端面必须车平,不允许留凸台,以免钻孔时中心钻折断。

③及时注意中心钻的磨损状况,磨损后不能强行钻入工件,避免中心钻折断。

④及时进退,以便排除切屑,并及时注入切削液。

3）钻钻孔是在实体材料上加工孔的方法，它属于粗加工，其尺寸精度一般可达 IT11~IT12，表面粗糙度 $Ra12.5~25\mu m$。

（1）麻花钻的选用。

对于精度要求不高的孔，直接可以用麻花钻钻出；对于精度要求较高的孔，钻孔后还要经过车削或扩孔、铰孔才能完成，在选用麻花钻时应留出下道工序的加工余量。选用麻花钻长度时，一般应使麻花钻螺旋槽部分略长于孔深。

（2）麻花钻的安装。

直柄麻花钻的安装，一般情况下，直柄麻花钻用钻夹头装夹，再将钻夹头的锥柄插入尾座锥孔内。锥柄麻花钻的安装 锥柄麻花钻可以直接或用莫氏过渡锥套插入尾座锥孔中，或用专用的工具安装，如图2-3-10所示。

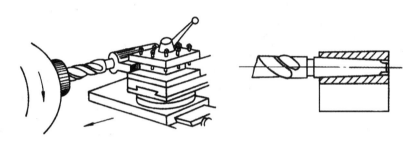

图 2-3-10 麻花钻安装

4）钻孔时切削用量的选择

（1）切削深度（背吃刀量）。钻孔时的切削深度是钻头直径的1/2。

（2）切削速度。钻孔时的切削速度是指麻花钻主切削刃外缘处的线速度

用麻花钻钻钢料时，切削速度一般选 15~30m/min；钻铸件时，进给速度选 75~90m/min。扩钻时切削速度可略高一些。

（3）进给量 f。在车床上钻孔时，工件转1周，钻头沿轴向移动的距离为进给量。

在车床上是用手慢慢转动尾座手轮来实现进给运动的。进给量太大会使钻头折断，用直径为 12~25mm 的麻花钻钻钢料时，f 选 0.15~0.35；钻铸件时，进给量略大些，一般选 $f=0.15~0.4mm/r$。

5）钻孔的步骤

（1）钻孔前先将工件平面车平，中心处不许留凸台，以利于钻头定心。

（2）找正尾座，使钻头中心对准工件旋转中心，否则可能会使孔径钻大、钻偏甚至折断钻头。

（3）用细长麻花钻钻孔时，为防止钻头晃动，应先在端面钻出中心孔，然后用直径小于5mm的麻花钻钻孔，这样既可以便于定心且钻出的孔同轴度好。

（4）在实体材料上钻孔，小孔径可以一次钻出，若孔径超过30mm，则不宜用在钻头一次钻出。此时可分两次钻出，即第一次先用一支小钻头钻出底孔，再用大钻头钻出所要求的尺寸，一般情况下，第一支钻头直径为第二次钻孔直径的0.5~0.7倍。

（5）钻孔后如需铰孔，由于所留的铰孔余量较小，应在钻头钻进 1～2mm 后将钻头退出，停车检查孔径，以防因孔扩大没有铰孔余是而报废。

（6）钻不通孔与钻通孔的方法基本相同，不同的是钻不通孔时需要控制孔的深度。控制深度的方法可以是当钻尖开始进入工件端面时，用钢直尺量出尾套筒的伸出长度，然后继续摇动尾座手轮，直到套筒新增伸出量达到指定的深度。

6）扩孔

扩孔是指用扩孔刀具扩大工件的孔径。常用的扩孔刀具有麻花钻和扩孔钻等。一般精度要求低的孔可用麻花钻扩孔，精度要求高的孔的半精加工可用扩孔钻。用扩孔钻加工，生产效率较高，加工质量较好，精度可达 IT10～IT11，表面粗糙度达 $Ra6.3～12.5\mu m$。扩孔的操作与钻孔基本相同，但进给量可以比钻孔稍大些。

7）铰孔

铰孔是用铰刀对末淬硬孔进行精加工的一种加工方法，其精度可达到 IT7～IT9，表面粗糙度可达 $Ra0.4\mu m$。铰孔的质量好、效率高，操作简便，目前在批量生产中已得到广泛应用。

（1）铰刀尺寸的选择。

铰孔的尺寸主要取决于铰刀的尺寸。铰刀的基本尺寸与孔的基本尺寸相同。铰刀的公差是根据孔的公差等级、加工时可能出现的扩大量或收缩量及允许铰刀的磨损量来确定的。一般可按下面计算方法来确定铰刀的上、下偏差：

上偏差＝2/3 被加工孔公差

下偏差＝1/3 被加工孔公差

（2）铰刀的装夹。

在车床上铰孔时，一般将机用铰刀的锥柄插入尾座套筒的锥孔中，并调整尾座套筒轴线与主轴轴线相重合，同轴度应小于 0.02mm。

（3）铰孔余量的确定。

铰孔前，一般先经过钻孔、扩孔或车孔等半精加工，并留有适当的铰削余量。余量的大小影响到铰孔的质量。铰孔余量一般为 0.08～0.15mm，用高速钢铰刀铰削余量取小值，用硬质合金铰刀取大值。

当孔径大于 $\phi12mm$ 时，用车孔的方法来预留铰削余量，由于车孔能纠正钻孔带来的轴线不直或径向跳动度等缺陷，因而可以可以使铰出的孔达到同轴度和垂直度的要求。

当孔径小于 $\phi12mm$ 时，用车孔的方法留铰削余量比较困难，通常选用扩孔方法作为铰孔前的半精加工。但由于扩孔不能修正钻孔造成的缺陷，因此在扩孔前钻孔时必须采取定中心措施，保证钻孔质量。铰孔前的内孔表面粗糙度不得大于 $Ra6.3\mu m$，否则会因铰削余量小难以去除铰孔前的表面缺陷。

（4）铰孔的操作步骤。

①准备工作 铰孔前应找正尾座中心、将尾座固定在适当位置、先好铰刀。

②铰通孔　摇动尾座手轮，使铰刀的引导部分轻轻进入孔口，深度约 1~2mm。启动车床，充分加冷却液，双手均匀摇动尾座手轮，进给量 0.5mm/r，均匀地进给至铰刀切削部分的 3/4 超出孔末端时，即反向摇动尾座手轮，将铰刀从孔内退出。将内孔擦净后，检查孔的尺寸。

③铰不通孔　开启机床，加冷却液，摇动尾座手轮进行铰孔，当铰刀端部与孔底接触后会对铰刀产生轴向切削抗力，手动进给当感觉到轴向切削抗力明显增加时，应立即将铰刀退出。

（5）铰削切削用量。

铰削时，切削速度越低，表面粗糙度值越小，一般最好小于 5m/min，而进给量则取大些，一般可取 0.2~1mm/r。

8）啄式自动钻孔

通过尾座摇动手轮实现钻孔的方法在单件、小批量生产中应用广泛，但被加工孔为深孔且批量较大时，这种人工的机械式操作会严重影响到生产效率的提高。为此我们可以通过程序指令来实现啄式自动钻孔。

实现啄式自动钻孔的指令为 G74。G74 既可以用于端面槽的加工，也可以用于钻孔。

G74 用于啄式钻孔时的格式：

　　　G74 R（e）；

　　　G74 Z（W）P0 Q（△k）　　F；

其中：e——退刀量；

　　　Z（W）——钻削深度；

　　　△k——每次钻削长度，单位是 μm。

G74 啄式钻孔进刀路线如图 2-3-11 所示。

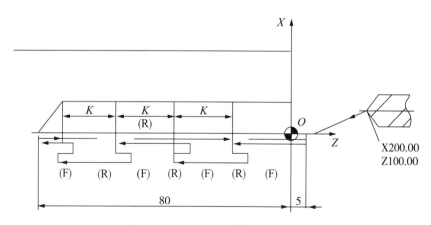

图 2-3-11　G74 啄式钻孔进刀路线

【例 2-14】加工深 80 的孔，设定退刀量为 1，每次钻削深度 8mm，进给量 0.1mm/r，则啄式钻孔的程序段为：

```
G00 X0. Z3.;
  G74 R1.;
  G74 Z-80. Q8000 F0.1.;
```

如果 R 设定为 0，整个钻孔过程将一次进刀完成，这种加工方式可以应用于扩孔和铰孔。

5. 套类零件小径孔的检测

1）塞规

在成批生产中，为了测量的方便，常用塞规测量孔径。塞规由通端、止端和手柄组成。通端尺寸等于孔的最小极限尺寸，止端的尺寸等于孔的最大极限尺寸。测量时，通端通过，而止端通不过，说明尺寸合格。使用塞规时，应可能使塞规温度与被测工件温度一致，不要在工件还末冷却到室温时就去测量。测量内孔时，不可硬塞强行通过，一般靠自身重力自由通过，测量时塞规轴线应与孔轴线一致，不可歪斜，如图 2-3-12 所示。

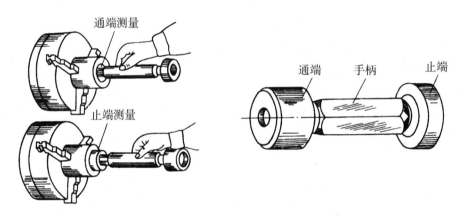

图 2-3-12　塞规结构及使用

2）内测千分尺

内测千分尺使用方法如图 2-3-13 所示。可用于测量 5~30mm 的孔径，分度值 0.01mm。这种千分尺的刻线与外径千分尺相反，顺时针旋转微分筒时，活动爪向右移动，测量值增大。由于结构设计方面的原因，其测量精度低于其他类型的千分尺。

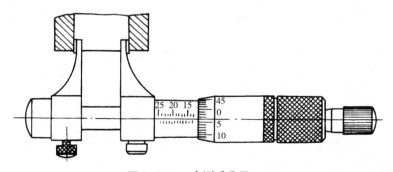

图 2-3-13　内测千分尺

6. 刀具知识

1）套类零件内孔车削刀具的类型

内孔车刀可分为通孔车刀和盲孔车刀两种，如图 2-3-14 所示。通孔车刀切削部分的几何形状与外圆车刀相似，为了减小径向切削抗力，防止车孔时振动，主偏角应取得大些，一般在 60°~75° 之间，副偏角一般为 15°~30°。为防止内孔车刀后刀面和孔壁摩擦又不使后角磨得太大，一般磨成两个后角。

盲孔车刀用来车削盲孔或阶台孔，切削部分形状基本与偏刀相似，它的主偏角大于 90°，一般为 92°~95°，后角的要求和通孔车刀一样。不同之处是盲孔车刀的刀尖到刀杆外端的距离小于孔半径，否则无法车平孔的底面。

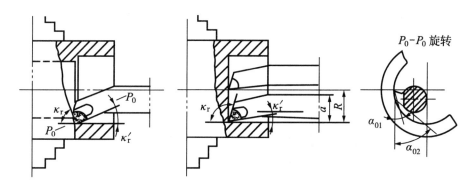

图 2-3-14　内孔车刀类型

2）常用的夹固式车刀

常用的夹固式车刀，如图 2-3-15 所示。

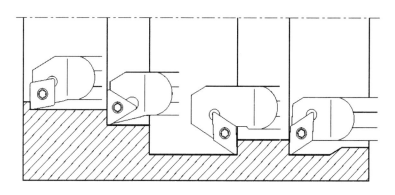

图 2-3-15　夹固式车刀类型

3）内孔车刀的刀杆

内孔车刀的刀杆有圆刀杆和方刀杆。根据加工内孔大小不同，有圆刀杆和方刀杆。

4）套类零件内孔的车削方法

车孔是套类零件常用的孔加工方法之一，可用作粗加工，也可用作精加工。车孔精度一般可达 IT7~IT8 表面粗糙度 $Ra1.6~3.2\mu m$。

内孔车刀的安装：

①刀尖应与工件中心等高或稍高。

②刀杆伸出长度不宜过长，一般比被加工孔长 5~6mm。

③刀杆基本平等于工件轴线，否则在车削到一定深度时，刀杆后半部分容易碰到工件孔口。

④盲孔车刀安装时，内偏刀的主刀刃应与孔底平面成角，并且在车平面时要求横向有足够的退刀余地，如图 2-3-16 所示。

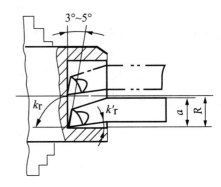

图 2-3-16　盲孔车刀安装参数

5）内孔车削的关键技术

内孔车削的关键技术是解决内孔车刀的刚性和排屑问题。

（1）增加内孔车刀的刚性可采取以下措施。

①尽量增加刀柄的截面积，通常车刀的刀尖位于刀杆的上面，这样刀杆的截面积较小，还不到孔截面积的 1/4，如图 2-3-17（b）所示。若使内孔车刀的刀尖位于刀杆的中心线上，那么刀杆在孔中的截面积可大大地增加，如图 2-3-17（a）所示。

②尽可能缩短刀杆的伸出长度，以增加车刀刀杆刚性，减小切削过程中的振动，如图 2-3-17（c）所示。

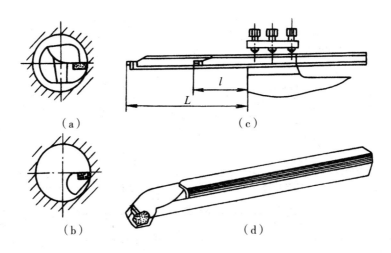

（a）　　　　　　　　　　　（c）

（b）　　　　　　　　　　　（d）

图 2-3-17　内孔车刀结构及安装

③解决排屑问题。

主要是控制切屑流出方向。精车孔时要求切屑流向待加工表面（前排屑）。为此，采用正刃倾角的内孔车刀，如图 2-3-18（a）所示。

加工盲孔时，应采用负的刃倾角，使切屑从孔口排出，如图 2-3-18（b）所示。

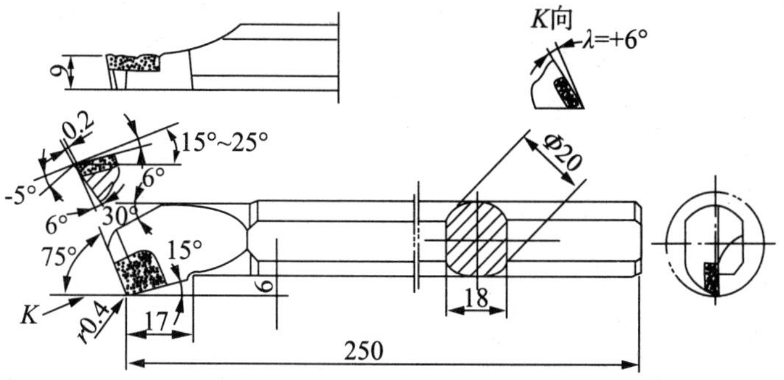

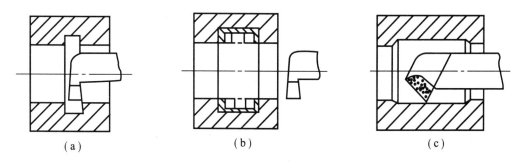

图 2-3-18　内孔车刀排屑

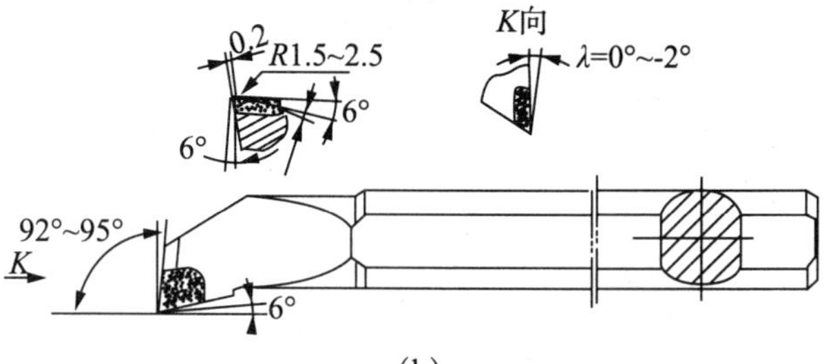

6）内沟槽的加工方法

内沟槽的加工与外沟槽的加工方法类似。

宽度较小和要求不高的内沟槽，可用主切削刃宽度等于槽宽的的内沟槽车刀采用直进法一次车出，如图 2-3-19（a）所示。

要求较高或较宽的内沟槽，可采用直进法分几次车出。对有精度要求的槽，先粗车槽壁和槽底，然后根据槽宽、槽深进行精车，如图 2-3-19（b）所示。

如果槽较大较浅，可用内圆粗车刀先车出凹槽，再用内沟槽刀车沟槽的两端垂直面，如图 2-3-19（c）所示。

（a）　　　　　（b）　　　　　（c）

图 2-3-19　内沟槽加工

7. 零件检测

内孔零件的孔径检测常用量具有游标卡尺、内径千分尺、内径百分表等，孔深的检测常用量具有游标卡尺、深度游标卡尺、深度千分尺等。

1）内孔孔径的检测

（1）内径百分表。

内径百分表结构，如图 2-3-20 所示。

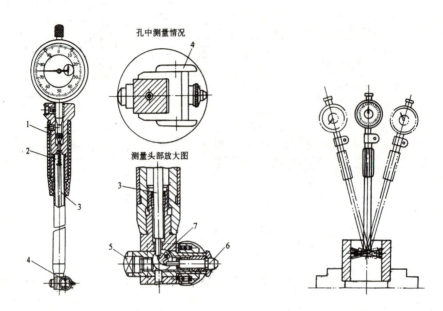

图 2-3-20　内径百分表结构

1—测架；2—弹簧；3—杆；4—定心器；5—测量头；6—触头；7—摆动块。

（2）内径千分尺。

用内径千分尺可以测量孔径。内径千分尺外形，如图 2-3-21 所示。由测微头和各种尺寸的接长杆组成。其测量范围为 50~1500mm，其分度值为 0.01mm。每根接长杆上都注有公称尺寸和编号，可按需要选用。

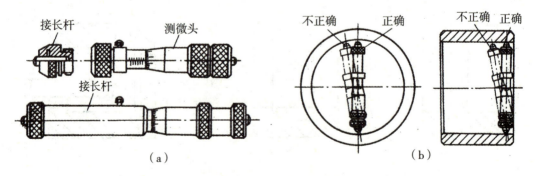

图 2-3-21　内径千分尺结构

（a）内径千分尺结构；（b）内径千分尺正确使用。

2）内沟槽的检测

内沟槽的深度一般用弹簧内卡钳测量，如图 2-3-22（a）所示。当内沟槽直径较大时，可用弯脚游标卡尺测量，如图 2-3-22（b）所示。内沟槽的轴向尺寸可用钩形游标深度卡尺测量，如图 2-3-22（c）所示。内沟槽的宽度可用样板或游标卡尺（当孔径较大时）测量，如图 2-3-22（d）所示。

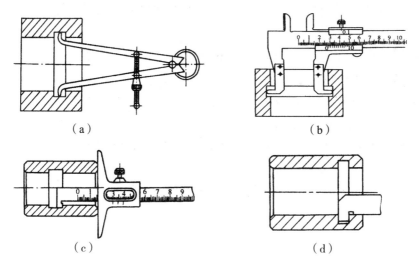

（a）　　　　　　　　　　　　　　　（b）

（c）　　　　　　　　　　　　　　　（d）

图 2-3-22　内沟槽的检测

（a）弹簧内卡钳测量槽深度；（b）弯脚游标卡尺测量槽深度；

（c）钩形游标深度卡尺测量槽深度；（d）样板测量槽深度。

8. 工作任务

完成如图 2-3-23 所示轴套零件的加工。单件生产，材料 45$^{\#}$ 钢。

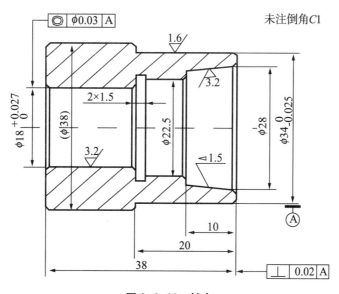

图 2-3-23　轴套

1）图样分析

该轴套零件为典型的套类零件，有较高精度要求。外圆大端直径 $\phi38$ 为（任务一）

已加工尺寸，外圆小端 $\phi34$ 是基准尺寸，公差等为 IT7，表面粗糙度为 $Ra1.6$。

内孔右端为锥孔，锥度 1∶5，表面粗糙度 $Ra3.2$，大端直径 $\phi28$。内孔中间段为直孔，直径 $\phi22$，基准孔制，公差等级为 IT8，表面粗糙度为 $Ra3.2$。内孔左端为直孔，直径 $\phi18$，基准孔制，公差等级为 IT8，该段内孔轴线与 $\phi34$ 外圆轴线的同轴度要求控制在 $\phi0.03$ 之内。

工件总长为 38，左右两端面与 $\phi34$ 外圆轴线的垂直度要求控制在 0.02 之内。毛坯材料为 45# 钢，为本项目任务一练习件。

2）选择刀具、夹具

（1）夹具选用数控车床通用夹具——三爪自定心卡盘。

（2）该零件加工外圆加工选择 95°夹固式外圆车刀，刀具型号为 SCLCR2020K09，主要参数如下：压紧方式为螺钉压紧式，刀具主偏角为 95°，刀杆截面尺寸为 20mm×20mm，刀杆长度 125mm。刀片型号为 CCMG09T308EN，主要参数如下：刀片角度为 80°，刀片后角 7°，刀片厚度为 3.97，刀尖圆角半径为 0.8mm。刀片材料为涂层硬质合金。

（3）内孔扩孔选择 $\phi16$ 麻花钻，材料为高速钢。

（4）内孔车刀选择 .

内孔车刀选择 95°圆刀杆夹固式内孔车刀，刀具型号为 S12M-SCLCR 06，主要参数如下：刀杆为实心铁式，直径为 12mm，长度为 150mm，螺钉压紧式，主偏角 95°。刀片型号为 CCMT060204EN，主要参数如下：刀片角度为 80°，后角 7°，刀片厚度为 2.38 mm，刀尖圆角半径为 0.4mm。刀片材料为涂层硬质合金。

3）编排加工工艺，填写工序卡

由于图中部分尺寸有同轴度和垂直度要求，而且 $\phi38$ 外圆经过上任务加工为精加工表面，因此加工时考虑夹住 $\phi38$ 外圆表面，将除左端面以外的所有表面一次装夹加工成型。一方面，加工时先将内孔扩孔至 $\phi16$，减少加工余量，同时避免内孔车刀加工时与内孔壁相干涉。另一方面，为了减少内孔加工对外圆尺寸的影响，加工时先安排外圆表面和内孔表面的粗加加工，然后再安排端面、外圆表面和内孔表面的精加工，最后调头加工左端面。

外圆面形状相对简单，外圆的粗加工可以采用 95°外圆车刀，运用 G90 外圆循环指令一刀完成，主轴转速设定为 800r/min，进给量设定为 0.2mm/r，X 向留 0.5 余量，Z 向留 0.2 余量。零件内表面既有锥孔也有直孔，而且孔的精度要求较高，故内表面加工可以采用 95° 内孔车刀，运用 G71 内径复合循环进行粗车，主轴转速设定为 400~500r/min，进给量设定为 0.15~0.2mm/r，背吃刀量设定为 1mm，X 向留 0.5 余量，Z 向留 0.2 余量。

精车时，先采用 95°外圆车刀用 G01 完成端面和外圆表面的精车，主轴转速设定为 1500r/min，进给量设定为 0.1mm/r。然后用 95°内孔车刀运用 G70 精车循环进行内表面的精车，主轴转速设定为 600r/min，进给量为 0.05~0.1mm/r。由于刀片宽 2mm，因此该内沟槽可以一次走进车削成型。

内沟槽车削时，设定主轴转速 1500r/min，进给量为 0.05~0.1mm/r。由于刀片 2mm 宽，因此该内沟槽可以一次走进车削成型。

由于零件右端较薄，因此调头后先用开缝套筒套住零件，通过 φ18 内孔间接找正，然后夹紧零件。车端面（车总长）采用95°车刀，考虑到此时可装夹部分较薄而且长度偏短，所以安排两刀粗车，一刀精车。端面粗车时主轴转速设定为 600r/min，进给量设定为 0.15mm/r，精车时主轴转速设定为 1200r/min，进给量设定为 0.1mm/r。

4）坐标的计算

为了方便计算与编程，编程坐标系原点定于工件右端面中心，如图 2-3-24 所示。零件上的倒角尽可能采用 G01 直接倒角，以减少该计算量和程序段数。为此可求得各点坐标分别是 A（X26，Z0）、B（X34，Z0）、C（X34，Z-20）、D（X36，Z-20）、E（U6，W-3）。

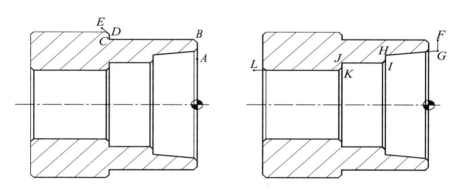

图 2-3-24　轴套坐标计算

加工内表面时，将起点 A 点设定在（X34，Z2）处，根据锥度 1:5 可计算得 G 点和 H 点的坐标分别为（X28.4，Z2）和（X26，Z-10），不难求得另几点坐标 I（X22，Z-10）、J（X22，Z-20）、K（X18，Z-20）、L（X18，Z-40）。

5）编制加工程序，填写程序单

```
O0002;
N10G21 G40 G97 G99;                 程序初始化
N20M03 S800 T0101;                  主轴正转，转速 600r/min，选择外圆车刀
N30G00 X40.Z2.;                     刀具快速定位到工件附近
N40G90X34.5 Z-19.8F0.2;             粗车外圆至φ34.5长19.8，进给量0.2mm/r
N50G00 X100.Z150.;                  刀具快速返回到换刀点
N60T0303 S400;                      换内孔车刀，主轴转速设定为400r/min
N70G00X16.Z2.;                      刀具快速定位到零件附近
N80G71U1R0.5;                       内孔粗车循环，背吃刀量1mm，退刀量
                                    0.5mm
```

N90G71P100 Q170 U-0.5W0.2；　　粗车循环从 N100 开始到 N180 结束，留余量 X 向 0.5，Z 向 0.2

N100 G00 X38.；　　刀具 X 向进刀

N110G41 G01 X28.4 Z2.C1 F0.08；车 C1 倒角，并设定刀具半径左补偿

N120X26. Z-10.；　　车 1：5 锥度

N130X22.5C1.；　　台阶面并倒角

N140Z-20.；　　车 ϕ22.5 至深 20

N150X18C1.；　　台阶面并倒角

N160Z-40.；　　车 ϕ18 至深 40

N170 G40X16X.；　　X 向退刀并取消刀具半径补偿

N180G00 X100Z150.；　　刀具快速返回到换刀点

N190M03S1500T0101；　　主轴转速 1200r/min，选择外圆车刀

N200G00X26.Z2.；　　刀具快速定位到工件附近

N210G01Z0.F0.08Z；　　Z 向进刀

N220X34.C1.；　　车右端面并倒角

N230Z-20.；　　车 ϕ34 至长 20

N240X36.；　　车台阶面至 ϕ36

N250U6.W-3.；　　倒角

N260G00 X100.Z150.；　　刀具快速返回到换刀点

N270M03S600T0303；　　主轴转速 600r/min，选择内孔车刀

N280G00X16.Z2.；　　刀具快速定位到工件附近

N290G70P100 Q170；　　精车内表面

N300G00X100.Z150.；　　刀具快速返回到换刀点

N310T0404；　　换内沟槽刀

N320G00X20. Z2.；　　刀具快速定位

N330G01Z-20.F0.3；　　进刀

N340X25.5；　　车槽

N350X20.F0.2；　　退刀

N360G00 Z100.；　　Z 向退刀

N370X100.；　　X 向退刀

N380M30；　　程序结束

6）操作要点

（1）工件与刀具的装夹。

将 95°外圆车刀装夹在刀架的 01#刀位，95°内孔车刀装夹在 3#刀位。夹紧前需注意调整好刀具高度、伸出长度和主偏角与副偏角后等参数。将工件置于三爪卡盘中，夹持 ϕ38 外圆，经找正后夹紧工件。

（2）扩孔。

用 $\phi16$ 钻头对工件进行扩孔。

（3）对刀。

分别对外圆车刀和内孔车刀进行对刀。对刀前确保机床经过正确回零。将 01# 刀补中设置半径补偿值 "0.8"，补偿类型为 "3"，将 03# 刀补中设置半径补偿值 "0.4"，补偿类型为 "2"。

为使操作者能及时了解对刀的误差及刀具的磨损量，在加工之前，设置二次精加工余量（如 0.5），操作方法为将 01# 和 03# 刀补的 X 向设置一定的磨耗值。注意：外圆刀留正值，内孔刀留负值。

（4）输入并调试加工程序。

将 O0001 程序输入到数控装置中，经仔细检查后，通过图形模拟功能进行检查、调试。注意："机床锁住" 功能解除后，需进行回零操作。

（5）自动运行加工程序，完成轴套右端外圆和内孔的粗、精加工。

（6）对轴套外圆、内孔、内沟槽的相关尺寸进行测量。

（7）根据所测量的尺寸对磨耗或程序做相应的修正。

（8）自动方式再次运行精加工程序，完成轴套右端的加工。

（9）卸下工件，测量总长，调头经找正后夹紧工件。

（10）车对总长，并完成倒角。

任务实施

1. 选择刀具、夹具

该零件选用数控车床通用夹具——三爪自定心卡盘。

根据该零件形状及加工精度，选择刀具如下：

（1）外圆及端面：该零件的外圆加工余量较小，故选择一把焊接式 90° 外圆车刀完成外圆及端面的加工，刀具材料为 YT15。

（2）孔加工：该零件孔径偏小，用车削的方法难度较大，故选择钻和铰的方法完成，为此选择以下刀具：B2.5（或 A2.5）中心钻一支，用于钻中心孔；$\phi11.5$ 麻花钻一支，用于钻孔；$\phi11.8$ 麻花钻一支，用于扩孔；$\phi12H7$ 铰刀一支，用于铰孔。以上刀具材料均为高速钢。

（3）切断：焊接式 4mm 切断刀一把，刀具材料 YT15。

2. 编制加工程序，填写程序单

O0001;	外圆及端面加工程序
N10 G21 G40 G97 G99;	程序初始化
N20 T0101;	选择 01# 刀，01# 刀补
N30 M03 S600;	主轴正转，设定粗车转速为 600r/min

N40 G00 X42 Z2;　　　　　　　　　刀具快速定位到工件附近

N50 G90 X38.5 Z-43.F0.2;　　　　　车外圆至φ38.5，进给量为0.2

N60 G00 S1000;　　　　　　　　　　结束 G90 循环，设定精车转速

　　　　　　　　　　　　　　　　　1000r/min

N70 G00 X42.Z2.;　　　　　　　　　X 向进刀

N80 G94X-1.Z0.F0.1;　　　　　　　精车端面

N90G00X32.;　　　　　　　　　　　进刀

N100G01X38.Z-1.F0.1;　　　　　　　倒角

N110G01 Z-43.;　　　　　　　　　　车 φ38 至长 43

N120 X40.;　　　　　　　　　　　　退刀至 φ40

N130 G00 X100. Z100.;　　　　　　　快速退刀远离工件

N140 M05　　　　　　　　　　　　　主轴停止

N150 M30;　　　　　　　　　　　　程序结束

O0002;　　　　　　　　　　　　　　（切断程序）

N10 G21 G40 G97 G99;　　　　　　　程序初始化

N20 T0202;　　　　　　　　　　　　选择 02#刀，02#刀补

N30 M03 S400;　　　　　　　　　　　主轴正转，设定粗车转速为400r/min

N40 G00 X42 Z-44.5;　　　　　　　　刀具快速定位到工件附近

N50 G01 X10.F0.06;　　　　　　　　切断工件，进给量为 0.1mm/r

N160 G00 X100;　　　　　　　　　　X 向快速退刀

N170 Z100.;　　　　　　　　　　　　Z 向快速退刀远离工件

N180 M05;　　　　　　　　　　　　主轴停止

N190 M30;　　　　　　　　　　　　程序结束

3. 操作要点

（1）准备工件。

将 B3（或 A3）中心钻、φ11.5 麻花钻、φ11.8 麻花钻、φ12H7 铰刀分别装到钻夹头中并夹紧。

（2）将工件置于三爪卡盘中，控制伸出长度约 50mm，经找正后夹紧工件。夹持工件外圆找正并夹紧。

（3）刀具的装夹。

将外圆车刀和切断刀分别置于刀架的 01#和 02#刀位，调整好刀具高度、伸出长度和主偏角与副偏角后，夹紧刀具。

（4）对刀。

根据编程原点的位置，分别完成 1#刀和 2#刀的对刀操作。对刀前确保机床经过正确回零。

（5）程序的输入与调试。

将 O0001 和 O0002 加工程序输入到数控装置中，经仔细检查后，通过图形模拟功能进行调试。

（6）自动方式运行加工程序 O0001，完成外圆和端面的粗、精车。

（7）将装有中心钻的钻夹头安置于尾座套筒内，移动尾座，调整好位置后将尾座锁紧。

（8）启动车床，开冷却液，钻中心孔。

（9）停车，关冷却液，松开尾座，取下钻夹头，卸下中心钻。

（10）用 ϕ11.5 麻花钻钻孔至深约 46。（操作同 7~9 步）

（11）用 ϕ11.8 麻花钻扩孔至深约 46。（操作同 7~9 步）

（12）用 ϕ12H7 铰刀铰孔至深约 41。（操作同 7~9 步）

（13）自动方式运行加工程序 O0002，完成工件的切断操作。

（14）包铜皮调头，经找正后夹紧工件。

（15）将总长车至尺寸要求，并倒角。

（16）卸下工件。

技能训练

加工内孔零件，如图 2-3-25 所示，已知毛坯为 ϕ40×55，材料 45# 钢，试编制加工程序。

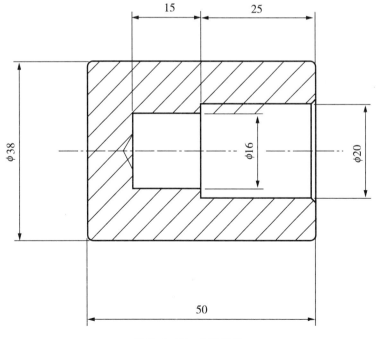

图 2-3-25　内孔零件

 **任务评价**

完成任务后，请填写下表。

班级：_____ 姓名：_____ 日期：_____

任务 1　典型内孔零件的编程与加工					
序号	评分项目	分值	自我评分	小组评分	教师评分
1	程序编制	40			
2	零件加工	40			
3	安全生产、规范操作	20			
	总分	100			
你的最大收获：					
你遇到的困难和解决的方法：					
今后还需要更加努力的方面：					
教师评语：					

项目3 复合轴零件编程与操作

任务1 液压阀芯的编程与加工

 **任务描述**

准备加工如图 3-1-1 所示圆轴零件，毛坯材料为铝棒，进行粗车外圆、内孔，精加工余量为 0.5mm，然后完成精加工。

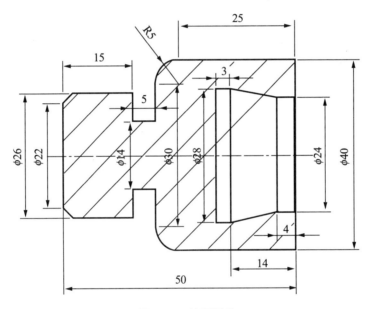

图 3-1-1 液压阀芯

 **任务分析**

该零件为轴类零件。主要加工面为外圆和锥度内孔。

（1）圆轴零件毛坯尺寸为 $\phi42 \times 50$，轴心线为工艺基准，用三爪卡盘夹持 $\phi40$ 外圆，使工件伸出卡盘 30mm。并取零件右端面中心为工件坐标系零点。

（2）工步顺序。首先完成零件内孔的加工，然后从分两次完成外圆的粗、精车，达到尺寸及精度要求。

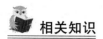 相关知识

端面槽车削循环 G74、径向切槽循环 G75 指令用法

一、端面槽车削循环（G74）模态代码

指令格式：

```
G74 R(e)
G74 X(U) _ Z(W) _ P(Δi) Q(Δk) R(Δd) F(f)
```

功能：端面深孔加工程序指令 G74，又称深孔钻循环指令。走刀路线如图 3-1-2 所示，如果把 X（U）和 P、R 值省略，则可用于钻孔加工。

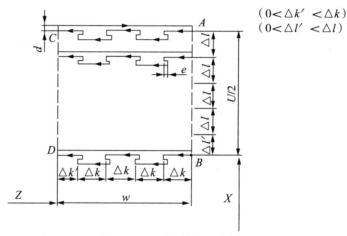

图 3-1-2 端面钻孔复合循环

其中：e——每次沿 Z 方向切削 Δk 后的退刀量，即钻孔每进一刀的退刀量，为正值；

X——B 点的 X 方向绝对坐标值；

U——由 A 至 B 的 X 方向增量坐标值；

Z——C 点的 Z 方向绝对坐标值；

W——由 A 至 C 的 Z 方向增量坐标值；

Δi——X 方向的每次循环移动量（直径值），无正负号；

ΔK——Z 方向的每次切削移动量，无正负号；

Δd——在切削到终点时 X 方向的退刀量（直径值），通常不指定，省略 X（U）和 Δi 时，则视为 0；

F——进给速度。

【例 3-1】如图 3-1-3 所示，运用端面钻孔复合循环指令编程。

加工程序如下：

```
O1234;
M03S300;
G50 X60.Z40.;
G00 X0.Z2.;
G74 R1.;
G74 Z-12. Q5 F30;
G00 X60.Z40.;
M05;
```

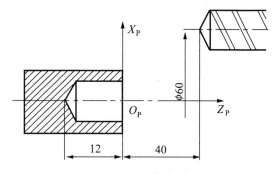

图 3-1-3 端面钻孔复合循环应用

二、径向切槽循环（G75）模态代码

编程格式：

　　G75 R（e）

　　G75 X（U）Z（W）P（Δi）Q（Δk）R（Δd）F（f）

功能：用于端面断续切削，走刀路线如图 3-1-4 所示，如果把 Z（W）和 Q、R 值省略，则可用于外圆槽的断续切削。

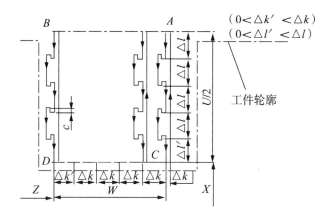

图 3-1-4 外圆切槽复合循环

其中：e——每次沿 Z 方向切削 Δi 后的退刀量；

　　　　X——C 点的 X 方向绝对坐标值；

　　　　U——由 A 至 C 的 X 方向增量坐标值；

　　　　Z——B 点的 Z 方向绝对坐标值；

　　　　W——由 A 至 B 的 Z 方向增量坐标值；

　　　　Δi——X 方向的每次循环移动量；

　　　　Δk——Z 方向的每次切削移动量；

　　　　Δd——在切削到终点时 Z 方向的退刀量（直径值），通常不指定，省略X（U）和 Δi 时，则视为 0；

　　　　f——进给速度。

应用外圆切槽复合循环指令，如果使用的刀具为切槽刀，该刀具有两个刀尖，设定左刀尖为该刀具的刀位点，在编程之前先要设定刀具的循环起点 A 和目标点 D，如果工件槽宽大于切槽刀的刃宽，则要考虑刀刃轨迹的重叠量，使刀具在 Z 轴方向位移量 Δk 小于切槽刀的刃宽，切槽刀的刃宽与刀尖位移量 Δk 之差为刀刃轨迹的重叠量。

【例 3-2】如图 3-1-5 所示，运用外圆切槽复合循环指令编程。

```
O1234;
G50 X60. Z70.;
G00 X42. Z22. S400;
G75 R1.;
G75 X30. Z10. P3 Q2.9 F30;
G00 X60. Z70.;
```

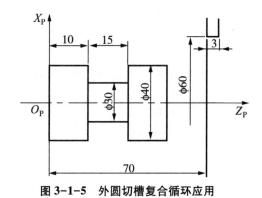

图 3-1-5　外圆切槽复合循环应用

 任务实施

1. 零件图的分析

如图 3-1-1 所示，根据零件图确定工件的装夹方式及加工工艺路线，以轴心线为工艺基准，用三爪自定心卡盘装夹完成加工，并取零件右端面中心为工件坐标系零点。

2. 加工顺序的确定

以零件右端中心点坐标（X_0，Z_0）作为坐标系原点，设定工件坐标系。

加工顺序：

（1）打中心孔；

（2）钻 $\phi20$ 毛坯孔；

（3）粗车内孔及锥面，加工余量为 0.5mm；

（4）精车内孔及锥面；

（5）粗、精车右半部分外圆；

（6）掉头装夹；

（7）粗、精车左半部分外圆；

（8）切槽。

3. 刀具及切削用量的选择

（1）刀具选择

根据零件加工要求，需要中心钻，$\phi20$ 麻花钻，内孔车刀，内槽刀。为了避免重新装夹刀具，内孔的粗、精加工使用同一把内孔车刀。刀具的具体选择如表 3-1-1 所示。

表 3-1-1　锥度内孔与内槽轴类零件加工刀具卡

序号	刀具号	刀具名称及规格	数量	加工表面	刀尖半径/mm	备注
1	T0101	35°内孔刀	1	内孔、锥面	0.2	
2	T0202	93°外圆车刀	1	外圆	0.4	
3	T0303	切断刀	1	切槽		B＝3mm

（2）切削用量选择

车内孔时，因为刀杆受孔径尺寸限制，刀具强度和刚性差，切削用量要适当小一些。切削用量的选择如表 3-1-2 所示。

表 3-1-2　数控加工工序卡

工步号	工步内容	切削用量			编号	名称	备注
		主轴转速(r/min)	进给速度(mm/r)	被吃刀量(mm)			
1	打中心孔					中心钻	手动
2	钻 $\phi20$ 毛坯孔					$\phi20$ 钻头	手动
3	粗车内孔	600	0.1	1	T0101	内孔车刀	自动
4	精车内孔	800	0.05	0.25	T0101	内孔车刀	自动
5	粗车外圆	600	0.1	1	T0202	外圆车刀	自动
6	精车外圆	800	0.05	0.25	T0202	外圆车刀	自动
7	切槽	300	0.03		T0303	切槽刀	自动

4. 编制加工程序

第一次装夹，工件右端加工程序如表 3-1-3 所示。

表 3-1-3　数控加工程序表

程序号		O0011	数控系统	FANUC 0i
N10	T0101；		选择 1 号刀具	
N20	M03S600F0.1；		主轴正转，转速 600r/min 进给速度，0.1mm/r	
N30 N40	G00X20.； Z2.；		快速定位到循环起点（X20，Z2）	
N50 N60 N70 N80 N90 N100 N110	G71U1R1； G71P 80Q120U−0.5W0； M03S800F0.05； G01X20.； Z−4.； X28Z−14.； G01Z−17.；		利用 G71 指令循环粗加工内孔，X 方向精加工余量为 0.5mm N80～N110 为精加工程序	

续表

程序号	O0011		数控系统	FANUC 0i
N120	G70P80Q120;		精加工循环，完成精加工	
N130	G00X100. Z100. ;		返回换刀点	
N140	M05;		主轴停	
N150	T0202;		换外圆车刀	
N160	M03S300F0. 1;			
N170	G00X42. ;			
N180	Z5. ;			
N190	G71U1R1. ;		利用 G71 指令循环粗加工外圆，X 方向精加工	
N200	G71P30Q40U0. 5W0;		余量为 0.5mm	
N210	M03S800F0. 05;		N220~N230 为精加工程序	
N220	G01X40. ;			
N230	G01Z-30. ;			
N240	G70P220Q230;		精加工循环，完成精加工	
N250	G00X50. ;			
N260	Z50. ;			
N270	M05;		主轴停止	
N280	M30;		返回程序头	

第二次装夹，工件左端加工程序如表 3-1-4 所示。

表 3-1-4　数控加工程序表

程序号	O0012		数控系统	FANUC 0i
N10	T0202;			
N20	M03S600F0. 1;			
N30	G00X42. ;			
N40	Z5. ;			
N50	G71U1R1. ;			
N60	G71P80Q130U0. 5W0;			
N70	M03S800F0. 05;			
N80	G01X22. ;			
N90	Z0. ;			
N100	X26. Z-2. ;			
N110	Z-20. ;			
N120	X30. ;			
N130	G03X40. Z-25. R5. ;			

程序号	O0012	数控系统	FANUC 0i
N140	G70P80Q130；		
N150	G00X100. Z100. ；		
N160	M05；		
N170	T0303；		换切断刀
N180	M03S300；		径向切槽
N190	G0043. ；		
N200	Z-18. ；		
N210	G75R1. ；		切削循环，每次退刀 1mm
N220	G75X14. Z-20. P2Q2. 9F0. 03；		槽深 6mm，每次进刀 2mm
N230	G00X60. ；		
N240	Z50. ；		
N250	M05；		
N260	M30；		

技能训练

加工如图 3-1-6 所示内槽轴类零件，毛坯尺寸为铝棒，材料规格为 $\phi42\times50$mm。要求：分析零件加工工艺与工步顺序，编制加工程序，并完成该零件的加工。

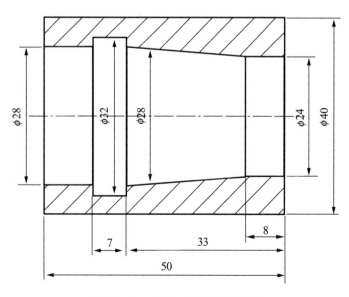

图 3-1-6 内槽、锥度内孔类零件

任务评价

完成任务后，请填写下表。

班级：_____ 姓名：_____ 日期：_____

任务 1　液压阀芯的编程与加工					
序号	评分项目	分值	自我评分	小组评分	教师评分
1	程序编制	40			
2	零件加工	40			
3	安全生产、规范操作	20			
总分		100			

你的最大收获：

你遇到的困难和解决的方法：

今后还需要更加努力的方面：

教师评语：

任务 2　复合轴的编程与加工

任务描述

准备加工如图 3-2-1 所示综合圆轴类零件，毛坯材料为 45# 钢，材料规格为 $\phi55\times$
140mm，粗加工余量为 0.5mm。

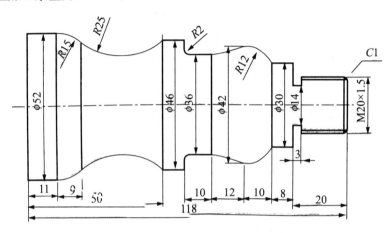

图 3-2-1　综合轴类零件

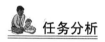

任务分析

该零件为轴类零件。主要加工面为外圆和螺纹。

（1）圆轴零件毛坯尺寸为 $\phi55\times140$，轴心线为工艺基准，用三爪卡盘夹持 $\phi55$ 外
圆，工件伸出卡盘 125。并取零件右端面中心为工件坐标系零点。

（2）工步顺序。首先完成零件外圆粗、精车，然后再加工螺纹，达到尺寸及精度
要求。

相关知识

M98 和 M99 子程序调用指令用法

1. 指令格式

```
M98P____　　____
```

P 后面前三位数字表示重复调用的次数，省略时表示调用一次，后四位数字表示
调用的子程序号。

例如：M98P32222

   重复调用子程序 3 次   程序号为 O2222

2. 主程序与子程序的关系

在主程序的指示运动中，如果遇到调用子程序的指令时，则立即按照子程序运动；在子程序遇到返回主程序指令时，便立即返回主程序并继续执行。

3. 子程序编程格式

子程序程序号   O1234

子程序编程   …… （按精加工编写）

子程序结束   M99

【例 3-3】O1234

    N10   ……

    …   ……

    …   ……

    N…   M99

4. 子程序应用

（1）子程序可以在自动方式下调出，并且在调用的子程序中还可以调用另外的子程序。

（2）从主程序中调用的子程序为一重子程序，再从子程序中调用的子程序为二重子程序，共可调用二重子程序。

（3）同一条子程序最多可调用 999 次。

【例 3-4】如图 3-2-2 所示，运用宏程序进行编程加工。

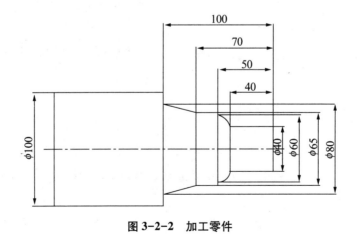

图 3-2-2 加工零件

主程序：

O1122;

```
N10  T0101;
N20  M03S1000;
N30  G00X40.;
N40  Z5.;
N50  M98P51123;
N60  G00X120.;
N70  Z50.;
N80  M05;
N90  M30;
```

子程序：
```
O1123;
N10  G01Z-40.F0.1;
N20  G03X60.Z-50.R10.;
N30  G01X65.;
N40  Z-70.;
N50  X80.Z-100.;
N60  M99;
```

任务实施

1. 零件图的工艺分析

如图 3-2-1 所示，该零件图是由螺纹、圆弧面、外圆柱面、外圆锥面等构成的外形比较复杂的综合轴类零件，材料为 45# 圆钢，毛坯尺寸为 φ55×140。

2. 加工方案及加工路线的确定

以零件右端中心点坐标（X0，Z0）作为坐标系原点，建立工件坐标系。根据零件尺寸和精度及技术要求，应分别进行粗、精加工，则确定的加工工艺路线为：车削右端面→粗车外轮廓→精车外轮廓→切槽→循环车削螺纹。

3. 零件装夹及夹具的选择

采用该机床本身的标准卡盘，零件伸出三爪卡盘外 123mm，找正并夹紧。

4. 刀具及切削用量的选择

（1）刀具的选择。根据零件图的加工要求，需要外圆车刀、切断刀和螺纹车刀，外圆的粗、精加工用同一把车刀，具体要求如表 3-2-1 所示。

表 3-2-1　锥度内孔与内槽轴类零件加工刀具卡

序号	刀具号	刀具名称及规格	数量	加工表面	刀尖半径（mm）	备注
1	T0101	90°外圆车刀	1	外圆	0.2	
2	T0202	切断刀	1	切槽		$B=3$mm
3	T0303	螺纹车刀	1	螺纹		

（2）切削用量的选择，具体如表 3-2-2 所示。

表 3-2-2　数控加工工序卡

工步号	工步内容	切削用量			编号	名称
		主轴转速（r/min）	进给速度（mm/r）	被吃刀量（mm）		
1	粗车外圆	800	0.1	1	T0101	90°外圆车刀
2	精车外圆	1000	0.05	1	T0101	90°外圆车刀
3	切槽	400	0.05	1	T0202	切断刀
4	车螺纹	600	0.1		T0303	螺纹车刀

（3）螺纹尺寸计算。螺纹加工分四次进给，每次被吃刀量为 0.8mm、0.6mm、0.4mm、0.16mm。

5. 编制加工程序

工件加工程序如表 3-2-3 所示。

表 3-2-3　数控加工程序表

程序号	O0011	数控系统	FANUC 0i
N10	T0101；		选择 1 号刀具
N20	M03S800F0.1；		主轴正传，转速 800r/min 进给速度，0.1mm/r
N30 N40	G00X55.； Z2.；		快速定位到循环起点（X55，Z2）
N50 N60 N70 N80 N90 N100 N110 N120	G71U1.R1.； G71P 80Q210U-0.5W0； M03S1000F0.05； G01X18.； Z-1.； Z-20.； X30.； Z-28.；		利用 G71 指令循环粗加工内孔，X 方向精加工余量为 0.5mm N80～N210 为精加工程序

续表

程序号	O0011	数控系统	FANUC 0i
N130	G03X42.Z−38.R12.；		
N140	G01X36.Z−50.；		
N150	Z−58.；		
N160	G02X40.Z−60.R2.；		
N170	G01X46.；		
N180	Z−68.；		
N190	G02X46.Z−98.R25.；		
N200	G03X52.Z−107.R15.；		
N210	G01Z−118.；		
N220	G70P80Q210；	精加工循环，完成精加工	
N230	M05；		
N240	T0202；	选择 2 号刀具	
N250	M03S300；		
N260	G0053.；		
N270	Z−20.；	径向切槽	
N280	G75R1.；		
N290	G75X14.P1F0.03；	切削循环，每次退刀 1mm	
N300	G00X60.；	槽深 6mm，每次进刀 1mm	
N310	Z50.；		
N320	M05；		
N330	T0303；	选择 3 号刀具	
N340	M03S600；		
N350	G00X20.；		
N360	Z2.；		
N370	G92X19.2Z−18F1.5；	螺纹车削循环	
N380	G92X18.6Z−18F1.5；		
N390	G92X18.2Z−18F1.5；		
N400	G92X18.04Z−18F1.5；		
N410	G00X60.；		
N420	Z80.；		
N430	M05；		
N440	M30；		

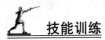 技能训练

1. 机床实操考核

（1）操作题名称：球头轴。

（2）操作内容：

如图 3-2-3 所示，零件图是由圆弧面、外圆锥面、外圆柱面螺纹等构成的复合类零件，材料为 45# 钢，毛坯尺寸为 φ40 的棒料。

（3）操作要求：

按图样要求完成零件的基点计算，设定工件坐标系，制订工艺方案，选择合理的刀具和切削工艺参数，编制数控加工程序。

（4）不允许使用砂布或锉刀修整表面；未注倒角 C1。

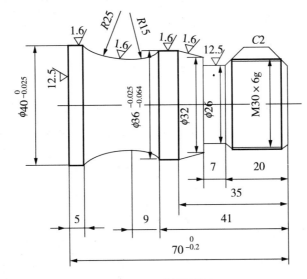

图 3-2-3 轴零件图

评分表							
序号	项目	检测内容		占分	评分标准	实测	得分
1	外圆直径	$\phi40_{-0.025}^{0}$	尺寸	10	超差 0.01 扣 2 分		
2			Ra1.6	4	Ra>1.6 扣 2 分，Ra>3.2 全扣		
3		$\phi36_{-0.064}^{-0.025}$	尺寸	10	超差 0.01 扣 2 分		
4			Ra1.6	4	Ra>1.6 扣 2 分，Ra>3.2 全扣		
5	圆锥		尺寸	10	超差 0.01 扣 2 分		
6			Ra1.6	4	Ra>1.6 扣 2 分，Ra>3.2 全扣		
8	螺纹	M30×2（止通规检查）		10	止通规检查不满足要求，不得分		
9		Ra3.2		4	Ra>3.2 扣 2 分，Ra>6.3 全扣		

续表

10		R15	尺寸	10	超差不得分		
11	圆弧		Ra1.6	4	Ra>1.6 扣 2 分，Ra>3.2 全扣		
12		R25	尺寸	10	超差不得分		
13			Ra1.6	4	Ra>1.6 扣 2 分，Ra>3.2 全扣		
14		$70_{-0.2}^{0}$		4	超差 0.01 扣 2 分		
15		35		2	超差不得分		
16	长度	20		2	超差不得分		
17		41		2	超差不得分		
18		5		2	超差不得分		
19	倒角	C2（两处）		2	超差不得分		
20	退刀槽	6×φ16		2	超差不得分		
21							
22	文明生产	发生重大安全事故取消考试资格；按照有关规定每违反一项从总分中扣除 3 分					
23	其他项目	工件必须完整，工件局部无缺陷（如夹伤、划痕等）					
24	程序编制	程序中严重违反工艺规程的则取消考试资格；其他问题酌情扣分					
25	加工时间	100 分钟后尚未开始加工则终止考试；超过定额时间 5 分钟扣 1 分；超过 10 分钟扣 5 分；超过 15 分钟扣 10 分；超过 20 分钟扣 20 分；超过 25 分钟扣 30 分；超过 30 分钟则停止考试					
合计							

车工国家职业标准见附录。

 任务评价

完成任务后，请填写下表。

班级：_____   姓名：_____   日期：_____

任务 2　复合轴的编程与加工					
序号	评分项目	分值	自我评分	小组评分	教师评分
1	程序编制	40			
2	零件加工	40			
3	安全生产、规范操作	20			
	总分	100			

你的最大收获：
你遇到的困难和解决的方法：
今后还需要更加努力的方面：
教师评语：

任务 3　非圆二次曲线类零件的编程与加工

 **任务描述**

准备加工如图 3-3-1 所示圆轴零件，毛坯材料为 45# 圆钢，进行粗车外圆，精加工余量为 0.5mm，然后完成精加工。

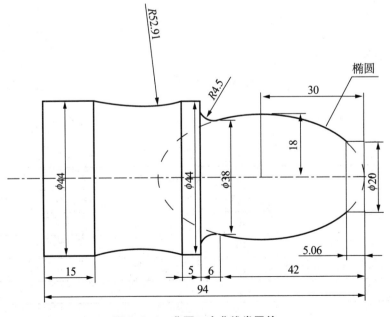

图 3-3-1　非圆二次曲线类零件

 **任务分析**

该零件为非圆二次曲线类零件。主要加工面为外圆椭圆面。

（1）圆轴零件毛坯尺寸为 $\phi48\times130$，轴心线为工艺基准，用三爪卡盘夹持 $\phi48$ 外圆，使工件伸出卡盘 110mm。并取零件右端面中心为工件坐标系零点。

（2）工步顺序。分两次完成外圆的粗、精车，达到尺寸及精度要求。

 **相关知识**

用宏指令编程的方法与宏指令编程

一、宏指令编程的方法

1. 宏程序作为数控编程

宏程序作为数控编程的手段之一，在椭圆、抛物线、双曲线，以及一些渐展线的编程方法上，有着如自动编程及其他方法，不可替代的优势。

宏程序所具有的灵活性和智能性等特点，例如对于规则曲面的编程来说，使用 CAD/CAM 软件编程一般都有工作量大，程序庞大，加工参数不易修改等缺点，只要任何一样加工参数发生任何变化，再智能的软件也要根据变化后的加工参数重新计算刀具轨迹，尽管软件计算刀具轨迹的计算速度非常快，但始终是个比较麻烦的过程。而宏程序则注重把机床功能参数与编程语言结合，而且灵活的参数设置也使机床具有最佳的工作性能，同时也给予操作工人极大的自由调整空间。

宏指令编程虽然属于手工编程的范畴，但它不是直接算出轮廓各个节点的具体坐标数据，而是给出数学公式和算法，由 CNC 来即时计算节点坐标，因此对于简单直观的零件轮廓不具有优势。若零件结构不能用常规插补指令可以完成编程的，则可采用编制宏程序的方法，将计算复杂数据的任务交由数控系统来完成。对于加工方法和加工方式，零件的加工步骤，走刀路线及对刀点起刀点的位置，以及切入、切出方式的设计还是遵循一般手工编程的规则。编制宏程序时，首先应从零件的结构特点出发，分析零件上各加工表面之间的几何关系，据此推倒出各参数之间的数量关系，建立准确的数学模型。为此，必须注意正确选择变量参数并列出正确的参数方程，同时设定合理有效的循环变量。若采用主子程序调用的编程模式，还注意局部变量和全部变量的设定，了解变量传值关系。特别值得注意的是，为提高程序的通用性，尺寸参数尽可能地用宏变量表示，运行程序前先进行赋值。

宏程序的编制方法简单地解释就是利用变量编程的方法。即用户利用数控系统提供的变量、数学运算功能、逻辑判断功能、程序循环功能等功能，来实现一些特殊的用法。

例如，下面程序即为宏程序：

N50 #100＝30.0

N60 #101＝20.0

N70 G01 X#100 Z#101 F500.0

2. 宏程序中变量的类型

局部变量：#1～#33

公共变量：#100～#149，#500～#509

系统变量：#1000～#5335

（1）算数式：

加法： #i＝#j＋#k

减法： #i＝#j－#k

乘法： #i＝#j ＊ #k

除法： #i＝#j/ #k

正弦： #i＝SIN ［#j］   单位：度

余弦： #i＝COS［#j］   单位：度

正切： #i＝TAN［#j］   单位：度

反正切：#i＝ATAN［#j］／［#k］ 单位：度

平方根：#i＝SQRT［#j］

绝对值：#i＝ABS［#j］

取整： #i＝ROUND［#j］

（2）逻辑运算：

等于：   EQ   格式：#j EQ #k

不等于：   NE   格式：#j NE #k

大于：   GT   格式：#j GT #k

小于：   LT   格式：#j LT #k

大于等于： GE   格式：#j GE #k

小于等于： LE   格式：#j LE #k

（3）条件跳转语句：

    I F ［条件表达式］   GOTO n

当条件满足时，程序就跳转到同一程序中程序段标号为 n 的语句上继续执行；当条件不满足时，程序执行下一条语句。

二、椭圆方程分析

1. 椭圆方程曲线（图 3-3-2）

椭圆的解析方程   椭圆的参数方程

$$\frac{x^2}{a^2}+\frac{y^2}{b^2}=1$$

$$\begin{cases} x=a\times\cos\ (t) \\ y=b\times\sin\ (t) \end{cases}$$

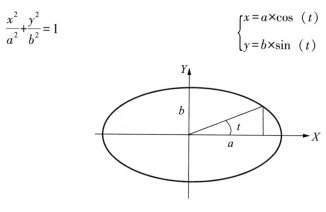

图3-3-2　椭圆方程曲线

由于数控车床的横坐标轴为 Z，纵坐标轴为 X 轴，故数控编程时对于椭圆方程中的参数要有所变动。

解析方程

$$\frac{x^2}{a^2}+\frac{y^2}{b^2}=1$$

根据椭圆解析方程，可以得到如下关系式：

以 Z 作为自变量，则：

$$x=\frac{b}{a}\sqrt{a^2-z^2}$$

2. 宏程序编程实例（图3-3-3）

编程如下：

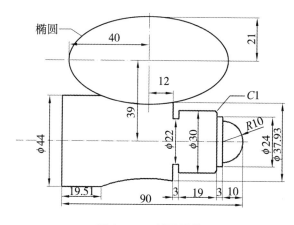

图3-3-3　椭圆零件图

N10	%1234;
N20	T0101;
N30	M03S800F0.1;

```
N40      G00X45;
N50      Z3;
N60      G71U1R1;
N70      G71P90Q260U0.5W0;
N80      M03S1000F0.05;
N90      G01X0;
N100     Z0;
N110     G03X20Z-10R10;
N120     G01X24;
N130     Z-13;
N140     X28;
N150     X30Z-14;
N160     Z-35;
N170     X37.93;
N180     #1=40;
N190     #2=21;
N200     #3=12;
N210     IF [#3LE-23.49] GOTO260;
N220     #4=21*SQRT [#1*#1-#3*#3] /40;
N230     G01X [78-2*#4] Z [#3-47];
N240     #3=#3-0.5;
N250     ENDW;
N260     G01Z-90;
N270     G70P90Q260;
N280     G00X60;
N290     Z30;
N300     M05;
N310     M30;
```

任务实施

1. 零件图的工艺分析

如图 3-3-1 所示，该零件图是由椭圆、圆弧面、外圆柱面等构成的外形比较复杂的综合轴类零件，材料为 45# 圆钢，毛坯尺寸为 $\phi48 \times 130$。

2. 加工方案及加工路线的确定

以零件右端中心点坐标（X0，Z0）作为坐标系原点，建立工件坐标系。根据零件尺寸和精度及技术要求，应分别进行粗、精加工，则确定的加工工艺路线为：车削右端面→粗车外轮廓→精车外轮廓。

3. 零件装夹及夹具的选择

采用该机床本身的标准卡盘，零件伸出三爪卡盘外 130mm，找正并夹紧。

4. 刀具及切削用量的选择

（1）刀具的选择。根据零件图的加工要求，需要外圆车刀，外圆的粗、精加工用同一把车刀。具体要求如表 3-3-1 所示。

表 3-3-1　锥度内孔与内槽轴类零件加工刀具卡

序号	刀具号	刀具名称及规格	数量	加工表面	刀尖半径（mm）	备注
1	T0101	90°外圆车刀	1	外圆	0.2	

（2）切削用量的选择。具体如表 3-3-2 所示。

表 3-3-2　数控加工工序卡

工步号	工步内容	切削用量			编号	名称
		主轴转速（r/min）	进给速度（mm/r）	被吃刀量（mm）		
1	粗车外圆	800	0.1	1	T0101	90°外圆车刀
2	精车外圆	1000	0.05	1	T0101	90°外圆车刀

5. 编制加工程序

工件加工程序如表 3-3-3 所示。

表 3-3-3　数控加工程序表

程序号	O0011	数控系统	FANUC 0i
N10	T0101	选择1号刀具	
N20	M03S800F0.1		
N30	G00X48		
N40	Z5		
N50	G71U1R1		
N60	G71P80Q230U0.5W0		
N70	M03S1000F0.05		
N80	G01X20		
N90	Z-5.06		

续表

程序号	O0011	数控系统	FANUC 0i
N100	#1＝30	椭圆的加工	
N110	#2＝18		
N120	#3＝24.94		
N130	IF［#3LE-12］GOTO170		
N140	#4＝18＊SQRT［#1＊#1-#3＊#3］/30		
N150	G01X［2＊#4］Z［#3-30］		
N160	#3＝#3-0.5		
N170	ENDW		
N180	G01X33		
N190	G02X40Z-48R4.5		
N200	G01X44		
N210	Z-53		
N220	G02X44Z-79R52.91		
N230	G01Z-94		
N240	G70P70Q220		
N250	G00X60		
N260	Z30		
N270	M05		
N280	M30		

技能训练

椭圆轴类零件如图3-3-4所示，毛坯尺寸为铝棒，材料规格为$\phi30\times60mm$。要求：分析零件加工工艺，工步顺序，编制加工程序，并完成该零件的加工。

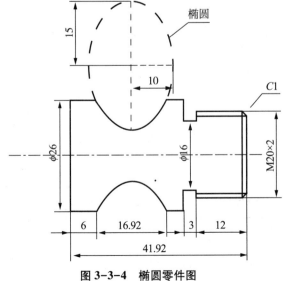

图3-3-4 椭圆零件图

完成任务后，请填写下表。

班级：_____ 姓名：_____ 日期：_____

任务3 非圆二次曲线类零件的编程与加工					
序号	评分项目	分值	自我评分	小组评分	教师评分
1	程序编制	40			
2	零件加工	40			
3	安全生产、规范操作	20			
总分		100			

你的最大收获：

你遇到的困难和解决的方法：

今后还需要更加努力的方面：

教师评语：

项目4 数控铣床操作基础

任务1 平面类零件铣削的编程与加工

**任务描述**

加工如图4-1-1所示零件的上表面及台阶面（其余表面已加工）。毛坯为100mm×80mm×30mm长方块，材料为45#钢，单件生产。仿真结果如图4-1-2所示。

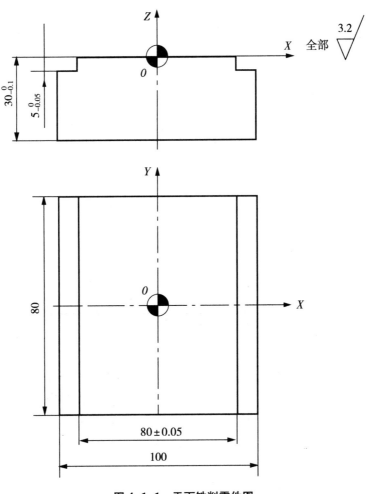

图4-1-1 平面铣削零件图

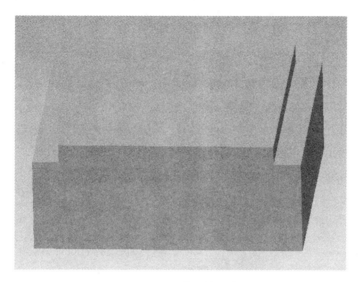

图 4-1-2　平面类零件仿真结果

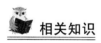 **任务分析**

（1）该零件包含了平面、台阶面的加工，尺寸精度约为 IT10，表面粗糙度全部为 $Ra3.2\mu m$，没有形位公差项目的要求，整体加工要求不高。

（2）根据图样加工要求，上表面的加工方案采用端铣刀粗铣→精铣完成，台阶面用立铣刀粗铣→精铣完成。

（3）加工上表面、台阶面时，可选用平口虎钳装夹，工件上表面高出钳口 10mm 左右。

相关知识

数控铣床编程基础、G90/G91/G54-G59/G00/G01 指令用法

数控铣床是使用计算机数字化信号控制的铣床。它可以加工由直线和圆弧两种几何要素构成的平面轮廓，也可以直接用逼近法加工非圆曲线构成的平面轮廓（采用多轴联动控制），还可以加工立体曲面和空间曲线。数控铣床可进行镗、铣、扩、铰等多种工序的加工，主要适用于板类、盘类、壳体类等复杂零件的加工，特别适用于汽车制造业和模具行业。

一、数控铣床的组成与分类

1. 数控铣床的组成

数控铣床是在一般铣床的基础上发展起来的，两者的加工工艺基本相同，结构也有些相似，但数控铣床是靠程序控制的自动加工机床，所以其结构也与普通铣床有很

大区别。

如图 4-1-3 所示，数控铣床一般由数控系统、主传动系统、进给伺服系统、冷却润滑系统等几大部分组成：

（1）主轴箱包括主轴箱体和主轴传动系统，用于装夹刀具并带动刀具旋转，主轴转速范围和输出扭矩对加工有直接的影响。

（2）进给伺服系统由进给电机和进给执行机构组成，按照程序设定的进给速度实现刀具和工件之间的相对运动，包括直线进给运动和旋转运动。

（3）控制系统。数控铣床运动控制的中心，执行数控加工程序控制机床进行加工。

（4）辅助装置：如液压、气动、润滑、冷却系统和排屑、防护等装置。

（5）机床基础件。通常是指底座、立柱、横梁等，它是整个机床的基础和框架。

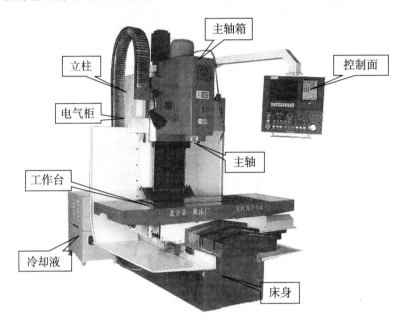

图 4-1-3　数控铣床的组成

2. 数控铣床的分类

数控铣床一般由铣床主机、控制部分、驱动部分及辅助部分等组成。数控铣床按主轴的位置分为立式数控铣床、卧式数控铣床和立卧两用数控铣床三种类型。数控铣床按构造分，又可以分为工作台升降式数控铣床、主轴头升降式数控铣床和龙门式数控铣床。

（1）立式数控铣床。

立式数控铣床的主轴轴线垂直于水平面（图 4-1-4），这种铣床占数控铣床的大多数，应用范围也最广。从机床数控系统控制的坐标数量来看，目前三坐标数控立式铣床占数控铣床的大多数，一般可进行三轴联动加工。但也有部分机床只能进行 3 个坐标中的任意两个坐标联动加工（通常称为 2.5 坐标加工），此外，还有机床主轴可

以绕 X、Y、Z 坐标轴中的其中一个或者两个轴作数控摆角运动的 4 坐标和 5 坐标数控立铣。

（2）卧式数控铣床。

卧式数控铣床的主轴轴线平行于水平面（图 4-1-5）。为了扩大加工范围和扩充功能，卧式数控铣床通常采用增加数控转台或万能数控转台的方式来实现四轴和五轴联动加工。这样既可以加工工件侧面的连续回转轮廓，又可以实现在一次装夹中通过转台改变零件的加工位置，也就是通常所说的工位，进行多个位置或工作面的加工。

图 4-1-4　立式数控铣床　　　　　　　图 4-1-5　卧式数控铣床

（3）立卧两用数控铣床。

目前这类数控铣床已不多。由于这类数控铣床的主轴方向可以更换，能达到在一台机床上既可以进行立式加工，又可以进行卧式加工，而同时具备上述两类机床的功能，其使用范围更广，功能更全，选择加工对象的余地更大，且给用户带来不少方便，特别是生产批量小，品种较多，又需要立、卧两种方式加工时，用户只需要买一台这样的机床就行了。

二、数控铣床的加工工艺范围

铣削加工是机械加工中最常用的加工方法之一，它主要包括平面铣削和轮廓铣削，也可以对零件进行钻、扩、铰、镗及螺纹加工等。数控铣削主要适用于下列几类零件的加工：

1. 平面类零件

平面类零件是指加工面平行或垂直于水平面，以及加工面与水平面的夹角为一定值的零件，这类零件加工面可展开为平面。

2. 直纹曲面类零件

直纹曲面类零件是指由直线以某种规律移动所产生的曲面类零件。该类零件的加工面不能展开为平面。

3. 立体曲面类零件

加工面为空间曲面的零件称为立体曲面类零件。这类零件的加工面不能展成平面，一般使用球头铣刀切削，加工面与铣刀始终为点接触，若采用其他刀具加工，易于产生干涉而铣伤邻近表面。加工立体曲面类零件一般使用三坐标数控铣床，采用以下两种方法加工：

1）行切加工法

采用三坐标数控铣床进行二轴半坐标控制加工，即行切加工法。加工凹圆弧时的铣刀球头半径必须小于被加工曲面的最小曲率半径。

2）三坐标联动加工法

采用三坐标数控铣床三轴联动加工，即进行空间直线插补。如半球形，可以用行切加工法加工，也可以用三坐标联动的方法加工。这时，数控铣床用 X、Y、Z 三坐标联动的空间直线插补，实现球面加工。

三、数控铣床的加工工艺分析

1. 零件图工艺分析

关于数控加工的零件图和结构工艺性分析，下面结合数控铣削加工的特点作进一步说明。

针对数控铣削加工的特点，下面列举出一些经常遇到的工艺性问题作为对零件图进行工艺性分析的要点来加以分析与考虑。

（1）图纸尺寸的标注方法是否方便编程？构成工件轮廓图形的各种几何元素的条件是否充分？各几何元素的相互关系（如相切、相交、垂直和平行等）是否明确？有无引起矛盾的多余尺寸或影响工序安排的封闭尺寸？

（2）零件尺寸所要求的加工精度、尺寸公差是否都可以得到保证？不要以为数控机床加工精度高而放弃这种分析。特别要注意过薄的腹板与缘板的厚度公差，"铣工怕铣薄"，数控铣削也是一样，因为加工时产生的切削拉力及薄板的弹性退让。极易产生切削面的振动，使薄板厚度尺寸公差难以保证，其表面粗糙度也将恶化或变坏。根据实践经验，当面积较大的薄板厚度小于 3mm 时就应充分重视这一问题。

（3）内槽及缘板之间的内转接圆弧是否过小？

（4）零件铣削面的槽底圆角或腹板与缘板相交处的圆角半径 r 是否太大？

（5）零件图中各加工面的凹圆弧（R 与 r）是否过于零乱，是否可以统一？因为在数控铣床上多换一次刀要增加不少新问题，如增加铣刀规格、计划停车次数和对刀次数等，不但给编程带来许多麻烦，增加生产准备时间而降低生产效率，而且也会因频繁换刀增加了工件加工面上的接刀阶差而降低了表面质量。所以，在一个零件上的这种凹圆弧半径在数值上的一致性问题对数控铣削的工艺性显得相当重要。一般来说，即使不能寻求完全统一，也要力求将数值相近的圆弧半径分组靠拢，达到局部统一，以尽量减少铣刀规格与换刀次数。

（6）零件上有无统一基准以保证两次装夹加工后其相对位置的正确性？有些工件需要在铣完一面后再重新安装铣削另一面，如图 4-1-6 所示。由于数控铣削时不能使用通用铣床加工时常用的试削方法来接刀，往往会因为工件的重新安装而接不好刀（即与上道工序加工的面接不齐或造成本来要求一致的两对应面上的轮廓错位）。为了避免上述问题的产生，减小两次装夹误差，最好采用统一基准定位，因此零件上最好有合适的孔作为定位基准孔。如果零件上没有基准孔，也可以专门设置工艺孔作为定位基准（如在毛坯上增加工艺凸耳或在后续工序要铣去的余量上设基准孔）。如实在无法制出基准孔，起码也要用经过精加工的面作为统一基准。如果连这也办不到，则最好只加工其中一个最复杂的面，另一面放弃数控铣削而改由通用铣床加工。

（7）分析零件的形状及原材料的热处理状态，会不会在加工过程中变形？哪些部位最容易变形？因为数控铣削最忌讳工件在加工时变形，这种变形不但无法保证加工的质量，而且经常造成加工不能继续进行下去，"中途而废"，这时就应当考虑采取一些必要的工艺措施进行预防，如对钢件进行调质处理，对铸铝件进行退火处理，对不能用热处理方法解决的，也可考虑粗、精加工及对称去余量等常规方法。此外，还要分析加工后的变形问题，采取什么工艺措施来解决。

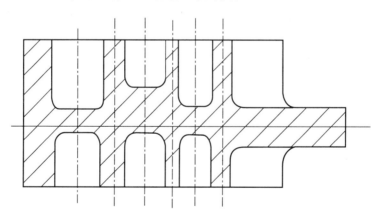

图 4-1-6　必须两次安装加工的零件

2. 工序和装夹方法的确定

1）加工工序的划分

数控铣床的加工对象根据机床的不同也是不一样的。立式数控铣床一般适用于加工平面凸轮、样板、形状复杂的平面或立体零件以及模具的内、外型腔等。卧式数控铣床适用于加工箱体、泵体、壳体等零件。

在数控铣床上加工零件，工序比较集中，一般只需一次装卡即可完成全部工序的加工。根据数控机床的特点，为了提高数控机床的使用寿命，保持数控铣床的精度、降低零件的加工成本，通常是把零件的粗加工，特别是零件的基准面、定位面在普通机床上加工。加工工序的划分通常使用的有以下几种方法：

（1）刀具集中分序法。

这种方法就是按所用刀具来划分工序，用同一把刀具加工完成所有可以加工的部位，然后再换刀。这种方法可以减少换刀次数，缩短辅助时间，减少不必要的定位误差。

（2）粗、精加工分序法。

根据零件的形状、尺寸精度等因素，按粗、精加工分开的原则，先粗加工，再半精加工，最后精加工。

（3）加工部位分序法。

即先加工平面、定位面，再加工孔；先加工形状简单的几何形状，再加工复杂的几何形状；先加工精度比较低的部位，再加工精度比较高的部位。

2）零件装夹和夹具的选择

在数控加工中，既要保证加工质量，又要减少辅助时间，提高加工效率。因此，要注意选用能准确和迅速定位并夹紧工件的装夹方法和夹具。零件的定位基准应尽量与设计基准及测量基准重合，以减少定位误差。在数控铣床上的工件装夹方法与普通铣床一样，所使用的夹具往往并不很复杂，只要有简单的定位、夹紧机构就行。为了不影响进给和切削加工，在装夹工件时一定要将加工部位敞开。选择夹具时应尽量做到在一次装夹中将零件要求加工表面都加工出来。

3．加工顺序和进给路线的确定

1）加工顺序的安排

加工顺序通常包括切削加工工序、热处理工序和辅助工序等，工序安排的科学与否将直接影响到零件的加工质量、生产率和加工成本。切削加工工序通常按以下原则安排：

（1）先粗后精。当加工零件精度要求较高时都要经过粗加工、半精加工、精加工阶段，如果精度要求更高，还包括光整加工等几个阶段。

（2）基准面先行原则。用作精基准的表面应先加工。任何零件的加工过程总是先对定位基准进行粗加工和精加工，例如轴类零件总是先加工中心孔，再以中心孔为精基准加工外圆和端面；箱体类零件总是先加工定位用的平面及两个定位孔，再以平面和定位孔为精基准加工孔系和其他平面。

（3）先面后孔。对于箱体、支架等零件，平面尺寸轮廓较大，用平面定位比较稳定，而且孔的深度尺寸又是以平面为基准的，故应先加工平面，然后加工孔。

（4）先主后次。即先加工主要表面，然后加工次要表面。

4．在安排数控铣削加工工序时应注意的问题

（1）上道工序的加工不能影响下道工序的定位与夹紧，中间穿插有通用机床加工

工序的也要综合考虑；

（2）一般先进行内形内腔加工工序，后进行外形加工工序；

（3）以相同定位、夹紧方式或同一把刀具加工的工序，最好连续进行，以减少重复定位次数与换刀次数；

（4）在同一次安装中进行的多道工序，应先安排对工件刚性破坏较小的工序。

总之，顺序的安排应根据零件的结构和毛坯状况，以及定位安装与夹紧的需要综合考虑。

5. 进给路线的确定

合理地选择进给路线不但可以提高切削效率，还可以提高零件的表面精度，在确定进给路线时，首先应遵循所要求的原则。对于数控铣床，还应重点考虑几个方面：能保证零件的加工精度和表面粗糙度的要求；使走刀路线最短，既可简化程序段，又可减少刀具空行程时间，提高加工效率；应使数值计算简单，程序段数量少，以减少编程工作量。

1）铣削平面类零件的进给路线

铣削平面类零件外轮廓时，一般采用立铣刀侧刃进行切削。为减少接刀痕迹，保证零件表面质量，对刀具的切入和切出程序需要精心设计。铣削外表面轮廓时，如图 4-1-7 所示，铣刀的切入和切出点应沿零件轮廓曲线的延长线上切入和切出零件表面，而不应沿法向直接切入零件，以避免加工表面产生划痕，保证零件轮廓光滑。

铣削封闭的内轮廓表面时，若内轮廓曲线允许外延，则应沿切线方向切入切出。若内轮廓曲线不允许外延（图 4-1-8），则刀具只能沿内轮廓曲线的法向切入切出，并将其切入、切出点选在零件轮廓两几何元素的交点处。当内部几何元素相切无交点时（图 4-1-9），为防止刀补取消时在轮廓拐角处留下凹口（图 4-1-9（a）），刀具切入切出点应远离拐角（图 4-1-9（b））。

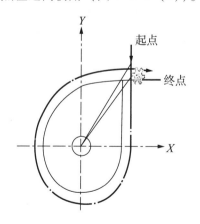

图 4-1-7　刀具切入和切出时的外延

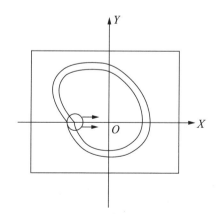

图 4-1-8　内轮廓加工刀具的切入和切出

图 4-1-10 为圆弧插补方式铣削外整圆时的走刀路线。当整圆加工完毕时，不要在切点处 2 退刀，而应让刀具沿切线方向多运动一段距离，以免取消刀补时，刀具与工

件表面相碰，造成工件报废。铣削内圆弧时也要遵循从切向切入的原则，最好安排从圆弧过渡到圆弧的加工路线（图4-1-11），这样可以提高内孔表面的加工精度和加工质量。

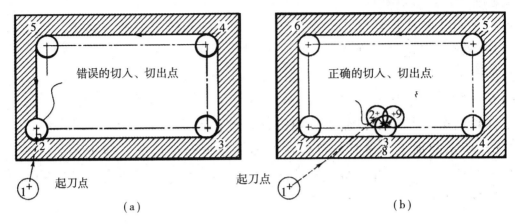

图 4-1-9　无交点内轮廓加工刀具的切入和切出

（a）刀补取消时留下凹口；（b）刀具切入切出点。

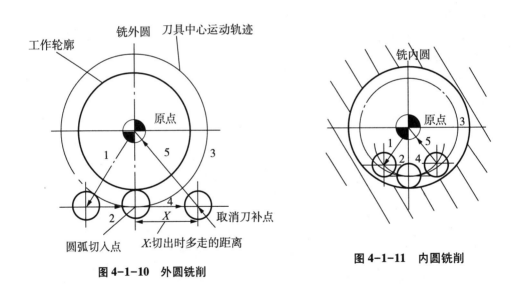

图 4-1-10　外圆铣削

图 4-1-11　内圆铣削

2）铣削曲面类零件的加工路线

在机械加工中，常会遇到各种曲面类零件，如模具、叶片螺旋桨等。由于这类零件型面复杂，需用多坐标联动加工，因此，多采用数控铣床、数控加工中心进行加工。

（1）直纹面加工。

对于边界敞开的直纹曲面，加工时常采用球头刀进行"行切法"加工，即刀具与零件轮廓的切点轨迹是一行一行的，行间距按零件加工精度要求而确定发动机大叶片可采用两种加工路线。采用图4-1-12（a）的加工方案时，每次沿直线加工，刀位点计算简单，程序少，加工过程符合直纹面的形成，可以准确保证母线的直线度。当采用图 4-1-12（b）所示的加工方案时，符合这类零件数据给出情况，便于加工后检验，叶形的准确度高，但程序较多。由于曲面零件的边界是敞开的，没有其他表面限制，所以曲面边界可以延伸，球头刀应由边界外开始加工。

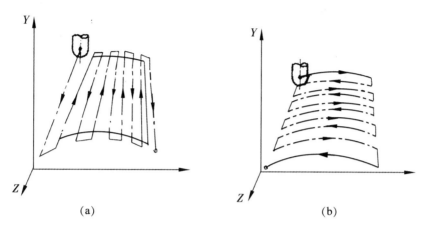

图 4-1-12　直纹曲面的加工路线

（a）沿直线进给；（b）沿曲线进给。

（2）曲面轮廓加工。

立体曲面加工应根据曲面形状、刀具形状以及精度要求采用不同的铣削方法。

两坐标联动的三坐标行切法加工 X、Y、Z 三轴中任意二轴作联动插补，第三轴作单独的周期进刀，称为二轴半坐标联动。如图 4-1-13 所示，将 X 向分成若干段，圆头铣刀沿 YZ 面所截的曲线进行铣削，每一段加工完成进给 ΔX，再加工另一相邻曲线，如此依次切削即可加工整个曲面。在行切法中，要根据轮廓表面粗糙度的要求及刀头不干涉相邻表面的原则选取 ΔX。行切法加工中通常采用球头铣刀。球头铣刀的刀头半径应选得大些，有利于散热，但刀头半径不应大于曲面的最小曲率半径。

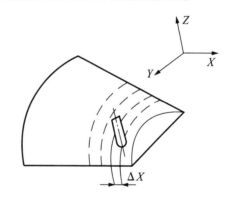

图 4-1-13　曲面行切法

用球头铣刀加工曲面时，总是用刀心轨迹的数据进行编程。图 4-1-14 为二轴半坐标加工的刀心轨迹与切削点轨迹示意图。$ABCD$ 为被加工曲面，P_{yz} 平面为平行于 YZ 坐标面的一个行切面，其刀心轨迹 O_1O_2 为曲面 $ABCD$ 的等距面 $IJKL$ 与平面 P_{yz} 的交线，显然 O_1O_2 是一条平面曲线。在此情况下，曲面的曲率变化会导致球头刀与曲面切削点的位置改变，因此切削点的连线 ab 是一条空间曲线，从而在曲面上形成扭曲的残留沟纹。

由于二轴半坐标加工的刀心轨迹为平面曲线，故编程计算比较简单，数控逻辑装置也不复杂，常在曲率变化不大及精度要求不高的粗加工中使用。

三坐标联动加工 X、Y、Z 三轴可同时插补联动。用三坐标联动加工曲面时，通常也用行切方法。如图 4-1-15 所示，P_{YZ} 平面为平行于 YZ 坐标面的一个行切面，它与曲面的交线为 ab，若要求 ab 为一条平面曲线，则应使球头刀与曲面的切削点总是处于平面曲线 ab 上（即沿 ab 切削），以获得规则的残留沟纹。显然，这时的刀心轨迹 O_1O_2 不在 P_{YZ} 平面上，而是一条空间曲面（实际是空间折线），因此需要 X、Y、Z 三轴联动。

三轴联动加工常用于复杂空间曲面的精确加工（如精密锻模），但编程计算较为复杂，所用机床的数控装置还必须具备三轴联动功能。

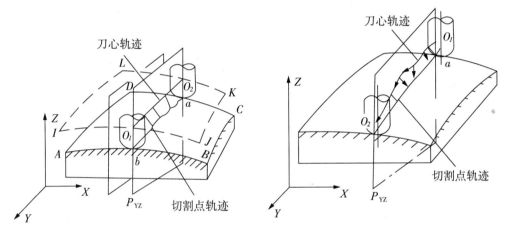

图 4-1-14　二轴半坐标加工　　　　图 4-1-15　三坐标加工

（3）四坐标加工。如图 4-1-16 所示工件，侧面为直纹扭曲面。若在三坐标联动的机床上用圆头铣刀按行切法加工时，不但生产效率低，而且表面粗糙度大。为此，采用圆柱铣刀周边切削，并用四坐标铣床加工。即除三个直角坐标运动外，为保证刀具与工件型面在全长始终贴合，刀具还应绕 O_1（或 O_2）作摆角运动。由于摆角运动导致直角坐标（图中 Y 轴）需作附加运动，所以其编程计算较为复杂。

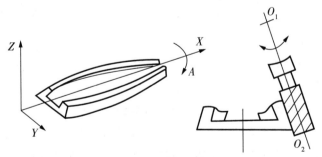

图 4-1-16　四轴半坐标加工

（4）五坐标加工。螺旋桨是五坐标加工的典型零件之一，其叶片的形状和加工原理如图 4-1-17 所示。在半径为 R_1 的圆柱面上与叶面的交线 AB 为螺旋线的一部分，螺旋升角为 Ψ_i，叶片的径向叶型线（轴向割线）EF 的倾角 α 为后倾角。螺旋线 AB 用极坐标加工方法，并且以折线段逼近。逼近段 mn 是由 C 坐标旋转 $\Delta\theta$ 与 Z 坐标位移 ΔZ

的合成。当 AB 加工完成后，刀具径向位移 ΔX（改变 R_1），再加工相邻的另一条叶型线，依次加工即可形成整个叶面。由于叶面的曲率半径较大，所以常采用面铣刀加工，以提高生产率并简化程序。因此为保证铣刀端面始终与曲面贴合，铣刀还应作由坐标 A 和坐标 B 形成的 θ_1 和 α_1 的摆角运动。在摆角的同时，还应作直角坐标的附加运动，以保证铣刀端面始终位于编程值所规定的位置上，即在切削成形点，铣刀端平面与被切曲面相切，铣刀轴心线与曲面该点的法线一致，所以需要五坐标加工。这种加工的编程计算相当复杂，一般采用自动编程。

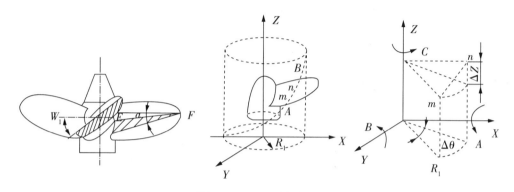

图 4-1-17　五坐标加工

四、数控铣削刀具

1. 数控铣削刀具的基本要求

1）铣刀刚性要好

一是为提高生产效率而采用大切削用量的需要；二是为适应数控铣床加工过程中难以调整切削用量的特点。例如，当工件各处的加工余量相差悬殊时，通用铣床遇到这种情况很容易采取分层铣削方法加以解决，而数控铣削就必须按程序规定的走刀路线前进，遇到余量大时无法像通用铣床那样"随机应变"，除非在编程时能够预先考虑到，否则铣刀必须返回原点，用改变切削面高度或加大刀具半径补偿值的方法从头开始加工，多走几刀。但这样势必造成余量少的地方经常走空刀，降低了生产效率，如刀具刚性较好就不必这么办。再者，在通用铣床上加工时，若遇到刚性不强的刀具，也比较容易从振动、手感等方面及时发现并及时调整切削用量加以弥补，而数控铣削时则很难办到。在数控铣削中，因铣刀刚性较差而断刀并造成工件损伤的事例是常有的，所以解决数控铣刀的刚性问题是至关重要的。

2）铣刀的耐用度要高

尤其是当一把铣刀加工的内容很多时，如刀具不耐用而磨损较快，就会影响工件的表面质量与加工精度，而且会增加换刀引起的调刀与对刀次数，也会使工作表面留下因对刀误差而形成的接刀台阶，降低了工件的表面质量。

除上述两点之外，铣刀切削刃的几何角度参数的选择及排屑性能等也非常重要，切屑粘刀形成积屑瘤在数控铣削中是十分忌讳的。总之，根据被加工工件材料的热处理状态、切削性能及加工余量，选择刚性好，耐用度高的铣刀，是充分发挥数控铣床的生产效率和获得满意的加工质量的前提。

2. 数控铣刀的选择

数控铣床上所采用的刀具要根据被加工零件的材料、几何形状、表面质量要求、热处理状态、切削性能及加工余量等，选择刚性好、耐用度高的刀具。应用于数控铣削加工的刀具主要有平底立铣刀、面铣刀、球头刀、环形刀、鼓形刀和锥形刀等。常用刀具如图 4-1-18 所示。

图 4-1-18　常用刀具

1）铣刀类型选择

被加工零件的几何形状是选择刀具类型的主要依据。

（1）加工曲面类零件时，为了保证刀具切削刃与加工轮廓在切削点相切，而避免刀刃与工件轮廓发生干涉，一般采用球头刀，粗加工用两刃铣刀，半精加工和精加工用四刃铣刀，刀刃数还与铣刀直径有关，如图 4-1-19 所示。

（2）铣较大平面时，为了提高生产效率和提高加工表面粗糙度，一般采用刀片镶嵌式盘形面铣刀，如图 4-1-20 所示。

（3）铣小平面或台阶面时，一般采用通用铣刀，如图 4-1-21 所示。

（4）铣键槽时，为了保证槽的尺寸精度，一般用两刃键槽铣刀，如图 4-1-22 所示。

（5）孔加工时，可采用钻头、镗刀等孔加工刀具，如图 4-1-23 所示。

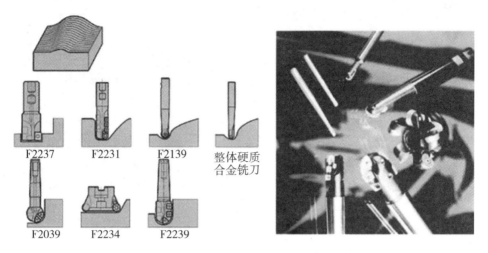

图 4-1-19　加工曲面类铣刀

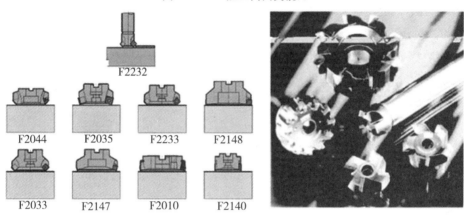

图 4-1-20　加工大平面铣刀

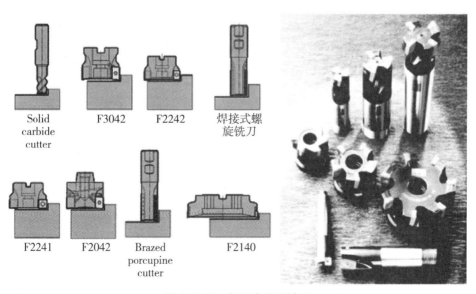

图 4-1-21　加工台阶面铣刀

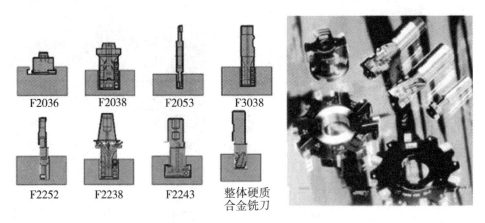

F2036　F2038　F2053　F3038

F2252　F2238　F2243　整体硬质合金铣刀

图 4-1-22　加工槽类铣刀

2）铣刀结构选择

铣刀一般由刀片、定位元件、夹紧元件和刀体组成。由于刀片在刀体上有多种定位与夹紧方式，刀片定位元件的结构又有不同类型，因此铣刀的结构形式有多种，分类方法也较多。选用时，主要可根据刀片排列方式。刀片排列方式可分为平装结构和立装结构两大类。

（1）平装结构（刀片径向排列）。

平装结构铣刀（图4-1-24）的刀体结构工艺性好，容易加工，并可采用无孔刀片（刀片价格较低，可重磨）。由于需要夹紧元件，刀片的一部分被覆盖，容屑空间较小，且在切削力方向上的硬质合金截面较小，故平装结构的铣刀一般用于轻型和中量型的铣削加工。

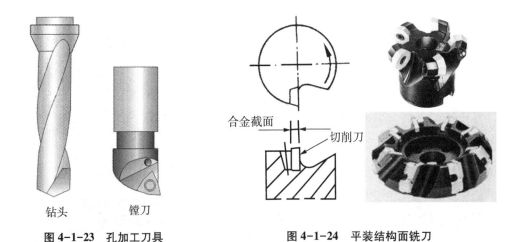

合金截面　切削刀

钻头　镗刀

图 4-1-23　孔加工刀具　　图 4-1-24　平装结构面铣刀

（2）立装结构（刀片切向排列）。

立装结构铣刀（图4-1-25）的刀片只用一个螺钉固定在刀槽上，结构简单，转位方便。虽然刀具零件较少，但刀体的加工难度较大，一般需用五坐标加工中心进行加工。由于刀片采用切削力夹紧，夹紧力随切削力的增大而增大，因此可省去夹紧元件，增大了容屑空间。由于刀片切向安装，在切削力方向的硬质合金截面较大，因而可进行大切深、大走刀量切削，这种铣刀适用于重型和中量型的铣削加工。

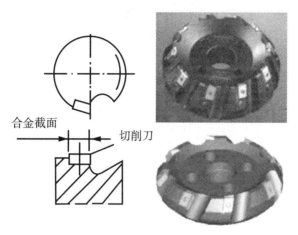

图 4-1-25　立装结构面铣刀

3）铣刀角度的选择

铣刀的角度有前角、后角、主偏角、副偏角、刃倾角等。为满足不同的加工需要，有多种角度组合型式。各种角度中最主要的是主偏角和前角（制造厂的产品样本中对刀具的主偏角和前角一般都有明确说明）。

（1）主偏角 κ_r。

主偏角为切削刃与切削平面的夹角，如图 4-1-26 所示。铣刀的主偏角有 90°、88°、75°、70°、60°、45°等几种。

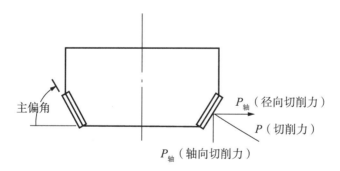

图 4-1-26　面铣刀的主偏角

主偏角对径向切削力和切削深度影响很大。径向切削力的大小直接影响切削功率和刀具的抗振性能。铣刀的主偏角越小，其径向切削力越小，抗振性也越好，但切削深度也随之减小。

90°主偏角，在铣削带凸肩的平面时选用，一般不用于单纯的平面加工。该类刀具通用性好（即可加工台阶面，又可加工平面），在单件、小批量加工中选用。由于该类刀具的径向切削力等于切削力，进给抗力大，易振动，因而要求机床具有较大功率和足够的刚性。在加工带凸肩的平面时，也可选用88°主偏角的铣刀，较之90°主偏角铣刀，其切削性能有一定改善。

60°~75°主偏角，适用于平面铣削的粗加工。由于径向切削力明显减小（特别是60°时），其抗振性有较大改善，切削平稳、轻快，在平面加工中应优先选用。75°主偏角铣刀为通用型刀具，适用范围较广；60°主偏角铣刀主要用于镗铣床、加工中心上的粗铣和半精铣加工。

45°主偏角，此类铣刀的径向切削力大幅度减小，约等于轴向切削力，切削载荷分布在较长的切削刃上，具有很好的抗振性，适用于镗铣床主轴悬伸较长的加工场合。用该类刀具加工平面时，刀片破损率低，耐用度高；在加工铸铁件时，工件边缘不易产生崩刃。

（2）前角 γ。

铣刀的前角可分解为径向前角 γ_f（图 4-1-27（a））和轴向前角 γ_p（图 4-1-27（b）），径向前角 γ_f 主要影响切削功率；轴向前角 γ_p 则影响切屑的形成和轴向力的方向，当 γ_p 为正值时切屑即飞离加工面。

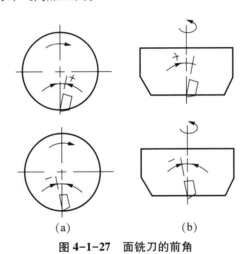

图 4-1-27 面铣刀的前角

（a）径向前角 γ_f；（b）轴向前角 γ_p。

径向前角 γ_f 和轴向前角 γ_p 正负的判别如图 4-1-27 所示。常用的前角组合形式如下：

①双负前角。双负前角的铣刀通常均采用方形（或长方形）无后角的刀片，刀具切削刃多（一般为 8 个），且强度高、抗冲击性好，适用于铸钢、铸铁的粗加工。由于切屑收缩比大，需要较大的切削力，因此要求机床具有较大功率和较高刚性。由于轴向前角为负值，切屑不能自动流出，当切削韧性材料时易出现积屑瘤和刀具振动。

凡能采用双负前角刀具加工时建议优先选用双负前角铣刀，以便充分利用和节省刀片。当采用双正前角铣刀产生崩刃（即冲击载荷大）时，在机床允许的条件下亦应优先选用双负前角铣刀。

②双正前角。双正前角铣刀采用带有后角的刀片，这种铣刀楔角小，具有锋利的切削刃。由于切屑收缩比小，所耗切削功率较小，切屑成螺旋状排出，不易形成积屑

瘤。这种铣刀最宜用于软材料和不锈钢、耐热钢等材料的切削加工。对于刚性差（如主轴悬伸较长的镗铣床）、功率小的机床和加工焊接结构件时，也应优先选用双正前角铣刀。

③正负前角（轴向正前角、径向负前角）这种铣刀综合了双正前角和双负前角铣刀的优点，轴向正前角有利于切屑的形成和排出；径向负前角可提高刀刃强度，改善抗冲击性能。此种铣刀切削平稳，排屑顺利，金属切除率高，适用于大余量铣削加工。WALTER 公司的切向布齿重切削铣刀 F2265 就是采用轴向正前角、径向负前角结构的铣刀。

4）铣刀的齿数（齿距）选择

铣刀齿数多，可提高生产效率，但受容屑空间、刀齿强度、机床功率及刚性等的限制，不同直径的铣刀的齿数均有相应规定。为满足不同用户的需要，同一直径的铣刀一般有粗齿、中齿、密齿三种类型。

（1）粗齿铣刀。适用于普通机床的大余量粗加工和软材料或切削宽度较大的铣削加工；当机床功率较小时，为使切削稳定，也常选用粗齿铣刀。

（2）中齿铣刀。通用系列，使用范围广泛，具有较高的金属切除率和切削稳定性。

（3）密齿铣刀。主要用于铸铁、铝合金和有色金属的大进给速度切削加工。在专业化生产（如流水线加工）中，为充分利用设备功率和满足生产节奏要求，也常选用密齿铣刀（此时多为专用非标铣刀）。

为防止工艺系统出现共振，使切削平稳，还有一种不等分齿距铣刀。如 WALTER 公司的 NOVEX 系列铣刀均采用了不等分齿距技术。在铸钢、铸铁件的大余量粗加工中建议优先选用不等分齿距的铣刀。

5）铣刀直径的选择

铣刀直径的选用视产品及生产批量的不同差异较大，刀具直径的选用主要取决于设备的规格和工件的加工尺寸。

（1）平面铣刀。

选择平面铣刀直径时主要需考虑刀具所需功率应在机床功率范围之内，也可将机床主轴直径作为选取的依据。平面铣刀直径可按 $D=1.5d$（d 为主轴直径）选取。在批量生产时，也可按工件切削宽度的 1.6 倍选择刀具直径。

（2）立铣刀。

立铣刀直径的选择主要应考虑工件加工尺寸的要求，并保证刀具所需功率在机床额定功率范围以内。如系小直径立铣刀，则应主要考虑机床的最高转数能否达到刀具的最低切削速度（60m/min）。

（3）槽铣刀。

槽铣刀的直径和宽度应根据加工工件尺寸选择，并保证其切削功率在机床允许的功率范围之内。

6）铣刀的最大背吃刀量

不同系列的可转位面铣刀有不同的最大背吃刀量。最大背吃刀量越大的刀具所用刀片的尺寸越大，价格也越高，因此从节约费用、降低成本的角度考虑，选择刀具时一般应按加工的最大余量和刀具的最大背吃刀量选择合适的规格。当然，还需要考虑机床的额定功率和刚性应能满足刀具使用最大背吃刀量时的需要。

7）刀片牌号的选择

合理选择刀片硬质合金牌号的主要依据是被加工材料的性能和硬质合金的性能。一般选用铣刀时，可按刀具制造厂提供加工的材料及加工条件来配备相应牌号的硬质合金刀片。

由于各厂生产的同类用途硬质合金的成份及性能各不相同，硬质合金牌号的表示方法也不同，为方便用户，国际标准化组织规定，切削加工用硬质合金按其排屑类型和被加工材料分为三大类：P 类、M 类和 K 类。根据被加工材料及适用的加工条件，每大类中又分为若干组，用两位阿拉伯数字表示，每类中数字越大，其耐磨性越低、韧性越高。

上述三类牌号的选择原则如表 4-1-1 所示。

表 4-1-1　P、M、K 类合金切削用量的选择

	P01	P05	P10	P15	P20	P25	P30	P40	P50
	M10	M20	M30	M40					
	K01	K10	K20	K30	K40				
进给量			→						
背吃刀量			→						
切削速度			←						

各厂生产的硬质合金虽然有各自编制的牌号，但都有对应国际标准的分类号，选用十分方便。

五、切削用量的选择

在数控机床上加工零件时，切削用量都预先编入程序中，在正常加工情况下，人工不予改变。只有在试加工或出现异常情况时，才通过速率调节旋钮或电手轮调整切削用量。因此程序中选用的切削用量应是最佳的、合理的切削用量。只有这样才能提高数控机床的加工精度、刀具寿命和生产率，降低加工成本。

影响切削用量的因素有：

（1）机床。切削用量的选择必须在机床主传动功率、进给传动功率以及主轴转速范围、进给速度范围之内。机床→刀具→工件系统的刚性是限制切削用量的重要因素。切削用量的选择应使机床→刀具→工件系统不发生较大的"振颤"。如果机床的热稳定性好，热变形小，可适当加大切削用量。

（2）刀具。刀具材料是影响切削用量的重要因素。表 4-1-2 是常用刀具材料的性能比较。

数控机床所用的刀具多采用可转位刀片（机夹刀片）并具有一定的寿命。机夹刀片的材料和形状尺寸必须与程序中的切削速度和进给量相适应并存入刀具参数中去。标准刀片的参数请参阅有关手册及产品样本。

表 4-1-2　常用刀具材料的性能比较

刀具材料	切削速度	耐磨性	硬度	硬度随温度变化
高速钢	最低	最差	最低	最大
硬质合金	低	差	低	大
陶瓷刀片	中	中	中	中
金刚石	高	好	高	小

（3）工件。不同的工件材料要采用与之适应的刀具材料、刀片类型，要注意到可切削性。可切削性良好的标志是，在高速切削下有效地形成切屑，同时具有较小的刀具磨损和较好的表面加工质量。较高的切削速度、较小的背吃刀量和进给量，可以获得较好的表面粗糙度。合理的恒切削速度、较小的背吃刀量和进给量可以得到较高的加工精度。

（4）冷却液。冷却液同时具有冷却和润滑作用。带走切削过程产生的切削热，降低工件、刀具、夹具和机床的温升，减少刀具与工件的摩擦和磨损，提高刀具寿命和工件表面加工质量。使用冷却液后，通常可以提高切削用量。冷却液必须定期更换，以防因其老化而腐蚀机床导轨或其他零件，特别是水溶性冷却液。

以上讲述了机床、刀具、工件、冷却液对切削用量的影响。下面主要论述铣削加工的切削用量选择原则。

铣削加工的切削用量包括：切削速度、进给速度、背吃刀量和侧吃刀量。从刀具耐用度出发，切削用量的选择方法是：先选择背吃刀量或侧吃刀量，其次选择进给速度，最后确定切削速度。

1. 背吃刀量 a_p 或侧吃刀量 a_e

背吃刀量 a_p 为平行于铣刀轴线测量的切削层尺寸，单位为 mm。端铣时，a_p 为切削层深度；而圆周铣削时，为被加工表面的宽度。侧吃刀量 a_e 为垂直于铣刀轴线测量的切削层尺寸，单位为 mm。端铣时，a_e 为被加工表面宽度；而圆周铣削时，a_e 为切削层深度，如图 4-1-28 所示。

背吃刀量或侧吃刀量的选取主要由加工余量和对表面质量的要求决定：

（1）当工件表面粗糙度值要求为 $Ra = 12.5 \sim 25\,\mu m$ 时，如果圆周铣削加工余量小于 5mm，端面铣削加工余量小于 6mm，粗铣一次进给就可以达到要求。但是在余量较大，工艺系统刚性较差或机床动力不足时，可分为两次进给完成。

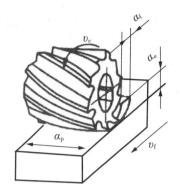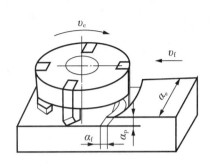

图 4-1-28　铣削加工的切削用量

（2）当工件表面粗糙度值要求为 $Ra = 3.2 \sim 12.5\mu m$ 时，应分为粗铣和半精铣两步进行。粗铣时背吃刀量或侧吃刀量选取同前。粗铣后留 0.5～1.0mm 余量，在半精铣时切除。

（3）当工件表面粗糙度值要求为 $Ra = 0.8 \sim 3.2\mu m$ 时，应分为粗铣、半精铣、精铣三步进行。半精铣时背吃刀量或侧吃刀量取 1.5～2mm；精铣时，圆周铣侧吃刀量取 0.3～0.5mm，面铣刀背吃刀量取 0.5～1mm。

2. 进给量 f 与进给速度 V_f 的选择

铣削加工的进给量 f（mm/r）是指刀具转一周，工件与刀具沿进给运动方向的相对位移量；进给速度 V_f（mm/min）是单位时间内工件与铣刀沿进给方向的相对位移量。进给速度与进给量的关系为 $V_f = nf$（n 为铣刀转速，单位 r/min）。进给量与进给速度是数控铣床加工切削用量中的重要参数，根据零件的表面粗糙度、加工精度要求、刀具及工件材料等因素，参考切削用量手册选取或通过选取每齿进给量 f_z，再根据公式 $f = Zf_z$（Z 为铣刀齿数）计算。

每齿进给量 f_z 的选取主要依据工件材料的力学性能、刀具材料、工件表面粗糙度等因素。工件材料强度和硬度越高，f_z 越小；反之则越大。硬质合金铣刀的每齿进给量高于同类高速钢铣刀。工件表面粗糙度要求越高，f_z 就越小。每齿进给量的确定可参考表 4-1-3 选取。工件刚性差或刀具强度低时，应取较小值。

表 4-1-3　铣刀每齿进给量参考值

工件材料	f_z（mm）			
	粗铣		精铣	
	高速钢铣刀	硬质合金铣刀	高速钢铣刀	硬质合金铣刀
钢	0.10～0.15	0.10～0.25	0.02～0.05	0.10～0.15
铸铁	0.12～0.20	0.15～0.30		

3. 切削速度 V_c

铣削的切削速度 V_c 与刀具的耐用度、每齿进给量、背吃刀量、侧吃刀量以及铣刀齿数成反比，而与铣刀直径成正比。其原因，是当 f_z、a_p、a_e 和 Z 增大时，刀刃负荷增加，而且同时工作的齿数也增多，使切削热增加，刀具磨损加快，从而限制了切削速度的提高。为提高刀具耐用度允许使用较低的切削速度。但是加大铣刀直径则可改善散热条件，可以提高切削速度。

铣削加工的切削速度 V_c 可参考表 4-1-4 选取，也可参考有关切削用量手册中的经验公式通过计算选取。

表 4-1-4 铣削加工的切削速度参考值

工件材料	硬度（HBS）	V_c(m/min)	
		高速钢铣刀	硬质合金铣刀
钢	<225	18~42	66~150
	225~325	12~36	54~120
	325~425	6~21	36~75
铸铁	<190	21~36	66~150
	190~260	9~18	45~90
	260~320	4.5~10	21~30

六、数控铣床的夹具

1. 对夹具的基本要求

实际上数控铣削加工时一般不要求很复杂的夹具，只要求有简单的定位、夹紧机构就可以了。其设计原理也与通用铣床夹具相同，结合数控铣削加工的特点，这里只提出几点基本要求：

（1）为保持零件安装方位与机床坐标系及程编坐标系方向的一致性，夹具应能保证在机床上实现定向安装，还要求能协调零件定位面与机床之间保持一定的坐标尺寸联系。

（2）为保持工件在本工序中所有需要完成的待加工面充分暴露在外，夹具要做得尽可能开敞，因此夹紧机构元件与加工面之间应保持一定的安全距离，同时要求夹紧机构元件能低则低，以防止夹具与铣床主轴套筒或刀套、刃具在加工过程中发生碰撞。

（3）夹具的刚性与稳定性要好。尽量不采用在加工过程中更换夹紧点的设计，当非要在加工过程中更换夹紧点不可时，要特别注意不能因更换夹紧点而破坏夹具或工件定位精度。

2. 常用夹具种类

数控铣削加工常用的夹具大致有下列几种：

（1）万能组合夹具。

适用于小批量生产或研制时的中、小型工件在数控铣床上进行铣加工。

（2）专用铣切夹具。

是特别为某一项或类似的几项工件设计制造的夹具，一般在批量生产或研制时非要不可时采用。

（3）多工位夹具。

可以同时装夹多个工件，可减少换刀次数，也便于一面加工，一面装卸工件，有利于缩短准备时间，提高生产率，较适宜于中批量生产。

（4）气动或液压夹具。

适用于生产批量较大，采用其他夹具又特别费工、费力的工件。能减轻工人劳动强度和提高生产率，但此类夹具结构较复杂，造价往往较高，而且制造周期较长。

（5）真空夹具。

适用于有较大定位平面或具有较大可密封面积的工件。有的数控铣床（如壁板铣床）自身带有通用真空平台，在安装工件时，对形状规则的矩形毛坯，可直接用特制的橡胶条（有一定尺寸要求的空心或实心圆形截面）嵌入夹具的密封槽内，再将毛坯放上，开动真空泵，就可以将毛坯夹紧。对形状不规则的毛坯，用橡胶条已不太适应，须在其周围抹上腻子（常用橡皮泥）密封，这样做不但很麻烦，而且占机时间长，效率低。为了克服这种困难，可以采用特制的过渡真空平台，将其叠加在通用真空平台上使用。

除上述几种夹具外，数控铣削加工中也经常采用虎钳、分度头和三爪夹盘等通用夹具。

3. 数控铣削夹具的选用原则

在选用夹具时，通常需要考虑产品的生产批量、生产效率、质量保证及经济性等，选用时可参照下列原则：

（1）在生产量小或研制时，应广泛采用万能组合夹具，只有在组合夹具无法解决工件装夹时才可放弃；

（2）小批或成批生产时，可考虑采用专用夹具，但应尽量简单；

（3）在生产批量较大时，可考虑采用多工位夹具和气动；液压夹具。

七、平面铣削的工艺知识

1. 平面铣削的加工方法

平面铣削的加工方法主要有周铣和端铣两种，如图4-1-29所示。

2. 平面铣削的刀具

1）立铣刀

立铣刀的圆周表面和端面上都有切削刃，圆周切削刃为主切削刃，主要用来铣削台阶面。一般 $\phi20mm\sim\phi40mm$ 的立铣刀铣削台阶面的质量较好。

2）面铣刀

面铣刀的圆周表面和端面上都有切削刃，端部切削刃为主切削刃，主要用来铣削大平面，以提高加工效率。

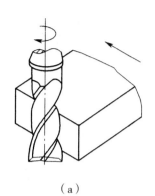
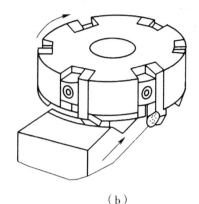

（a）   （b）

图 4-1-29　平面铣削的加工方法

（a）周铣；（b）端铣。

3. 平面铣削的切削参数

1）背吃刀量（端铣）或侧吃刀量（圆周铣）的选择

背吃刀量和侧吃刀量的选取主要由加工余量和对表面质量的要求决定：

（1）在要求工件表面粗糙度值 Ra 为 $12.5 \sim 25\mu m$ 时，如果圆周铣削的加工余量小于 5mm，端铣的加工余量小于 6mm，粗铣一次进给就可以达到要求。但余量较大、数控铣床刚性较差或功率较小时，可分两次进给完成。

（2）在要求工件表面粗糙度值 Ra 为 $3.2 \sim 12.5\mu m$ 时，可分粗铣和半精铣两步进行，粗铣的背吃刀量与侧吃刀量取同。粗铣后留 $0.5 \sim 1mm$ 的余量，在半精铣时完成。

（3）在要求工件表面粗糙度值 Ra 为 $0.8 \sim 3.2\mu m$ 时，可分为粗铣、半精铣和精铣三步进行。半精铣时背吃刀量与侧吃刀量取 $1.5 \sim 2mm$，精铣时，圆周侧吃刀量可取 $0.3 \sim 0.5mm$，端铣背吃刀量取 $0.5 \sim 1mm$。

2）进给速度 v_f 的选择

进给速度 v_f 与每齿进给量 f_z 有关。即

$$v_f = nZf_z$$

每齿进给量参考切削用量手册或表 4-1-5 选取。

表 4-1-5　每齿进给量参考切削用量

工件材料	每齿进给量 f_z（mm/z）			
	粗铣		精铣	
	高速钢铣刀	硬质合金铣刀	高速钢铣刀	硬质合金铣刀
钢	$0.1 \sim 0.15$	$0.10 \sim 0.25$	$0.02 \sim 0.05$	$0.10 \sim 0.15$
铸铁	$0.12 \sim 0.20$	$0.15 \sim 0.30$		

3）切削速度

表 4-1-6 为铣削速度 v_c 的推荐范围。

表 4-1-6　铣削速度 v_c 的推荐范围

工件材料	硬度 HBS	切削速度 v_c（m/min）	
		高速钢铣刀	硬质合金铣刀
钢	<225	18～42　　20	66～150　　80
	225～325	12～36	54～120
	325～425	6～21	36～75
铸铁	<190	21～36	66～150
	190～260	9～18	45～90
	260～320	4.5～10	21～30

实际编程中，切削速度确定后，还要计算出主轴转速，其计算公式为：

$$n = 1000v_c / (\pi D)$$

其中：v_c——切削线速度，m/min；

　　　　n——主轴转速，r/min；

　　　　D——刀具直径，mm。

计算的主轴转速最后要参考机床说明书查看机床最高转速是否能满足需要。

八、数控铣床编程基础

1. 数控系统的功能

一个完整的加工程序是由若干程序段组成，而每个程序段是由一个或若干个指令字组成。指令字代表某一信息单元，每个指令字又由字母、数字、符号组成。如：

```
O1234;                      程序编号
N1  G90G54G00X0Y0;          程序段
N2  S800M03;                程序段
N3  Z100.0;                 程序段
N4  Z5.0;                   程序段
N5  G01Z-10.0F100;          程序段
N6  G41X5.0Y5.0 D1 F200；    程序段
N7  Y15.0;                  程序段
N8  X25.0;                  程序段
N9  Y5.0;                   程序段
N10  X5.0;                  程序段
N11  G40X0Y0;               程序段
N12  G00Z100.0;             程序段
N13  M05;                   程序段
N14  M30                    程序结束
```

程序说明：

第一行 O1234 指的是程序的编号，用来区别不同程序。不同的机床厂家对使用的编号的位数和数值范围将不同，通常用 4 位数字表示，即"0001"～"9999"，但"8000"～"9999"已被生产厂家使用，不能作为编程号使用，故编程号为"0001"～"7999"，并在数字前必须给出标识符号"O"。

第二行是一些准备工作，告知数控机床程序编制的方式、工件所在位置、选用的坐标系等。N1 代表程序段号（简称顺序号），机床加工时并不起作用，是为了便于程序的编制和修改，可以跳跃使用，也可以省略。程序段号通常也用 4 位数字表示，即"0000"～"9999"，在数字前也必须给出标识符号"N"；符号"G"规定为准备功能（简称 G 代码），通俗讲，凡是与机床的运动位置有关的指令，都可以用 G 代码来表示，如 G00（快速抬刀）、G01（直线插补）等。

第三行指定数控机床主轴按顺时针旋转，转速为 800r/min。符号"S"代表主轴转速，单位为 r/min；符号"M"规定为辅助功能代码（简称 M 代码），通常起辅助作用的指令，如 M03（主轴顺时针旋转）、M04（主轴逆时针旋转）、M05（主轴停转）等。

第四行至第十三行给出刀具运动轨迹，F 代表刀具的进给速度分别为 100mm/min 和 200mm/min。X、Y、Z 代表刀具运动位置，单位一般为 mm 或脉冲；符号"D"为刀具半径偏置寄存器，数字表示表示刀具半径补偿号，在执行程序之前，需提前在相应刀具半径偏置寄存器中输入刀具半径补偿值。

第十四行指主轴停转。

最后一行，程序结束。

需要说明的是：不同数控系统（例如，FANUC（法那克）、SIEMENS（西门子）等）有不同的程序段格式，格式不符合数控系统规定要求，数控装置就会报警，程序就不能运行。

2. 准备功能

准备功能代码是用地址字 G 和后面的数字来表示的，它规定了该程序段指令的功能。如用 G00 来指令运动坐标快速定位。表 5-1-7 是 FANUC 0i-MA 系统的 G 代码指令。

在运作 G 代码进行编写程序时，要注意以下几个特点：

（1）G 代码有非模态 G 代码和模态 G 代码之分，非模态 G 代码只限于被指令的程序段中有效，模态 G 代码，在同组 G 代码出现之前，其 G 代码一直有效。

（2）00 组的 G 代码是非模态的 G 代码，只在被指令的程序段中有效。其他均为模态 G 代码。

（3）在同一程序段中可以指定不同组的几个 G 代码，若在同一程序段内指定同一组的 G 代码，则后一个 G 代码有效。

（4）在固定循环的程序段中，若指定 01 组的 G 代码，固定循环会自动被取消。01 组 G 代码，不受固定循环 G 代码的影响。

（5）当指令了 G 代码表中未列的 G 代码时，输出 P/S 报警 No.010。

表 4-1-7　FANUC 0i-MA 系统的 G 代码指令

G 代码	功能	组	G 代码	功能	组
G00	快速定位		G51.1	可编程镜象有效	22
G01	直线插补	01	G52	局部坐标系设定	00
G02	顺时针圆弧插补/螺旋线插补		G53	选择机床坐标系	
G03	逆时针圆弧插补/螺旋线插补		G54	选择工件坐标系 1	
G04	暂停，准确停止		G54.1	选择附加工件坐标系	
G05.1	超前读多个程序段		G55	选择工件坐标系 2	
G07.1	圆柱插补		G56	选择工件坐标系 3	
G08	预读控制	00	G57	选择工件坐标系 4	14
G09	准确停止		G58	选择工件坐标系 5	
G10	可编程数据输入		G59	选择工件坐标系 6	
G11	可编程数据输入方式取消		G60	单方向定位	
G15	极坐标指令消除	17	G61	准确停止方式	
G16	极坐标指令		G62	自动拐角倍率	00/01 15
G17	选择 XY 平面		G63	攻丝方式	
G18	选择 XZ 平面	02	G64	切削方式	
G19	选择 XY 平面		G65	宏程序调用	00
G20	英寸输入	06	G66	宏程序模态调用	12
G21	毫米输入		G67	宏程序模态调用取消	
G22	存储选种检测功能接通	04	G68	坐标旋转有效	16
G23	存储选种检测功能断开		G69	坐标旋转取消	
G27	返回参考点检测		G73	深孔钻循环	
G28	返回参考点		G74	左旋攻丝循环	
G29	从参考点返回	00	G76	精镗循环	
G30	返回第 2、3、4 参考点		G80	固定循环取消	
G31	跳转功能		G81	钻孔循环，锪镗循环	
G33	螺纹切削	01	G82	钻孔循环或反镗循环	
G37	自动刀具长度测量	00	G83	深孔钻循环	09
G39	拐角偏置圆弧插补		G84	攻丝循环	
G40	取消刀具半径补偿		G85	镗孔循环	
G41	刀具半径补偿，左侧	07	G86	镗孔循环	
G42	刀具半径补偿，右侧		G87	背镗循环	
G40.1	法线方向控制取消方式		G88	镗孔循环	
G41.1	法线方向控制左侧接通	18	G89	镗孔循环	
G42.1	法线方向控制右侧接通		G90	绝对值编程	03
G43	正向刀具长度补偿	08	G91	增量值编程	
G44	负向刀具长度补偿		G92	设定工件坐标系	00
G45	刀具位置偏置加		G92.1	工件坐标系预置	
G46	刀具位置偏置减	00	G94	每分进给	05
G47	刀具位置偏置加 2 倍		G95	每转进给	
G48	刀具位置偏置减 2 倍		G96	恒周速控制（切削速度）	13
G49	刀具长度补偿取消	08	G97	恒周速控制取消（切削速度）	

G 代码	功能	组	G 代码	功能	组
G50	比例缩放取消	11	G98	固定循环回到初始点	10
G51	比例缩放有效		G99	固定循环返回到 R 点	
G50.1	可编程镜像取消	22			

（6）根据参数 No.5431 #0（MDL）的设定 G60 的组别可以转换。当 MDL = 0 时，G60 为 00 组 G 代码，当 MDL = 1 时为 01 组 G 代码。

不同数控系统其 G 代码并非一致，即便相同型号的数控系统，G 代码也未必完全相同。编程时一定要根据机床说明书中所规定的代码进行编程。

3. 辅助功能

辅助功能有两种类型：辅助功能（M 代码）用于指定主轴起动，主轴停止及程序结束等；而第二辅助功能（B 代码）用于指定分度工作台定位。

当运动指令和辅助功能在同一程序段指定时，指令以下面的两种方法之一执行：

（1）移动指令和辅助功能指令同时执行。

（2）移动指令执行完成后，执行辅助功能指令。

两者顺序的选择取决于机床制造厂的设定详细情况，应以机床制造厂的说明书为准。通常在一个程序段中仅能指定一个 M 代码在某些情况下可以最多指定三个 M 代码。

（JB 3028—83）规定辅助功能（M 代码）从 M00～M99 共 100 种，其中有许多不指定功能含义的 M 代码，留待修订标准时规定其含义。永不指定的代码，即便修订标准时也不规定其含义，留待机床厂家自行规定。因此，M 功能代码常因机床生产厂家以及机床结构的差异和规格的不同而有所差别，因此编程人员必须熟悉具体机床的 M 代码。表4-1-8 是一台配有 FANUC 6M、0M 系统加工中心的辅助功能表。

表 4-1-8 数控机床的 M 功能表

序号	代码	功　能	序号	代码	功　能	
1	M00	程序停止	15	M19	主轴定向	
2	M01	选择停止	16	M60	交换工作台	
3	M02	程序结束	17	M70	镜像取消	
4	M03	主轴正转	18	M71	x 轴镜像	
5	M04	主轴反转	19	M72	y 轴镜像	
6	M05	主轴停止	20	M81	刀具松开	M81～M86 只用于 MDI 调试
7	M06	自动换刀	21	M82	刀库出	
8	M07	喷雾	22	M83	刀库进	
9	M08	切削液开	23	M84	刀具夹紧	
10	M09	切削液关	24	M85	工作台升起	
11	M10	z 轴锁紧	25	M86	工作台落下	

序号	代码	功　能	序号	代码	功　能
12	M11	z 轴松开	26	M98	调用子程序
13	M12	开整体防护罩门	27	M99	子程序结束并返回主程序
14	M13	关整体防护罩门			

常用 M 代码说明：

（1）指令 M00——程序暂停。

功能：M00 指令使正在运行的程序在本段停止运行，不执行下段。同时现场的模态信息全部被保存下来，相当于程序暂停。当按下控制面板上的循环启动键后，可继续执行下一程序段。

应用：该指令可应用于自动加工过程中，停车进行某些固定的手动操作，如手动变速、换刀等。

（2）指令 M01——程序选择停止。

功能：与 M00 相似。不同的是必须在控制面板上预先按下"选择停止"开关，当程序运行到 M01 时，程序即停止。若不按下"选择停止"开关，则 M01 不起作用，程序继续执行。

应用：该指令常用于关键尺寸的抽样检查或临时停车。

（3）指令 M02——程序结束。

功能：该指令表示加工程序全部结束。它使主轴、进给、切削液都停止，机床复位。

应用：该指令必须编在最后一个程序段中。

（4）指令 M03、M04、M05——主轴正传、反转、停。

功能：M03、M04 指令可分别使用主轴正、反转，它们与同段程序其他指令一起开始执行。M05 指令使主轴停转，是在该程序其他指令执行完成后才执行主轴停止。

（5）指令 M06——换刀。

功能：自动换刀。用于具有自动换刀装置的加工中心机床。

说明：通常 M06 是使机床执行换刀动作；T×× 指令是使机床选定所用刀具号，并不执行换刀动作。程序中 T×× 与 M06 都给定，才可执行正确换刀。

（6）指令 M30——程序结束并返回。

功能：该指令是执行完程序段的所有指令后，使主轴、进给停止，冷却液关闭，与M02 功能相似，不同之处是该指令使程序段执行顺序指针返回到程序开头位置，以便继续执行同一程序，为加工下一个工件做好准备。

4. 主轴功能

主轴功能也称主轴转速功能即 S 功能，它是用来指令机床主轴转速（切削速度）的功能。S 功能用地址 S 及其后的最多 5 位数字来表示，单位是 r/min。如指定机床转速为1500r/min 时，可以写成 S1500 即可。在编程时除用 S 代码指令主轴转速外，还要用 M 代码指令主轴旋转方向，如正转（M03）或反转（M04）。如：S1500 M03 表示主轴正转，转速为 1500r/min。S800 M04 表示主轴反转，转速为 800r/min。

对于有恒定表面速度控制功能的机床，还要用 G96 或 G97 指令配合 S 代码来指令主轴的速度，使之随刀具位置的变化来保持刀具与工件表面的相对速度不变。

5. 刀具功能

0i 系统有两种刀具功能：一是刀具选择功能，另一个是刀具寿命管理功能。

1）刀具选择功能。

刀具选择功能是在地址 T 后指定数值用以选择机床上的刀具。如 T15 表示指令第 15 号刀具。在一个程序段中只能指定一个 T 代码。当移动指令和 T 代码在同一程序段中指定时，指令的执行有两种方法：

（1）移动指令和 T 功能指令同时执行；

（2）移动指令执行完后执行 T 功能指令。

选择（1）和（2）的哪一种取决于机床制造厂的规范。

2）刀具寿命管理功能。

刀具被分成许多组，对每组指定刀具寿命（使用的时间和次数）。累计每组刀具使用的刀具寿命，在同组中以预定的顺序选择和使用下一把刀具的功能称为刀具寿命管理。

6. 进给功能

进给功能控制刀具的进给速度进给功能有两种：

（1）快速移动。

当指定定位指令（G00）时，刀具以 CNC（参数 No.1420）设置的快速移动速度移动。

（2）切削速度。

刀具以程序中编制的切削进给速度移动。

使用机床操作面板上的开关可以对快速移动速度或切削进给速度实施倍率调整。为防止机械振动，刀具在移动开始和结束时可自动实施加/减速。

切削进给一般可用两种方式指定：

① 每分进给 G94。在 F 之后指定每分钟的刀具进给量。如：G94 F120. 指进给速度为 120（mm/min 或 inch/min）。

② 每转进给（G95）。在 F 之后，指定主轴每转的刀具进给量。如：G95 F0.3 指进给速度为 0.3（mm/rev 或 inch/rev）。

7. 坐标系

数控机床的坐标系统，包括坐标系、坐标原点和运动方向，对于数控加工及编程，是一个十分重要的概念。每一个数控编程员和数控机床的操作者，都必须对数控机床的坐标系有一个完整、正确的理解，否则，程序编制将发生混乱，操作时更容易发生事故。为了使数控系统规范化（标准化、开放化）及简化数控编程，ISO 对数控机床的坐标系统做了若干规定。

机床的运动形式是多种多样的，为了描述刀具与零件的相对运动、简化编程，我国已根据 ISO 标准统一规定了数控机床坐标轴的代码及其运动方向。

1）坐标系建立的原则

（1）刀具相对于静止的零件而运动的原则。由于机床的结构不同，有的是刀具运动，零件固定；有的是刀具固定，零件运动等。为了编程方便，一律规定为零件固定，刀具运动。

（2）标准坐标系采用右手笛卡尔坐标系。大拇指的方向为 X 轴的正方向；食指为 Y 轴的正方向；中指为 Z 轴的正方向。这个坐标系的各个坐标轴与机床的主要导轨相平行。

2）坐标系的建立

数控机床的坐标系采用右手直角笛卡儿坐标系（图 4-1-30）。它规定直角坐标 X、Y、Z 三轴正方向用右手定则判定，围绕 X、Y、Z 各轴的回转运动及其正方向+A、+B、+C 用右螺旋法则判定。与+X、+Y、+Z、+A、+B、+C 相反的方向相应用带 "′" 的+X'、+Y'、+Z'、+A'、+B'、+C' 表示。图 4-1-31 为立式铣床的标准坐标系。

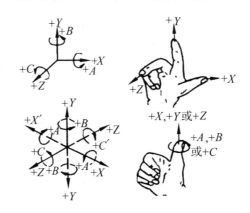

图 4-1-30　右手直角笛卡儿坐标系

直角坐标 X、Y、Z 又称为主坐标系或第一坐标系。如有第二组坐标和第三组坐标平行于 X、Y、Z，则分别指定为 U、V、W 和 P、Q、R。

不论机床的具体结构是工件静止刀具运动，还是工件运动、刀具静止，数控机床的坐标运动指的均是刀具相对于工件的运动。

Z 轴定义为平行于机床主轴的坐标轴，如果机床有一系列主轴，则选尽可能垂直于工件装夹面的主要轴为 Z 轴，其正方向定义为从工作台到刀具夹持的方向、即刀具远离工作台的运动方向。

X 轴为水平的、平行于工件装夹平面的坐标轴，它平行于主要的切削方向，且以此方向为正方向。Y 轴的正方向则根据 X 和 Z 轴按右手法则确定。

旋转坐标轴 A、B 和 C 的正方向相应地在 X、Y、Z 坐标轴正方向上，按右手螺纹前进的方向来确定。

3）几种常见的坐标系

数控机床坐标系是为了确定工件在机床中的位置、机床运动部件的特殊位置（如换刀一点、参考点等）以及运动范围（如行程范围）等而建立的几何坐标系。

（1）机床原点与机床坐标系。

现代数控机床一般都有一个基准位置，称为机床原点（Machine Origin 或 Home Position）或机床绝对原点（Machine Absolute Origin），是机床制造商设置在机床上的一个物理位置，其作用是使机床与控制系统同步，建立测量机床运动坐标的起始点。机床坐标系建立在机床原点之上，是机床上固有的坐标系。机床标系的原点位置是在各坐标轴的正向最大极限处，用 M 表示，如图 4-1-32 所示。

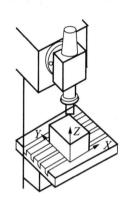

图 4-1-31   立式铣床坐标系

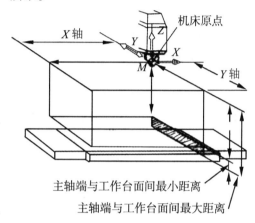

图 4-1-32   立式铣床机床原点

与机床原点相对应的还有一个机床参考点（Reference Point），用 R 表示，它是机床制造商在机床上用行程开关设置的一个物理位置，与机床原点的相对位置是固定的，机床出厂之前由机床制造商精密测量确定。机床参考点一般不同于机床原点。一般来说，加工中心的参考点为机床的自动换刀位置。

（2）程序原点与工件坐标系。

对于数控编程和数控加工来说，还有一个重要的原点就是程序原点（Program Origin），用 W 表示，是编程员在数控编程过程定义在工件上的几何基准点，有时也称为工件原点（Part Origin）。

编程时一般选择工件上的某一点作为程序原点，并以这个原点作为坐标系的原点，建立一个新的坐标系，称为工件坐标系（编程坐标系）。加工开始要设置工件坐标系，即确定刀具起点相对于工件坐标系原点的位置。可用 G92 指令建立工件坐标系，G92 指令通过设定刀具起点相对于工件坐标系原点的相对位置，建立该坐标系，如图 4-1-33 所示。程序如下：

N01 G92 X30.0 Y30.0 Z20.0;

…

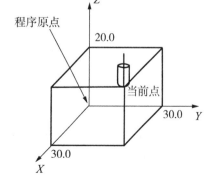

图 4-1-33   工件坐标系的建立

执行此段程序只是建立在工件坐标系中刀具起点相对于程序原点的位置，刀具并不产生运动。

九、常用编程指令介绍

1. 绝对坐标和相对坐标指令（G90 G91）

G90 G91 表示运动轴的移动方式。使用绝对坐标指令（G90）编程时，程序段中的尺寸数字为绝对坐标值，即刀具所有轨迹点的坐标值，均以程序原点为基准。相对坐标指令（G91）编程时，程序段中的尺寸数字为增量坐标值，即刀具当前点的坐标值，是以前一点坐标为基准而得。

使用格式为：

$$\begin{Bmatrix} G90 \\ G91 \end{Bmatrix} X\_\ Y\_\ Z\_\ ;$$

【例 4-1】如图 4-1-34 所示，表示刀具从 A 点移动到 B 点，用以上两种方式编程分别如下：

```
G90  X10.0 Y40.0;
G91  X-30.0 Y30.0;
```

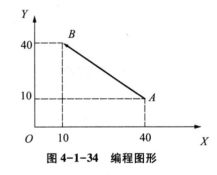

图 4-1-34　编程图形

在选用编程方式时，应根据具体情况加以选用，同样的路径选用不同的方式其编制的程序有很大区别。一般绝对坐标适合在所有目标点相对程序原点的位置都十分正确的情况下使用，反之，采用相对坐标编程。

需要注意的是：在编制程序时，在程序数控指令开始的时候，必须指明编程方式，缺省为 G90。

2. 工作坐标系的选取指令（G54~G59）

一般数控机床可以预先设置 6 个（G54~G59）工作坐标系，这些工作坐标系储器在机床的存储器内，都以机械原点为参考点，分别以各自坐标轴与机械原点的偏移量来表示，如图 4-1-35 所示。在程序中可以选用工作坐标系中的其中一个或多个。

注意：这是一组模态指令，没有缺省方式。若程序中没有给出工作坐标系，则数控系统默认缺省程序原点为机械原点。

3. 快速定位（G00 或 G0）

刀具以系统预先设定的速度以点位控制方式从当前所在位置快速移动到指令给出的目标位置。只能用于快速定位，不能用于切削加工，进给速度 F 对 G00 指令无效。该指令常使用在程序开头和结束处，刀具远离工件时，快速接近工件，程序结束时，刀具快速离开工件。

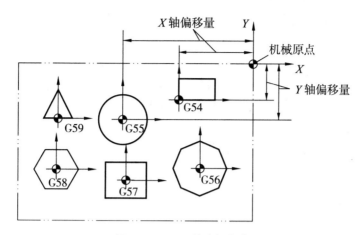

图 4-1-35 工件坐标指令

使用格式为：

    G00 X＿ Y＿ Z＿;

例如：G90G00X0Y0Z100.0；／＊使刀具以绝对编程方式快速定位到（0，0，100）的位置

由于刀具的快速定位运动，一般不直接使用 G90G00X0Y0Z100.0 的方式，避免刀具在安全高度以下首先在 *XY* 平面内快速运动而与工件或夹具发生碰撞。

一般用法：

G90G00Z100.0；   ／＊刀具首先快速移到 Z＝100.0mm 高度的位置

X0.Y0.；   ／＊刀具接着快速定位到工件原点的上方

G00 指令一般在需要将主轴和刀具快速移动时使用，可以同时控制 1~3 轴，即可在 *X* 或 *Y* 轴方向移动，也可以在空间作三轴联动快速移动。而刀具的移动速度又数控系统内部参数设定，在数控机床出厂前已设置完毕，一般在 5000~10000mm/min。

4. 直线插补指令（G01 或 G1）

刀具作两点间的直线运动加工时使用该指令，G01 表示刀具从当前位置开始以给定的切削速度 F，沿直线移动指令给出的目标位置。

使用格式：

G01 X＿ Y＿ Z＿ F＿;

【例 4-2】如图 4-1-36 所示。

G01   X10.0Y50.0F100；   ／＊刀具在（50，10）位置以 100mm/min 的进给速度
                                     沿直线运动到（10，50）的位置

编程实例一般用法：G01、F 指令均为模态指令，有继承性，即如果上一段程序为 G01，则本程序可以省略不写。X、Y、Z 为终点坐标值也同样具有继承性，即如果本程序段的 X（或 Y 或 Z）的坐标值与上一程序段的 X（或 Y 或 Z）坐标值相同，则本程序段可以不写 X（或 Y 或 Z）坐标。F 为进给速度，单位为 mm/min，同样具有继

承性。

注意：

（1）G01与坐标平面的选择无关；

（2）在切削加工时，一般要求进给速度恒定，因此，在一个稳定的切削加工过程中，往往只在程序开头的某个插补（直线插补或圆弧插补）程序段写出F值。

【例4-3】如图4-1-37所示，路径要求用G01，坐标系原点O是程序起始点，要求刀具由O点快速移动到A点，然后沿AB、BC、CD、DA实现直线切削，再由A点快速返回程序起始点O，其程序如下：

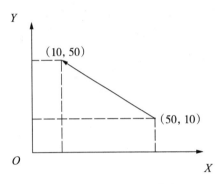

图4-1-36 直线插补命令

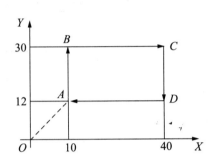

图4-1-37 G01编程图例

按绝对值编程方式：

O4001；	程序名
N10 G92 X0 Y0；	坐标系设定
N20 G90 G00 X10. Y12. M03 S600；	快速移至A点，主轴正转，转速600r/min
N30 G01 Y30. F100；	直线进给A→B，进给速度100mm/min
N40 X40.；	直线进给B→C，进给速度不变
N50 Y12.；	直线进给C→D，进给速度不变
N60 X10.；	直线进给D→A，进给速度不变
N70 G00 X0. Y0；	返回原点O
N80 M05；	主轴停止
N90 M30；	程序结束

【例4-4】已知待加工工件轮廓如图4-1-38所示，加工路径为A→B→C→D→E→F→G→H→A，要求铣削深度为10mm，采用绝对坐标编程，其程序为：

绝对坐标编程：

O0001；

G90G17G54G00Z100.0S1000M03；

X0.Y0.；

X40.0Y40.0；

```
Z5.0;
G01Z-10.0F100;
Y60.0F120;
X30.0;
X40.0Y90.0;
X80.0;
X90.0Y60.0;
X80.0;
Y40.0;
X40.0;
G00Z100.;
X0.Y0.;
M05;
M30;
```

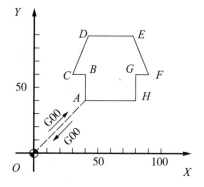

图 4-1-38　编程图形实例

任务实施

1. 零件图的分析

该零件包含了平面、台阶面的加工，尺寸精度约为 IT10，表面粗糙度全部为 $Ra3.2\mu m$，没有形位公差项目的要求，整体加工要求不高。

2. 工艺分析

1）加工方案的确定

根据图样加工要求，上表面的加工方案采用端铣刀粗铣→精铣完成，台阶面用立铣刀粗铣→精铣完成。

2）确定装夹方案

加工上表面、台阶面时，可选用平口虎钳装夹，工件上表面高出钳口 10mm 左右。

3）确定加工工艺

加工工艺如表 4-1-9 所示。

表 4-1-9　数控加工工序卡片

数控加工工艺卡片			产品名称	零件名称	材　料	零件图号
					45#钢	
工序号	程序编号	夹具名称	夹具编号	使用设备		车　　间
		虎钳				

续表

工步号	工步内容	刀具号	主轴转速（r/min）	进给速度（mm/min）	背吃刀量（mm）	侧吃刀量（mm）	备注
1	粗铣上表面	T01	250	300	1.5	80	
2	精铣上表面	T01	400	160	0.5	80	
3	粗铣台阶面	T02	350	100	4.5	9.5	
4	精铣台阶面	T02	450	80	0.5	0.5	

4）进给路线的确定

铣上表面的走刀路线如图 4-1-39 所示，台阶面略。

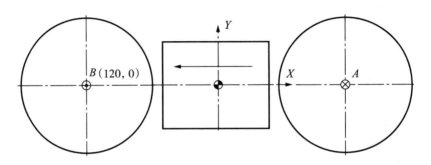

图 4-1-39 铣削上表面时的刀具进给路线

5）刀具及切削参数的确定

刀具及切削参数如表 4-1-10 所示。

表 4-1-10 数控加工刀具卡

数控加工刀具卡片		工序号	程序编号	产品名称		零件名称	材　料	零件图号
							45#钢	
序号	刀具号	刀具名称	刀具规格（mm）		补偿值（mm）		刀补号		备注
			直径	长度	半径	长度	半径	长度	
1	T01	端铣刀（8 齿）	φ125	实测					硬质合金
2	T02	立铣刀（3 齿）	φ20	实测					高速钢

3. 参考程序

1）上表面加工

上表面加工使用面铣刀，其参考程序如表 4-1-11 所示。

表 4-1-11 上表面加工程序

程 序	说 明
O4002	程序名
N10 G90 G54 G00 X120. Y0	建立工件坐标系，快速进给至下刀位置
N20 M03 S250;	启动主轴，主轴转速 250r/min
N30 Z50. M08;	主轴到达安全高度，同时打开冷却液
N40 G00 Z5.;	接近工件
N50 G01 Z0.5 F100;	下到 Z0.5 面
N60 X-120. F300;	粗加工上表面
N70 Z0. S400;	下到 Z0 面，主轴转速 400r/min
N80 X120. F160;	精加工上表面
N90 G00 Z50. M09;	Z 向抬刀至安全高度，并关闭冷却液
N100 M05;	主轴停
N110 M30;	程序结束

2) 台阶面加工

台阶面加工使用立铣刀，其参考程序如表 4-1-12 所示。

表 4-1-12 台阶面加工程序

程 序	说 明
O4003;	程序名
N10 G90 G54 G00 X-50.5 Y-60.;	建立工件坐标系，快速进给至下刀位置
N20 M03 S350;	启动主轴
N30 Z50. M08;	主轴到达安全高度，同时打开冷却液
N40 G00 Z5.;	接近工件
N50 G01 Z-4.5. F100;	下刀，Z-4.5
N60 Y60.;	粗铣左侧台阶
N70 G00 X50.5.;	快进至右侧台阶起刀位置
N80 G01 Y-60.;	粗铣右侧台阶
N90Z-5. S450;	下刀 Z-5
N100X50.;	走至右侧台阶起刀位置
N110Y60. F80;	精铣右侧台阶
N120 G00.X-50.;	快进至左侧台阶起刀位置
N130 G01.Y-60.;	精铣左侧台阶
N140G00 Z50. M05 M09.;	抬刀，并关闭冷却液
N150 M05;	主轴停
N160 M30;	程序结束

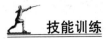 **技能训练**

加工如图 4-1-40 所示零件，零件的上表面及台阶面（单件生产）。毛坯为 40mm× 40mm×23mm 的长方块（其余表面已加工），材料为 45# 钢。

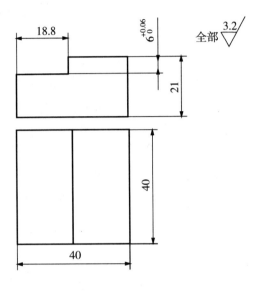

18.8 $6_0^{+0.06}$ 全部 $\sqrt{\dfrac{3.2}{}}$

21

40

40

图 4-1-40 多平面零件铣削

任务评价

完成任务后，请填写下表。

班级：_____   姓名：_____   日期：_____

任务 1 平面类零件铣削的编程与加工					
序号	评分项目	分值	自我评分	小组评分	教师评分
1	程序编制	40			
2	零件加工	40			
3	安全生产、规范操作	20			
	总分	100			
你的最大收获：					

续表

你遇到的困难和解决的方法:
今后还需要更加努力的方面:
教师评语:

任务 2　外轮廓零件的铣削编程与加工

 **任务描述**

加工如图 4-2-1 所示零件的外轮廓加工程序。已知毛坯尺寸 120×80×20，材料为 45#钢，单件生产。

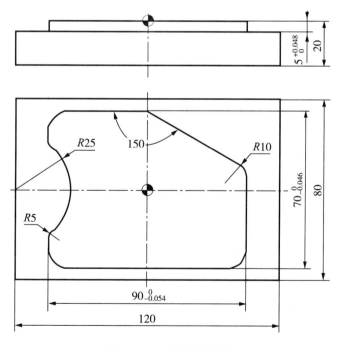

图 4-2-1　外轮廓零件图

任务分析

（1）该零件轮廓由直线和圆弧组成，尺寸精度约为 IT11，表面粗糙度全部为 Ra3.2μm，没有形位公差项目的要求，整体加工要求不高。

（2）该零件为单件生产，且零件外型为长方体，可选用平口虎钳装夹。工件上表面高出钳口 8mm 左右。

（3）在图中除已标注各点外，其他各点必须通过计算或利用 CAD 软件的标注、捕捉功能得到。

相关知识

G17/G18/G19/G02/G03/G40/G41/G42/G43/G44 指令用法

一、编程指令

1. 平面选择指令 G17、G18、G19

平面选择 G17、G18、G19 指令分别用来指定程序段中刀具的圆弧插补平面和刀具补偿平面。如图 4-2-2 所示，G17：选择 XY 平面；G18：选择 ZX 平面；G19：选择 YZ 平面。

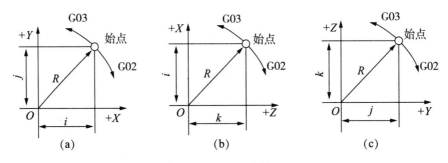

图 4-2-2 平面选择

（a）XY 平面 G17；（b）XZ 平面 G18；（c）YZ 平面 G19。

2. 圆弧插补指令（G02、G03 或 G2、G3）

刀具在各坐标平面以一定的进给速度进行圆弧插补运动，从当前位置（圆弧的起点），沿圆弧移动到指令给出的目标位置，切削出圆弧轮廓。G02 为顺时针圆弧插补指令，G03 为逆时针插补指令。刀具在进行圆弧插补时必须规定所在平面（即 G17～G19），再确定回转方向，如图 4-2-3 所示，沿圆弧所在平面（如 XY 平面）的另一坐标轴的负方向（-Z）看去，顺时针方向为 G02 指令，逆时针方向为 G03 指令。

一般用法：G02 和 G03 为模态指令，有继承性，继承方法与 G01 相同。

注意：G02 和 G03 与坐标平面的选择有关。

使用格式：

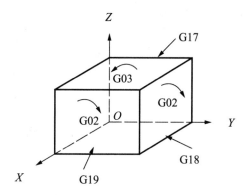

图 4-2-3　圆弧顺逆方向

$$
G17\begin{Bmatrix} G02 \\ G03 \end{Bmatrix} X \underline{\quad} Y \underline{\quad} \begin{Bmatrix} R \underline{\quad} \\ I \underline{\quad} J \underline{\quad} \end{Bmatrix} F \underline{\quad} ;
$$

$$
G18\begin{Bmatrix} G02 \\ G03 \end{Bmatrix} X \underline{\quad} Z \underline{\quad} \begin{Bmatrix} R \underline{\quad} \\ I \underline{\quad} K \underline{\quad} \end{Bmatrix} F \underline{\quad} ;
$$

$$
G19\begin{Bmatrix} G02 \\ G03 \end{Bmatrix} Y \underline{\quad} Z \underline{\quad} \begin{Bmatrix} R \underline{\quad} \\ I \underline{\quad} K \underline{\quad} \end{Bmatrix} F \underline{\quad} ;
$$

其中：X、Y、Z——圆弧终点坐标，可以用绝对方式编程，也可以用相对坐标编程，由 G90 或 G91 指，使用 G91 指令时是圆弧终点相对于起点的坐标；

　　　　R——圆弧半径；

　　I、J、K——圆弧的起点到圆心的 X、Y、Z 轴方向的增矢量，如图 4-2-4 所示。

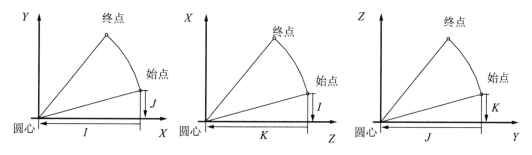

图 4-2-4　坐标示意图

使用 G02 或 G03 指令两种格式的区别：（1）当圆弧角小于等于 180°时，圆弧半径 R 为正值，反之，R 为负值；（2）以圆弧始点到圆心坐标的增矢量（I、J、K）来表示，适合任何的圆弧角使用，得到的圆弧是唯一的；（3）切削整圆时，为了编程方便采用（I、J、K、）格式编程，不使用圆弧半径 R 格式。

【例 4-5】如图 4-2-5 所示，A 点为始点，B 点为终点，数控程序如下：

```
O0001;
G90 G54 G02 I50.0 J0.F100;
```

```
G03 X-50.0 Y40.0 I-50.0 J0;
X-25.0 Y25.0 I0.J-25.0;
M30;
```
或:
```
O0001;
G90 G54 G02 I50.0 J0 F100;
G03 X-50.0 Y40.0 R50.0;
X-25.0 Y25.0 R-50.0;
M30;
```

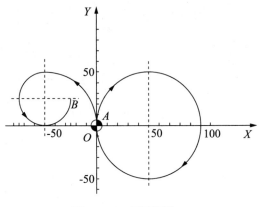

图 4-2-5　圆弧插补

【例4-6】图4-2-6为半径等于50的球面，其球心位于坐标原点 O，刀心轨迹为 $A \to B \to C \to A$，程序为:
```
O0002;
G90G54 G17 G03X0.Y50.0 I-50.0 J0.F100;
G19 G91 G03 Y-50.0 Z50.0 J-50.0 K0.;
G18 G03 X50.0 Z-50.0 I0.K-50.0;
M30;
```

3. 刀具半径补偿指令（G40、G41、G42）

1）刀具半径补偿定义

在编制轮廓切削加工程序的场合，一般以工件的轮廓尺寸作为刀具轨迹进行编程，而实际的刀具运动轨迹则与工件轮廓有一偏移量（即刀具半径），如图4-2-7所示。数控系统的这种编程功能称为刀具半径补偿功能。

通过运用刀具补偿功能来编程，可以实现简化编程的目的。可以利用同一加工程序，只需对刀具半径补偿量作相应的设置就可以进行零件的粗加工、半精加工及精加工。

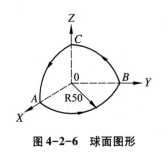

图 4-2-6　球面图形

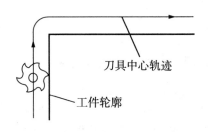

4-2-7　刀具半径补偿功能

2）刀具半径补偿的目的

在铣床上进行轮廓加工时，因为铣刀刀具有一定的半径，所以刀具中心（刀心）

轨迹和工件轮廓不重合。若数控装置不具备刀具半径自动补偿功能，则只能按刀心轨迹进行编程（图 4-2-8（a）中点划线），其数值计算有时相当复杂，尤其当刀具磨损、重磨、换新刀等导致刀具直径变化时，必须重新计算刀心轨迹，修改程序，这样既繁琐，又不易保证加工精度。当数控系统具备刀具半径补偿功能时，编程只需按工件轮廓线进行（图 4-2-8（b）中粗实线），数控系统会自动计算刀心轨迹坐标，使刀具偏离工件轮廓一个半径值，即进行半径补偿。

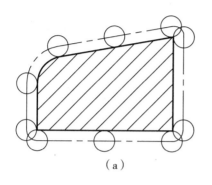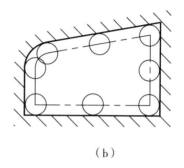

（a）　　　　　　　　　　　　　（b）

图 4-2-8　刀具半径补偿

（a）点划线；（b）粗实线。

3）刀具半径补偿的方法

刀具半径补偿就是将刀具中心轨迹过程交由数控系统执行，编程时假设刀具的半径为零，直接根据零件的轮廓形状进行编程，而实际的刀具半径则存放在一个可编程刀具半径偏置寄存器中，在加工工程中，数控系统根据零件程序和刀具半径自动计算出刀具中心轨迹，完成对零件的加工。当刀具半径发生变化时，不需要修改零件程序，只需修改存放在刀具半径偏置寄存器中的半径值或选用另一个刀具半径偏置寄存器中的刀具半径所对应的刀具即可。

G41 指令为刀具半径左补偿（左刀补），G42 指令为刀具半径右补偿（右刀补），G40 指令为取消刀具半径补偿。这是一组模态指令，缺省为 G40。

使用格式：

$$\left.\begin{matrix} G17 \\ G18 \\ G19 \end{matrix}\right\} \left\{\begin{matrix} G41 \\ G42 \\ G40 \end{matrix}\right. \begin{matrix} X\_\_ \ Y\_\_; \\ X\_\_ \ Z\_\_; \\ Y\_\_ \ Z\_\_; \end{matrix}$$

说明：（1）刀具半径补偿 G41、G42 判别方法是：如图 4-2-9（a）所示，处在补偿平面外另一根轴的正方向，沿刀具的移动方向看，当刀具处在切削轮廓左侧时，称为刀具半径左补偿；当刀具处在切削轮廓的右侧时，称为刀具半径右补偿，如图 4-2-9（b）所示。

（2）使用刀具半径补偿时必须选择工作平面（G17、G18、G19），如选用工作平面 G17 指令，当执行 G17 指令后，刀具半径补偿仅影响 X、Y 轴移动，而对 Z 轴没有作用。

（3）当主轴顺时针旋转时，使用 G41 指令铣削方式为顺铣，反之，使用 G42 指

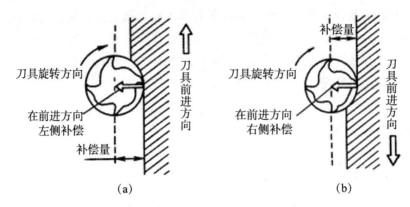

图 4-2-9 刀具半径补偿偏置方向的判别

（a）左补偿；（b）右补偿。

令铣削方式为逆铣。而在数控机床为里提高加工表面质量，经常采用顺铣，即 G41 指令。

（4）建立和取消刀补时，必须与 G01 或 G00 指令组合完成，配合 G02 或 G03 指令使用，机床会报警，在实际编程时建议使用与 G01 指令组合。建立和取消刀补过程如图 4-2-10 所示，使刀具从无刀具半径补偿状态 O 点，配合 G01 指令运动到补偿开始点 A，刀具半径补偿建立。工件轮廓加工完成后，还要取消刀补的过程，即从刀补结束点 B，配合 G01 指令运动到无刀补状态 O 点。

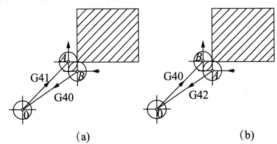

图 4-2-10 刀具半径补偿的建立和取消过程

4）刀具半径补偿过程中的刀心轨迹

（1）外轮廓加工 如图 4-2-11 所示，刀具左补偿加工外轮廓。编程轨迹为 $A \to B \to C$，数控系统自动计算刀心轨迹，两轮廓交接处的刀心轨迹常见的有两种。图 4-2-11（a）为延长线过度，刀心轨迹为 $1 \to 2 \to 3 \to 4 \to 5$；图 4-2-11（b）为圆弧过度，刀心轨迹为 $1 \to 2 \to 3 \to 4$。

（2）内轮廓加工 如图 4-2-12 所示，刀具右补偿加工内轮廓。编程轨迹为 $A \to B \to C$，刀心轨迹有两种，图 4-2-12（a）按理论刀心轨迹移动 $1 \to 2 \to 3 \to 4$，会产生过切现象，损坏工件；图 4-2-11（b）为计算机进行刀具半径补偿处理后的刀心轨迹 $1 \to 2 \to 3$，无过切现象。

【例 4-7】加工如图 4-2-13 所示外轮廓，用刀具半径补偿指令编程。

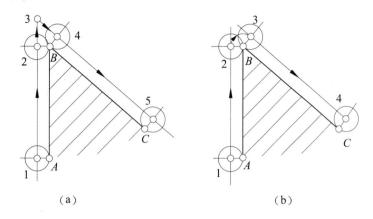

图 4-2-11　外轮廓加工的刀心轨迹

（a）延长线过渡；（b）圆弧过渡。

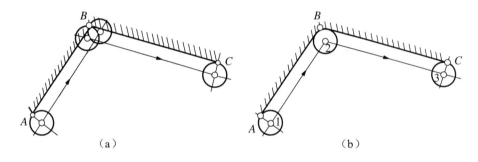

图 4-2-12　内轮廓的刀心轨迹

（a）理论轨迹；（b）刀具半径补偿后的轨迹。

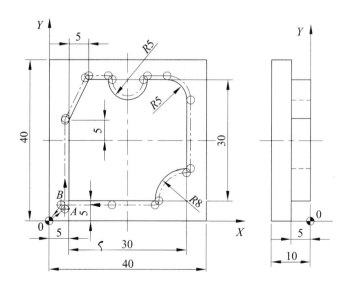

图 4-2-13　刀具半径补偿加工外轮廓

外轮廓采用刀具半径左补偿，为了提高表面质量，保证零件曲面的平滑过渡，刀具沿零件轮廓延长线切入与切出。$O{\rightarrow}A$ 为刀具半径左补偿建立段，A 点为沿轮廓延长线切入点，$B{\rightarrow}O$ 为刀具半径补偿取消段，B 点为沿轮廓延长线切出点。数控程序如下：

```
O0001;
G90G54G00Z100.0S800M03;
X0Y0;
Z5.0;
G01Z-5.0F100;
G41X5.0Y3.0F120D31;
Y25.0;
X10.0Y35.0;
X15.0;
G03X25.0R5.0;
G01X30.0;
G02X35.0Y30.0R5.0;
G01Y13.0;
G03X27.0Y5.0R8.0;
G01X3.0;
G40X0Y0;
G00Z100.0;
M05;
M30;
```

说明：（1）D 代码必须配合 G41 或 G42 指令使用，D 代码应与 G41 或 G42 指令在同一程序段给出，或者可以在 G41 或 G42 指令之前给出，但不得在 G41 或 G42 指令之后。

（2）D 代码是刀具半径补偿号，其具体数值在加工或试运行之前以设定在刀具半径补偿存储器中。

（3）D 代码是模态代码，具有继承性。

【例 4-8】加工如图 4-2-14 所示零件凹槽的内轮廓，采用刀具半径补偿指令进行编程。

内轮廓加工采用刀具半径右刀补偿，为了提高表面质量，刀具沿一过渡圆弧切入与切出，保证零件曲面的平滑过渡。$O{\rightarrow}A$ 为刀具半径右补偿建立段，$A{\rightarrow}P$ 为沿圆弧切线切入段，$P{\rightarrow}B$ 为沿圆弧切线切出，P 点为切入与切出点，$B{\rightarrow}O$ 为刀具半径补偿取消段。数控程序如下：

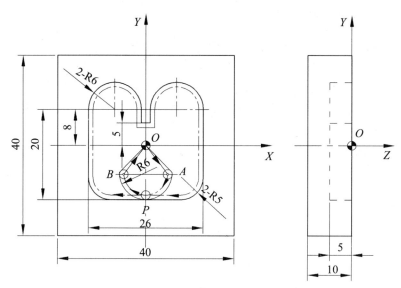

图 4-2-14　刀具半径补偿加工内轮廓

```
O0002;
G90G54G00Z100.0S800M03;
X0Y0;
Z5.0;
G01Z-5.0F100;
G42X6.0Y-6.0F120D31;
G03X0Y-12.0R6.0;
G01X-8.0;
G03X-13.0Y-8.0R5.0;
G01Y8.0;
G03X-1.0R6.0;
G01Y5.0;
X1.0;
Y8.0;
G03X13.0R6.0;
G01Y-8.0;
G03X8.0Y-12.0R5.0;
G01X0;
G03X-6.0Y-6.0R6.0;
G01G40X0Y0;
G00Z100.0;
M05;
```

M30;

5）刀具半径补偿功能的应用

（1）直接按零件轮廓尺寸进行编程，避免计算刀心轨迹坐标，简化数控程序的编制。

（2）刀具因磨损、重磨、换新刀而引直径变化后，不必修改程序，只需在刀具半径补偿参数设置中输入变化后的刀具半径。如图 4-2-15 所示，1 为未磨损刀具半径为 r_1，2 为磨损后刀具半径为 r_2，刀具磨损量为 $\Delta = r_1 - r_2$，即刀具实际加工轮廓与理论轮廓相差 Δ 值。在实际加工中，只需将刀具半径补偿参数设置表中的刀具半径 r_2 改为 $r_2 - \Delta$ 值，即可适用同一加工程序。

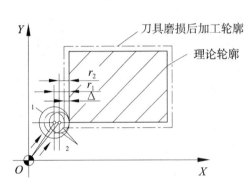

图 4-2-15　刀具直径变化，加工程序不变	图 4-2-16　利用刀具半径半径补偿进行粗精加工
1—未磨损刀具；2—磨损后刀具。	1—粗加工刀心位置；2—精加工刀心位置。

（3）利用刀具半径补偿实现同一程序、同一刀具进行粗、精加工及尺寸精度控制。粗加工刀具半径补偿=刀具半径补+精加工余量，精加工刀具半径补偿=刀具半径+修正量。如图 4-2-16 所示，刀具半径 r，精加工余量为 $\triangle$；粗加工时，输入刀具半径补偿值为 $D = r + \triangle$，则加工轨迹为中心线轮廓；精加工时，若测得粗加工时工件尺寸为 L，而理论尺寸应为 L_2，故尺寸变化量为 $\Delta = L - L_2$，则将粗加工时的刀具半径补偿值 $D = r + \Delta$，改为 $D = R - \Delta_1 / 2$，即可保证轮廓 L_1 的尺寸精度。图中 P_1 为粗加工时的刀心位置，P_2 为修改刀补值后的刀心位置。

6）使用刀具半径补偿常见的过切现象

（1）在指定平面 G54~G59（如 XY 平面）内的半径补偿，若有另一坐标轴（Z 轴）移动。如图 4-2-17 所示，刀具起始点 O 点，高度为 100mm 处，加工轮廓深度为 10mm，刀具半径补偿在起始点处开始，若接近工件及切削工件时有 Z 轴移动，将会出现过切现象，以下为过切程序实例：

```
O0003;
N1 G90G54G17G00Z100.0S1000M03;
N2 X0.Y0.;
N3 G41X40.0Y20.0D31;
N4 Z5.0;
```

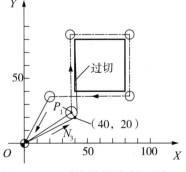

图 4-2-17　半径补偿的过切现象

N5 G01Z-10.0F100;　　（连续两句 Z 轴移动）

N6 Y80.0;

N7 X80.0;

N8 Y40.0;

N9 X20.0;

N10 G00 Z100.0;

N11 G40 X0 Y0;

N12 M05;

N13 M30;

说明：

（1）在补偿模式下，机床只能预读两句以确定目的位置，程序中 N4、N5 都为连续两句 Z 轴移动，没有 XY 轴移动，机床没法判断下一步补偿的矢量方向，这时机床不会报警，补偿照常进行，只是 N3 目的点发生变化。刀具中心将会运动到 P_1 点，其位置是 N3 目的点与原点连线垂直方向左偏置 D31 值，于是发生过切现象。措施：只需把 N3 程序段放置在 N5 程序段之后，就能避免过切现象。

（2）加工半径小于刀具半径补偿的内圆弧：当程序给定的内圆弧半径小于刀具半径补偿时，向圆弧圆心方向的半径补偿将会导致过切，这时机床报警并停止在将要过切语句的起始点上，如图 4-2-18（a）所示，所以只有"过度内圆角 R≥刀具半径+加工余量（或修正量）"情况下才可正常切削。

（3）被铣削槽底宽小于刀具直径。如果刀具半径补偿使刀具中心向编程路径反方向运动，将会导致过切。在这种情况下，机床会报警并停留在该程序段的起始点，图 4-2-18（b）所示。

（4）无移动类指令。在补偿模式下使用无坐标轴移动类指令有可能导致两个或两个以上语句没有坐标移动，出现过切现象。

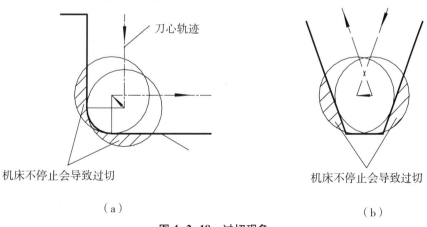

机床不停止会导致过切　　　　　　　　　机床不停止会导致过切

（a）　　　　　　　　　　　　　　　　　　（b）

图 4-2-18　过切现象

【例 4-9】加工如图 4-2-19 所示平面简单凸轮零件，毛坯尺寸 80×80×15，粗加工后留 0.5mm 余量精加工，刀具直 16mm。零点设在对称中心，夹具用台虎钳，材料为铝块。

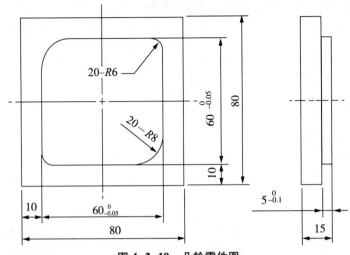

图 4-2-19 凸轮零件图

参考程序：

程序	说明
O0001;	
N00 T1D1 G54;	D1 中设定刀具半径为 8.5mm
N05 M3S700;	主轴正转 700r/min
N10 G90G00X-50.Y-50.;	移动到起刀点
N15 Z5.;	
N20 G01Z-5.05F160;	进刀
N25 G42G1X-30.Y-30.;	N25~N70 句为粗加工程序,建立刀补,右补
N30 G01X22.Y-30.;	编程零件轮廓
N35 G03X30.Y-22.R8.;	
N40 G01X30.Y24;	
N45 G3X24.Y30.R6.;	
N50 G01X-22.Y30.;	
N55 G03X-30.Y22.R8.;	
N60 G01X-30.Y-24.;	
N65 G03X-24.Y-30 R6.;	
N70 G40G1X-20.Y-50.;	取消刀补
N75 G00X-50.Y-50.;	
N80 G42G1X-30.Y-30.D02;	N80~N135 句为精加工程序,建立刀补,右补
N85 G01X22.Y-30.;	D02 中设定刀具半径值为 8,编程零件轮廓
N90 G03X30.Y-22.R8.;	
N95 G01X30.Y24.;	
N100 G03X30.Y-22.R8.;	
N105 G01X30.Y24.;	

N110 G03X24.Y30. R6.;

N115 G01X-22.Y30.;

N120 G03X-30.Y22. R8.;

N125 G01X-30.Y-24.;

N130 G03X-24.Y-30. R6.;

N135 G40G01X-20.Y-50.;　　　取消刀补

N140 G00Z50.;　　　　　　　　抬刀

N145 M30;　　　　　　　　　　程序结束

4. 刀具长度补偿指令 G43、G44

刀具长度补偿指令一般用于刀具轴向（Z 方向）的补偿，它使刀具在 Z 方向上的实际位移量比程序给定值增加或减少一个偏置量。这样在程序编制中，可以不必考虑刀具的实际长度以及各把刀具不同的长度尺寸。另外，当刀具磨损、更换新刀或刀具安装有误差时，也可使用刀具长度补偿指令，补偿刀具在长度方向上的尺寸变化，不必重新编制加工程序、重新对刀或重新调整刀具。

程序格式：

$$G43（G44）Z\underline{\quad}H\underline{\quad};$$

其中：G43——刀具长度正补偿指令；

G44——刀具长度负补偿指令；

Z——目标点的编程坐标值；

H——刀具长度补偿值的寄存器地址，后面一般用两位数字表示补偿量代号，补偿量 a 可以用 MDI 方式存入该代号寄存器中。

如图 4-2-20 所示，执行程序段 G43 Z＿ H＿；时：

$$Z_{实际值}=Z_{指令值}+a$$

执行程序段 G44 Z＿ H＿；时：

$$Z_{实际值}=Z_{指令值}-a$$

其中，a 可以是正值，也可以是负值。

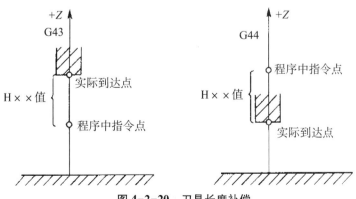

图 4-2-20　刀具长度补偿

采用取消刀具长度补偿 G49 指令或用 G43 H00 和 G44 H00 可以撤销长度补偿指令。

同一程序中,既可采用 G43 指令,也可采用 G44 指令,只需改变补偿量的正负号即可,如图 4-2-21 所示。A 为程序指定点,B 为刀具实际到达点,O 为刀具起点,采用 G43 指令,补偿量 $a = -200$mm,将其存放于代号为 5 的补偿值寄存器中,则程序为:

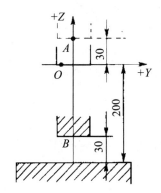

图 4-2-21 改变补偿量的正负号

```
G92 X0 Y0 Z0;                设定 O 为程序零点
G90 G00 G43 Z30.0 H05;       到达程序指定点 A,实际到达 B 点
```

这样,实际值(B 点坐标值)为 -170,等于程序指令值(A 点坐标值)30 加上补偿量 -200。

如果采用 G44 指令,则补偿量 $a = 200$mm,那么程序为:

```
G92 X0 Y0 Z0;                设定 O 为程序零点
G90 G00 G44 Z30.0 H05;       到达程序指定点 A,实际到达 B 点
```

同样,实际值(B 点坐标值)为 -170,等于程序指令值(A 点坐标值)30 减去补偿量 200。

如果采用增量值编程,则程序为:

```
G91 G00 G43 Z30.0 H05;       (将 -200.0 存入 H05 中)
或 G91 G00 G44 Z30.0 H05;    (将 200.0 存入 H05 中)
```

🔳 任务实施

1. 工艺分析

1)加工方案的确定

根据图样加工要求,采用立铣刀粗铣→精铣完成。

2)确定装夹方案

该零件为单件生产,且零件外型为长方体,可选用平口虎钳装夹。工件上表面高出钳口 8mm 左右。

2. 基点坐标的确定

在图中除 A、B、C、I、J、M(图 4-2-21)各点外,其他各点必须通过计算或利

用 CAD 软件的标注、捕捉功能得到，具体参如图 4-2-22 所示。

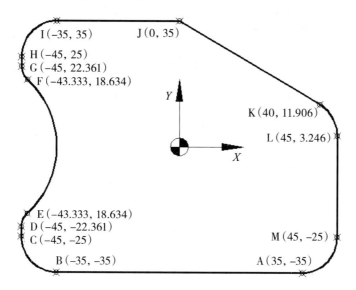

图 4-2-22　基点坐标图

3. 刀具及切削参数的确定

本例外轮廓选用 ϕ16mm 立铣刀，转速 600r/min，进给速度 100mm/min，吃刀深度 5mm。

4. 参考程序编制

FANUC 系统参考程序：

```
O0001;
G90 G80 G40 G21 G17 G94;
G91 G28 Z0.0;
M06 T01;
G90 G54;
G00 X35.0Y-50.0;
G43 Z20.0 H01;
M03 S600;
M08;
G01 Z-5.0 F50;
G41 G01 X45.0 Y-45.0 D01 F100;
G03 X35.0 Y-35.0 R10.0;
X-35.0;
G02 X-45.0 Y-25.0 R10.0;
G01 Y-22.361;
G02 X-43.333 Y-18.634 R5.0;
```

```
G03 Y18.634 R25.0;

G02 X-45.0 Y22.361 R5.0;

G01 Y25.0;

G02 X-35.0 Y35.0 R10.0;

G01 X0.0;

X40.0 Y11.906;

G02 X45.0 Y3.246R10.0;

G01 Y-25.0;

G02 X35.0 Y-35.0 R10.0;

G03 X25.0 Y-45.0 R10.0;

G40 G01 X35.0Y-50.0;

G00 G49 Z0;

M05;

M09;

M30;
```

技能训练

加工如图 4-2-23 所示零件凸台外轮廓（单件生产），毛坯为 96mm×80mm×20mm 长方块（其余面已经加工），材料为 45# 钢。

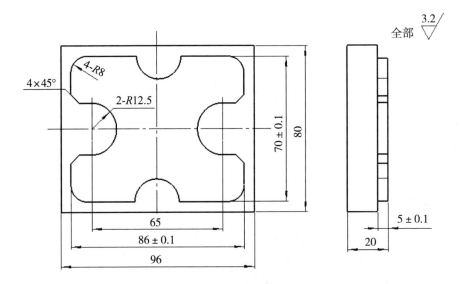

图 4-2-23　凸模零件轮廓加工

任务评价

完成任务后，请填写下表。

班级：＿＿＿＿＿＿＿＿　　姓名：＿＿＿＿＿＿＿＿　　日期：＿＿＿＿＿＿＿＿

任务 2　外轮廓零件的铣削编程与加工					
序号	评分项目	分值	自我评分	小组评分	教师评分
1	程序编制	40			
2	零件加工	40			
3	安全生产、规范操作	20			
总分		100			

你的最大收获：

你遇到的困难和解决的方法：

今后还需要更加努力的方面：

教师评语：

项目 5　槽腔铣削的编程与加工

任务 1　矩形槽铣削的编程与加工

 **任务描述**

矩形型腔零件如图 5-1-1 所示，毛坯外形各基准面已加工完毕，已经形成精毛坯。要求完成零件上型腔的粗、精加工，零件材料为 45# 钢。

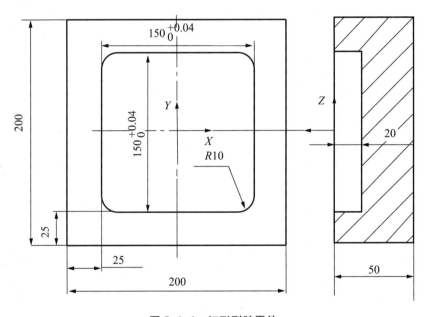

图 5-1-1　矩形型腔零件

任务分析

（1）本零件图加工内容为型腔底面和内壁，形状为矩形槽，加工表面质量要求一般，但是该工件的尺寸公差要求较高，矩形槽的侧面有较高的尺寸精度、圆度、位置度和表面粗糙度要求，槽底面的尺寸要求。本次零件深度方向尺寸精度要求较低。

（2）本工序加工内容为型腔底面和内壁。型腔的 4 个角都为圆角，圆角的半径限定刀具的半径选择，圆角的半径大于或等于精加工刀具的半径。图中圆角半径为 R10mm，粗加工刀具选用 $\phi20$ 的键槽铣刀，精加工选用 $\phi16$ 的立铣刀。

相关知识

数控铣床操作基础、M98/M99/G50/G51/G52 指令用法

一、数控铣床的操作基础

1. 数控系统操作面板

数控铣床配备的数控系统可以不尽相同，但基本功能大致相同，目前我国应用比较广泛的是 FANUC 系统和西门子系统。FAUNC 0i-M 是日本 FAUNC 公司制造的可用于数控铣床和加工中心的数控系统。国产 XK-716 数控铣是配置 FAUNC 0i-MD 数控系统的立式数控铣床，机床提供的各项功能通过其控制面板的各项操作来实现。该机床功能齐全，具有直线插补、圆弧插补、刀具补偿、固定循环和用户宏程序等功能。控制面板由数控系统操作面板（也称 CRT/MDI 面板）和机床操作面板组成。

数控系统操作面板（CRT/MDI）是通过显示屏（即 CRT）和键盘（即 MDI）进行人与数控系统间的对话，实现对数控系统的控制，图 5-1-2 是 FAUNC 0i-MD 数控系统的 CRT/MDI 操作面板，键盘上的键按其用途不同可分为主功能键、数据输入键、程序编辑键等，其功能键用途如表 5-1-1 所示。

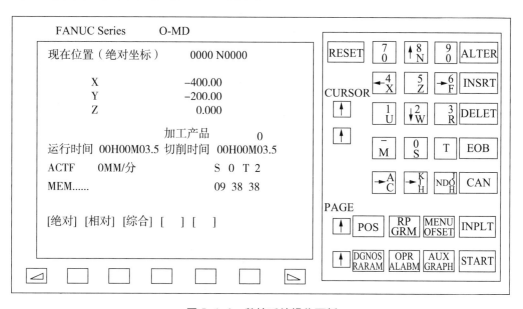

图 5-1-2 数控系统操作面板

表 5-1-1　MDI 面板上键的详细说明

键的英文标识	名称	详细说明
POS	位置显示功能键	在屏幕（CRT）上显示刀具现在位置，可以用机床坐标系、工件坐标系、增量坐标及刀具运动中距指定位置的剩下的移动量等 4 种不同的方式表示，如图 5-1-3 所示
PRGRM	程序功能键	在编辑方式下，编辑和显示在内存中的程序，可进行程序的编辑、检索及通信；在 MDI 方式，可输入和显示 MDI 数据，执行 MDI 输入的程序；在自动方式可显示运行的程序和指令值进行监控，如图 5-1-4 所示
MENU/OFSET	偏置量设定功能键	刀具偏置量设置和宏程序变量的设置与显示；工件坐标系设定页面；刀具磨损补偿值设定页面等，如图 5-1-5 所示
DGNOS/PARAM	自诊断和参数功能键	设定和显示运行参数表，这些参数供维修使用，一般禁止改动；显示自诊断数据，如图 5-1-6 所示
OPR/ALARM	报警号显示功能键	该功能键主要用于出现的警告信息的显示。每一条显示的警告信息都按错误编号进行分类，可按该编号去查找其具体的错误原因和消除的方法
AUX/GRAPH	图形显示功能键	刀具路径　图形模拟的显示（图 5-1-7），及显示图形有关参数设定
RESET	复位键	用于解除报警，CNC 复位
START	程序启动或数据的输出	按下此键，CNC 开始输出内存中的参数或程序到外部设备
INPUT	输入键	除程序编辑方式以外，当按下面板上字母或数字键以后，必须按下此键才能输入到 CNC 内；通信时按下此键，启动输入设备，开始输入
CUROR ↓ ↑	光标移动键	按下此键时，光标按所示方向移动
PAGE ↓ ↑	页面变换键	按下此键时，用于在屏幕上选择不同的页面（依据箭头方向，前一页、后一页）
程序编辑键 DELET	删除键	编辑时用于删除在程序中光标指示位置字符或程序
程序编辑键 ALTER	修改键	编辑时在程序中光标指示位置修改字符
程序编辑键 INSRT	插入键	编辑时在程序中光标指示位置插入字符
程序编辑键 EOB	段结束符	按此键则一个程序段结束
程序编辑键 CAN	取消键	按下此键，删除上一个输入的字符或字母
数据键（15 个）	地址/数字键	输入数字和字母
软键		软键功能是可变的，在不同的方式下软键功能依据 CRT 画面最下方显示的软键功能提示

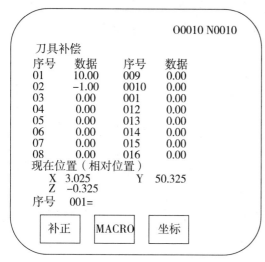

图 5-1-3　POS 显示页面

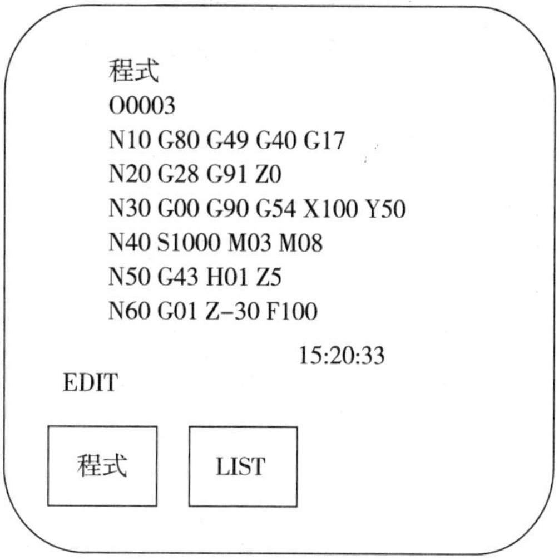

图 5-1-4　PRGRM 显示页面

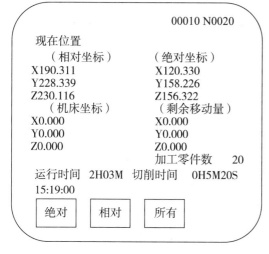

图 5-1-5　OFSET 显示页面

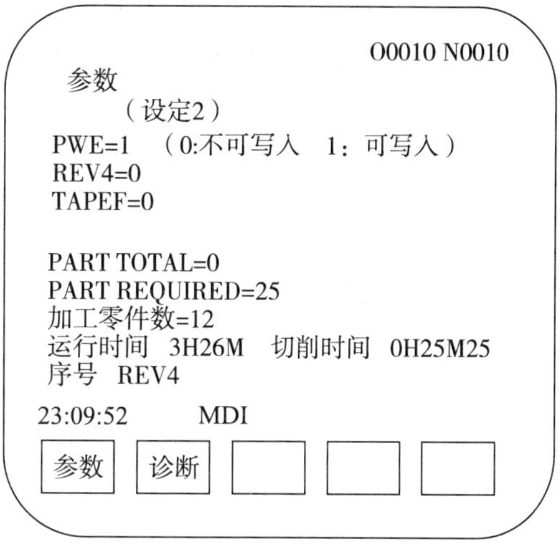

图 5-1-6　PARAM 显示页面

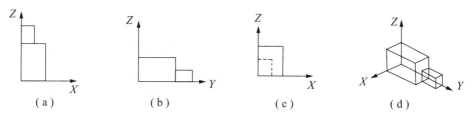

（a）　　　　　（b）　　　　　（c）　　　　　（d）

图 5-1-7　AUX/GRAPH 显示页面

（a）在 XY 平面上显示；（b）在 YZ 平面上显示；（c）在 XZ 平面上显示；（d）三维显示。

2. XK716 型数控铣床操作面板

XK716 型数控铣床操作面板如图 5-1-8 所示，机床的类型不同，其开关的功能及排列顺序有所差异。开关的形式可分为按钮、旋转开关等。此面板上的开关采用中文标识，也有采用英文标识的面板，为方便读者，把相应的英文标识同时给出。下面简述各种开关的用途。

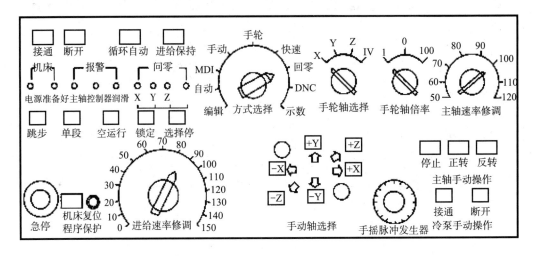

图 5-1-8　XK716 型数控铣床操作面板

1）操作按钮的功能

操作按钮的功能如表 5-1-2 所示。

表 5-1-2　操作按钮的功能说明

按键符号	英文标识	键名称	用　　途
接通　断开	POWER ON OFF	CNC 电源开	ON 接通电源 OFF 断开电源
循环启动	CYCLE START	循环启动按钮（带灯）	在自动操作方式下，选择要执行的程序号，按此键后，自动操作开始执行，同时按键灯点亮；在 MDI 方式，数据输入完毕后，按此键，执行 MDI 指令
进给保持	FEED HOLD	进给保持按钮（带灯）	机床在自动循环期间，按下此键，刀具立即减速、停止，按键灯亮；再按循环启动钮，程序从断点处重新运行
跳步	BDT	程序段跳步钮（带灯）	在自动操作方式下，此键接通时，程序中有斜杠的程序段不执行
单段	SBK	单段执行程序钮（带灯）	此键接通时，CNC 处于单段运行状态。在自动方式下，每按一次循环启动键，只执行一段程序段，如图5-1-9所示

按键符号	英文标识	键名称	用　　途
□ 空运行	DRN	空运行钮（带灯）	在自动运行方式或 MDI 方式，此键接通时，机床执行空运行方式。空运行是将工件卸下，只检查刀具的运动。通过旋钮选择刀具的运动速度，如图 6-1-10 所示
□ 锁定	MLK	机床锁定钮（带灯）	在自动方式、MDI 方式或手动方式下，按此键，伺服将停止，机床无进给运动，但位置显示仍将更新，M、S、T 机能仍将有效的输出
□ □ 停止　正转 □ 反转 主轴手动操作	STOP CW CCW SPINDLE MANUAL OPERATE	主轴手动操作按钮（带灯）	在机床处于手动方式时，可启、停主轴。CW：手动主轴正转。CCW：手动主轴反转。STOP：手动主轴停止
□ □ 接通　断开 冷泵手动操作	ON OFF COOL MANUAL OPERATE	手动冷却操作按钮（带灯）	在任何工作方式下都可操作。ON：手动冷却启动。OFF：手动冷却停止
◎ 急停	E-STOP	急停钮	当出现紧急情况时，按此键，伺服进给及主轴运转将立即停止，程序复位
□ 机床复位	MACHINE RESET	机床复位钮	当机床刚通电或急停按钮释放后，需按下此按钮，进行强电复位。此外当处理超程故障时，需强行按下此钮，手动操作机床，直至退出限位开关
◎ 程序保护	PROGRAM PROTECT	程序保护开关（带锁）	当进行存储、编辑程序时，或修改自诊断参数时，需要用钥匙接通此开关。可防止非操作人员改动程序，保护已调试好的程序
○ +Y +Z ↑ -X←　→+X ↓ -Z -Y ○ JOG AXIS SELECT		各轴手动连续进给方向键	选择手动进给轴及其进给方向，各轴箭头指向表示的是刀具的运动方向（而不是工作台）

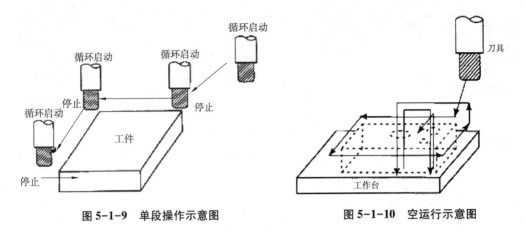

图 5-1-9　单段操作示意图　　　　图 5-1-10　空运行示意图

2）旋转选择开关

机床面板上有 6 个旋转开关，如图 5-1-8 所示。它们是：

（1）方式选择开关（MODE SELECT）。用于选择机床操作方式。在操作机床时必须选择与之对应的工作方式，否则机床不能工作。本系统把机床的操作分为九种方式：即编辑（EDIT）、自动（AUTO）、手动数据输入（MDI）、手轮（HANDLE）、手动连续进给（JOG）、快速（RAPID）、回零（ZERO）、纸带（TAPE）、示教（TEACH. H）。

（2）进给速率修调（FEEDRATE OVERRIDE）。也称为进给速率倍率。它有两种用途：自动运行方式时，程序中用 F 给定进给速度，用此开关可以从 0%~150% 的百分率修调在程序中给定的进给速度；手动方式时，用此开关选择手动进给速度。

（3）主轴速率修调（SPINDLE SPEED OVERRIDE）也称为主轴进给速率倍率。在自动或手动时，从 50%~120% 修调主轴转速。

（4）手轮轴选择（AXIS SELECT）。在手轮工作方式下，每次只能操纵一个轴运动，用此开关选择用手轮移动的轴。

（5）手脉倍率开关（HANDLE MULTIPLIER）。用于手轮方式，选择发生脉冲数的倍率，即手轮每转一格，发生的脉冲数，一个脉冲当量为 0.001mm。例如，选"×100"挡，手轮转一格发生 100 个脉冲，刀具移动"100×0.001mm"的距离。

（6）手摇脉冲发生器（MANUAL PULSE GENERATOR）当工作方式为手脉或示教方式时，转动手脉可以正方向或负方向进给各轴。

3）面板上的指示灯

（1）机床（MACHINE）：电源灯（POWER）——当电源开关合上后，该灯亮。

准备好灯（READY）——当机床复位按钮按下后，机床无故障时灯亮。

（2）报警（ALARM）：主轴灯（SPINDLE）——主轴报警指示。

控制器（CNC）——控制器（CNC）报警指示。

润滑灯（LUBE）——润滑泵液面低报警指示。

（3）回零（HOME）——分别指示各轴回零结束，灯亮表示该轴刀具已回参考点（回零）。

3. 数控铣床基本操作

当加工程序编制完成之后，就可操作机床对工件进行加工。下面介绍数控铣床的一些基本操作方法。

1）电源的接通与断开

（1）接通电源。

①在机床电源接通之前，检查电源的柜内空气开关是否全部接通，将电源框门关好后，方能打开机床主电源开关。

②在操作面板上按 CNC POWER ON 按钮，接通数控系统的电源。

③按下机床 RESET 按钮使铣床复位。

④当 CRT 屏幕上显示 X、Y、Z 的坐标位置时，即可开始工作。

（2）断开电源。

①当自动工作循环结束，自动循环按钮"CYCLE START"的指示灯熄灭。

②检查机床运动部件是否都已停止运动。

③如果有外部的输入/输出设备连接到机床上，请先关掉外部输入/输出设备的电源。

④持续按操作面板上的"CNC POWER OFF"按钮大约 5s，断开数控系统的电源。

⑤最后切断电源柜上的机床电源开关。

2）手动操作

（1）手动返回参考点操作。参考点又称为机械零点。执行返回参考点操作是为了建立机床坐标系。机床通电后刀具的位置是随机的，CRT 显示的坐标值也是随机的，必须进行手动返回参考点操作，系统才能捕捉到刀具的位置，建立机床坐标系。操作步骤如下：

①将方式选择开关（MODE）置于回零（ZERO）位置。在 ZERO 方式下分别按下各轴进给方向钮，可使各轴分别移动到参考点位置。为防止碰撞，应先操作 Z 轴，使其先回参考点，然后操作其他轴回参考点。

②按一下 +Z 钮，则 Z 轴会向正方向移动。此时 Z 轴回零指示灯闪烁，直到 Z 轴移动到参考点时才停止闪烁，Z 轴回零指示灯亮，表明 Z 轴回到参数点，这时 Z 轴机械坐标值为 0。

③Y、X 轴动作方式与 Z 轴相同。

注意：在进行回参考点之前，在 HANDLE、JOG 方式或 RAPID 方式下，将各轴位置移动离开各轴原点 100 mm 以上。

（2）手动连续进给操作。用按动按钮的方法使 X、Y、Z 之中任一坐标轴按调定速度进给或快速进给。操作步骤如下：

①转动方式选择开关（MODE）置于手动（JOG）位置。

②调进给速率修调开关，选择进给速率。通过旋钮，进给速率可以在$0\sim1260\text{mm/min}$内选定，进给误差范围为$\pm3\%$。

③按进给方向钮则开始移动，松开则停止。例如，按"$-X$"钮，则X轴以调定的进给速度向$-X$方向移动，松开按钮，停止进给。Y、Z轴操作方式与X轴相同。

④快速进给操作。如果MODE选择在快速（RAPID）位置：按下进给方向钮，刀具以快速进给速度移动。可以通过快速速率修调开关改变快速进给速度的大小，从开关的标注上可看出，它是按百分率调整快速进给速度（在$0\sim100\%$范围内）。

（3）手摇脉冲发生器（HANDLE）进给操作。手摇脉冲发生器又称为手轮，摇动手轮，使X、Y、Z任一坐标轴移动，其操作方法：

①旋转MODE旋钮置于"手轮"（HANDLE）位置，在这个方式下，可以用手摇脉冲发生器使各轴移动，。

②选择移动轴。使用手摇轮时每次只能单轴操作，移动轴选择旋钮，此旋钮用来选择手摇脉冲发生器操作轴。

③选择移动增量。通过倍率选择，手摇轮旋转一格，轴向移动位移可为0.001mm/0.01mm/0.1mm。

④摇动手摇脉冲发生器。手摇轮顺时针（CW）旋转，所移动轴向该轴的"+"坐标方向移动，手摇轮逆时针（CCW）旋转，则移动轴向"–"坐标方向移动。

（4）主轴转动手动操作。

①将方式选择开关置于在手动操作模式（含HANDLE、RAPID、JOG、ZERO）。

②可由下列三个按键控制主轴运转。

主轴正转按钮：CW，正转时按键内的灯会亮。

主轴反转按钮：CCW，反转时按键内的灯会亮。

主轴停止按键：STOP，手动模式时按此钮，主轴停止转动，任何时候只要主轴没有转动，这个按键内的灯就会亮，表示主轴在停止状态。

3）自动运行

自动加工可根据加工程序的大小，分两种运行模式进行。当加工程序的容量不超过数控系统的内存容量，可以将加工程序全部输入数控系统的内存中，实现自动加工。当加工程序的容量大于数控系统的内存，此时可采用计算机和数控系统联机的方式自动加工（即DNC运行）。

（1）单机自动加工存储器运行。

在自动方式下按下述步骤操作：

① 把加工程序输入到内存。

② 选择要执行的程序。

③ 方式选择开关置于"自动"（AUTO）位置。

④ 按循环启动钮，开始按程序自动加工，此时钮内的灯亮。

（2）单机自动加工 MDI 运行。

MDI（Manual Data Input）即手动数据输入。该功能允许手动输入一个命令或几个程序段（最多 10 个程序段），按循环启动钮，则立刻运行。使用该功能可改变当前指令模态，也可实现指令动作。例如：

输入"G56"：可将当前坐标系变为 G56 指定的工件坐标系。

输入"M03"：可启动主轴正传。

输入"G00 X200. Y100."：可使 X、Y 轴快速进给。

MDI 方式下的程序输入要将方式选择扭置于 MDI 位置。按 PRGRM 键，则 CRT 画面显示如图 5-1-11 所示。MDI 程序制作应注意以下几点：

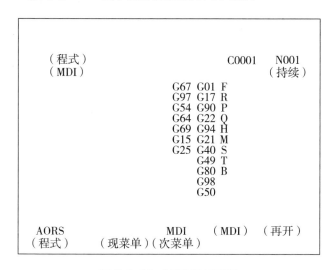

图 5-1-11　MDI 显示页面

① 程序号码 O0000 自动输入。

② 程序编辑方式同 EDIT 编辑方式。

③程序最后一单段是 M02 或 M30，该指令可自动复位（RESET）暂存的资料，避免影响后续操作和发生程序执行错误。

④编辑好的程序，想全部消除可输入地址 O 再按 DELETE 或 RESET 键。

运行 MDI 程序是将光标置于程序起头（也可由中途操作），按循环启动钮 CYCLE START 则可开始执行程序。执行到程序结束指令 M02/M30 或 % ，则所制作的程序自动消失（即暂存复位）。

（3）联机自动加工（DNC 运行）。

操作步骤：

①选用一台计算机，安装专用程序传输软件，根据数控系统对数控程序传输的具体要求，设置传输参数。

②通过 RS-232 串行端口将计算机和数控系统连接起来。

③将数控系统设置成 DNC 操作方式。

④按下数控系统操作面板上的 INPUT 键，准备接收程序。

⑤在计算机上选择要传输的加工程序，按下传输命令。

⑥按下数控铣床循环启动键，联机自动加工开始。

4）刀具偏置的设定

刀具偏置的设定包括刀具长度偏置量与刀具半径偏置量的设定。操作步骤如下：

（1）按功能键 MENU/OFSET ；

（2）按软键盘"OFSET"，进入刀具偏置设定画面（图 5-1-12）；

（3）移动光标到要输入或修改的偏置号；

（4）键入偏置量；

（5）按输入键盘 INPUT 。

```
OFFSET                    O0013      N0008

      NO.     NATA.        NO.       NATA.
      001     10.000       009       0.000
      002     -1.000       010       10.000
      003     0.000        -011      -20.000
      004     0.000        012       0.000
      005     20.000       013       0.000
      006     0.000        014       0.000
      007     0.000        015       0.000
      008     0.000        016       0.000

      ACTUAL    POSITION     (RELATIVE)

      X     0.000        Y        0.000
      Z     0.000

      NO.011
```

图 5-1-12　刀具偏置量设定页面

5）程序的输入、检索和编辑

（1）程序的输入。

将编制好的加工程序输入到数控系统中去，以实现机床对工件的自动加工。程序的输入方法有两种：一种通过 MDI 键盘输入（多为手工编程）；另一种是通过微机 RS232 接口由微机传送到机床数控系统的存储器中（多为自动编程）。

MDI 键盘输入步骤：

①把方式旋钮开关放到编辑方式上；

②按 PRGRM 程序键；

③输入地址 O；

④输入程序号，按 INSRT 键；

⑤依次输入各程序段，每输入一个程序段后，按 EOB 键，再按 INSRT 键，直到全部程序段输入完毕。

微机传送程序输入步骤：

①选择 DNC 方式；

②按程序键，显示程序画面；

③按下数控系统操作面板上的 INPUT 键，准备接收程序；

④在计算机上选择要传输的加工程序，按下传输命令。

（2）程序与程序段序号的检索。

程序的检索：当存储器存入多个程序时，按 PRGRM 程序键时，总是显示指针指向的一个程序，即使断电，该程序指针也不会丢失。如果要对所需程序进行编辑或执行，可以通过检索的方法调出，此操作称为程序检索。检索的方法有以下三种：

①检索法。

a. 选择编辑或自动方式；

b. 按 PRGRM 程序键，显示程序；

c. 按地址 O 和要检索的程序号；

d. 按 CURSOR ↓ ；

e. 检索结束时，在 CRT 画面显示检索的程序并在画面的有上部显示已检索的程序号。

②扫描法。

a. 选择编辑或自动方式；

b. 按 PRGRM 程序键，显示程序；

c. 按地址 O；

d. 按 CURSOR ↓ 键 EDIT 方式时，反复按 O， CURSOR ↓ 键，可逐一显示存入的程序。

③外部程序号检索（机床软操作面板）。

a. 选择自动方式；

b. 把选择的程序号设定在 01～15 上；

c. 按循环启动按钮。

通过①～③的操作，检索与程序号（0001～0015）对应的程序，并开始自动执行该程序。与方法①、②不同，方法③是检索出的程序直接执行，而不能进行编辑。

（3）程序段序号的检索。

程序段序号的检索通常是检索程序内的某一段序号，一般用于从这个序号开始执行或者编辑。检索存储器中存入程序段序号的步骤：

①选择编辑或自动方式；

②按 PRGRM 程序软体键，显示程序；

③选择要检索程序段序号的所在程序；

④按地址键 N 和要检索的程序段序号；

⑤ CURSOR↓ 键；

⑥ 检索结束时，在 CRT 画面的右上部，显示出已检索的顺序号。

（4）程序的编辑

删除单个程序的步骤；

①选择编辑方式；

②按 PRGRM 程序键，显示程序；

③按地址 O 和需要删除的程序号；

④按 DELET 键，则对应程序号的存储器中的程序被删除。

删除全部程序的步骤：

①选择编辑方式；

②按 PRGRM 程序键，显示程序；

③按地址 O，输入 9999；

④DELET 键，则删除全部程序。

（5）字的插入、修改、删除和程序段的删除。

存入存储器中程序的内容可以改变，操作步骤如下：

①检索字。

a. 选择编辑方式；

b. 按 PRGRM 程序键，显示程序；

c. 选择要编辑的程序（操作方式见"程序检索"）；

d. 检索要修改的字。检索字有两种方法：

扫描法：按 CURSOR↓ 或 CURSOR↑ 键，使光标顺方向或反方向移动；或者按 PAGE↓ 或 PAGE↑，画面翻页，光标移到开头的字，直到将光标移动到要选择的字的地址下面。

地址检索法：按地址 N 和程序段号再按 CURSOR↓ 或 CURSOR↑ 键，则光标由现在位置开始，顺方向或反方向检索指定的地址。

②字的插入。

a. 扫描或检索到要插入的前一个字；

b. 键入要插入的字；

c. 按 INSRT 键。

③字的修改。

a. 扫描或检索到要变更的字；

b. 键入要修改的字；

c. 按 ALTER 键，则新键入的字代替了当前光标所指的字。

④字的删除。

a. 扫描或检索到要删除的字；

b. 按 $\boxed{\text{DELET}}$ 键，则当前光标所指的字被删除。

⑤程序段的删除。

a. 键入地址 N 和程序段序号；

b. 按 $\boxed{\text{DELET}}$ 键，则从现在显示的字开始，删除到指定程序段序号的程序段。

（6）程序的输出。

CNC 中的存储器的程序可通过微机 RS232 接口传送到微机里。操作步骤如下：

①选择编辑方式；

②按 $\boxed{\text{PRGRM}}$ 程序键，显示程序；

③运行微机内的传送程序使之处于输入等待状态；

④键入地址 O 和程序号；

⑤按 $\boxed{\text{START}}$ 键，把指定的程序输出到微机存储器里。

4. 安全操作

安全操作包括急停、超程等各类报警处理。

（1）报警。数控系统对其软、硬件及故障具有自诊断能力，该功能用于监视整个加工过程是否正常，并及时报警。报警形式常见有机床自锁（驱动电源切断）；屏幕显示出错信息；报警灯亮；蜂鸣器叫。

（2）急停处理。当加工过程出现异常情况时，按机床操作面板上的"急停"钮，机床的各运动部件在移动中紧急停止，数控系统复位。排除故障后要恢复机床工作，必须进行手动返回参考点操作。如果在换刀动作中按了急停钮，必须用 MDI 方式把换刀机构调整好。

如果机床在运行时按下"进给保持"钮，也可以使机床停止，同时数控系统自动保存各种现场信息，因此再按"循环启动"钮，系统将从断点处继续执行程序，无须进行返回参考点操作。

（3）超程处理。在手动、自动加工过程中，若机床移动部件（如刀具主轴、工作台）超出其行程极限（软件控制限位或机械限位）时，则为超程。超程时系统报警：机床锁住、超程报警灯亮、屏幕上方报警行内出现超程报警内容（如：X 向超过行程极限）。

软件控制限位超程处理按以下步骤：

（1）旋转 MODE 置于 HANDLE 位置。

（2）用手摇轮使超程轴反向移动至适当位置。

（3）按 $\boxed{\text{RESET}}$ 键，使数控系统复位。

（4）超程轴原点复位，恢复坐标系统。

5. 数控铣床的对刀

在加工程序执行前，调整每把刀的刀位点，使其尽量重合某一理想基准点，这一过程称为对刀。对刀的目的是通过刀具或对刀工具确定工件坐标系与机床坐标系之间的空间位置关系，并将对刀数据输入到相应的存储位置。它是数控加工中最重要的工作内容，其准确性将直接影响零件的加工精度。对刀作分为 X、Y 向对刀和 Z 向对刀。

1）对刀方法

根据现有条件和加工精度要求选择对刀方法，可采用试切法、寻边器对刀、机内对刀仪对刀、自动对刀等。其中试切法对刀精度较低，加工中常用寻边器和 Z 向设定器对刀，效率高，能保证对刀精度。

2）对刀工具

（1）寻边器。

寻边器主要用于确定工件坐标系原点在机床坐标系中的 X、Y 值，也可以测量工件的简单尺寸。寻边器有偏心式和光电式等类型，如图 5-1-13 所示。其中以偏心式较为常用。偏心式寻边器的测头一般为 10mm 和 4mm 两种的圆柱体，用弹簧拉紧在偏心式寻边器的测杆上。光电式寻边器的测头一般为 10mm 的钢球，用弹簧拉紧在光电式寻边器的测杆上，碰到工件时可以退让，并将电路导通，发出光信号。通过光电式寻边器的指示和机床坐标位置可得到被测表面的坐标位置。

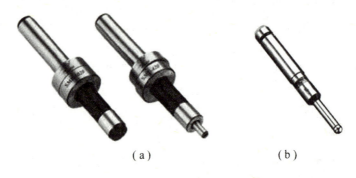

（a）   （b）

图 5-1-13   寻边器

（a）偏心式；（b）光电式。

（2）Z 轴设定器。

Z 轴设定器主要用于确定工件坐标系原点在机床坐标系的 Z 轴坐标，或者说是确定刀具在机床坐标系中的高度。Z 轴设定器有光电式和指针式等类型，如图5-1-14所示。通过光电指示或指针判断刀具与对刀器是否接触，对刀精度一般可达 0.005mm。Z 轴设定器带有磁性表座，可以牢固地附着在工件或夹具上，

（a）   （b）

图 5-1-14   Z 轴设定器

（a）光电式；（b）指针式。

其高度一般为 50mm 或 100mm。

3）对刀实例

以精加工过的零件毛坯，如图 5-1-15 所示，采用寻边器对刀，其详细步骤如下：

（1）X、Y 向对刀。

①将工件通过夹具装在机床工作台上，装夹时，工件的 4 个侧面都应留出寻边器的测量位置。

②快速移动工作台和主轴，让寻边器测头靠近工件的左侧。

③改用手轮操作，让测头慢慢接触到工件左侧，直到目测寻边器的下部侧头与上固定端重合，将机床坐标设置为相对坐标值显示，按 MDI 面板上的 X 键，然后按下 INPUT 键，此时当前位置 X 坐标值为 0。

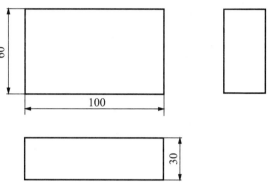

图 5-1-15　　100×60×30 的毛坯

④抬起寻边器至工件上表面之上，快速移动工作台和主轴，让测头靠近工件右侧。

⑤改用手轮操作，让测头慢慢接触到工件右侧，直到目测寻边器的下部侧头与上固定端重合，记下此时机械坐标系中的 X 坐标值，若测头直径为 10mm，则坐标显示为 110.000。

⑥提起寻边器，然后将刀具移动到工件的 X 中心位置，中心位置的坐标值 110.000/2＝55，然后按下 X 键，再按 INPUT 键，将坐标设置为 0，查看并记下此时机械坐标系中的 X 坐标值。此值为工件坐标系原点 W 在机械坐标系中的 X 坐标值。

⑦同理可测得工件坐标系原点 W 在机械坐标系中的 Y 坐标值。

（2）Z 向对刀。

①卸下寻边器，将加工所用刀具装上主轴；

②准备一支直径为 10mm 的刀柄（用以辅助对刀操作）；

③快速移动主轴，让刀具端面靠近工件上表面低于 10mm，即小于辅助刀柄直径；

④改用手轮微调操作，使用辅助刀柄在工件上表面与刀具之间的地方平推，一边用手轮微调 Z 轴，直到辅助刀柄刚好可以通过工件上表面与刀具之间的空隙，此时的刀具断面到工件上表面的距离为一把辅助刀柄的距离 10mm；

⑤在相对坐标值显示的情况下，将 Z 轴坐标"清零"，将刀具移开工件正上方，然后将 Z 轴坐标向下移动 10mm，记下此时机床坐标系中的 Z 值，此时的值为工件坐标系原点 W 在机械坐标系中的 Z 坐标值。

（3）将测得的 X、Y、Z 值输入到机床工件坐标系存储地址中（一般使用 G54～G59 代码存储对刀参数）。

4）注意事项

在对刀过程中需注意以下问题：

（1）根据加工要求采用正确的对刀工具，控制对刀误差；

（2）在对刀过程中，可通过改变微调进给量来提高对刀精度；

（3）对刀时需小心谨慎，尤其要注意移动方向，避免发生碰撞危险；

（4）对 Z 轴时，微量调节的时候一定要使 Z 轴向上移动，避免向下移动时使刀具、辅助刀柄和工件相碰撞，造成损坏刀具，甚至出现危险；

（5）对刀数据一定要存入与程序对应的存储地址，防止因调用错误而产生严重后果。

5）刀具补偿值的输入和修改

根据刀具的实际尺寸和位置，将刀具半径补偿值和刀具长度补偿值输入到与程序对应的存储位置。需注意的是，补偿的数据正确性、符号正确性及数据所在地址正确性都将威胁到加工，从而导致撞车危险或加工报废。

二、子程序的编制方法

编程时，为了简化程序的编制，当一个工件上有相同的加工内容时，常用调子程序的方法进行编程。调用子程序的程序叫做主程序。子程序的编号与一般程序基本相同，只是程序结束字为 M99 表示子程序结束，并返回到调用子程序的主程序中。

子程序作为单独的程序存储在系统中时，任何主程序都可调用，最多可达 999 次调用。

当主程序调用子程序时，它被认为是一级子程序，在子程序中可再调用下一级的另一个子程序，子程序调用可以嵌套 4 级，如图 5-1-16 所示。

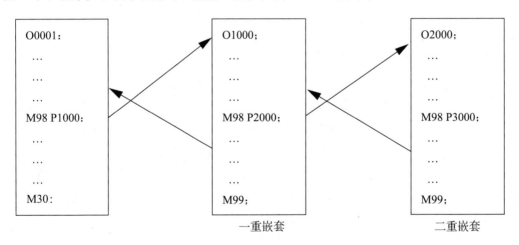

图 5-1-16 子程序嵌套关系

1）子程序的结构

子程序与主程序一样，也是由程序名、程序内容和程序结束三部分组成。子程序与主程序唯一的区别是结束符号不同，子程序用 M99，而主程序用 M30 或 M02 结束程序。例如：

O□□□□;　　　　　　　（子程序名）

…;

…;　　　　　　　　　　（子程序内容）

…;

M99;　　　　　　　　　（子程序结束）

2）子程序的调用

在主程序中，调用子程序的程序段格式为：

格式一：M98 P X X X X L X X X

地址 P 后面的四位数字为子程序名，地址 L 的数字表示重复调用的次数，当只调用一次时，L 可省略不写。

例：M98 P1234 L5 表示调用子程序"O1234"共5次。

格式二：M98 P X X X X　X X X X

地址 P 后面的八位数字中，前四位表示调用次数，后四位表示子程序名，采用这种调用格式时，调用次数前的0可以省略，但子程序名前的0不能省略。

例：M98 P41976 表示调用子程序"O1976"4次。

3）子程序应用实例

【例5-1】加工如图5-1-17所示零件上的4个相同尺寸的长方形槽，槽深2mm，槽宽10mm，未注圆角 R5，铣刀直径 ϕ10mm，试用子程序编程。

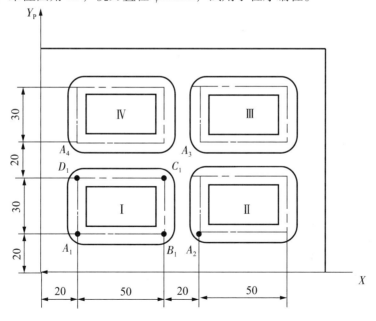

图5-1-17　子程序编程举例

加工程序如下：

O0001；	主程序名
N10 G17 G21 G40 G54 G80 G90 G94；	程序初始化
N20 G00 Z80.0；	刀具定位到安全平面,启动主轴
N30 M03 S1000；	
N40 G00 X20.0 Y20.0；	
N50 Z2.0；	快速移动到 A_1 点上方 2mm 处
N60 M98 P0002；	调用 2 号子程序,完成槽Ⅰ加工
N70 G90 G00 X90.0；	快速移动到 A_2 点上方 2mm 处
N80 M98 P0002；	调用 2 号子程序,完成槽Ⅱ加工
N90 G90 G00 Y70.0；	快速移动到 A_3 点上方 2mm 处
N100 M98 P0002；	调用 2 号子程序,完成槽Ⅲ加工
N110 G90 G00 X20.0；	快速移动到 A_4 点上方 2mm 处
N120 M98 P0002；	调用 2 号子程序,完成槽Ⅳ加工
N130 G90 G00 X0 Y0；	回到工件原点
N140 Z10.0；	
N150 M05；	主轴停
N160 M30；	程序结束
O0002；	子程序名
N10 G91 G01 Z-4.0 F100；	刀具 Z 向工进 4mm(切深 2mm)
N20 X50.0；	$A \rightarrow B$
N30 Y30.0；	$B \rightarrow C$
N40 X-50.0；	$C \rightarrow D$
N50 Y-30.0；	$D \rightarrow A$
N60 G00 Z4.0；	Z 向快退 4mm
N70 M99；	子程序结束,返回主程序

【例 5-2】如图 5-1-18 所示，要加工 6 条宽 5mm，长 34mm，深 3mm 的直槽，选用直径为 5mm 的键槽铣刀加工。采用刀具半径补偿，刀具半径补偿值存放在地址为 D11 的存储器中。设刀具起点为图中 P_0 点。利用子程序编写的程序如下。

程序如下：

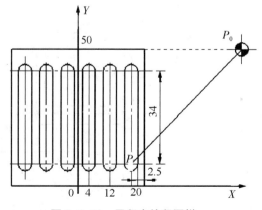

图 5-1-18　子程序编程图样

```
O1000;                              主程序号
N10 G92 X100.Y70.Z30.;              设定工件坐标系,起刀点在 P₀ 点
N20 G90 G00 X20.Y8.S800 M03;        主轴启动,快进到 P 点
N30 Z10.M08;                        定位于初始平面,切削液开
N40 M98 P0100 L0003;                调用 0100 号子程序 3 次
N50 G90 G00 Z30.M05;                抬刀,主轴停
N60 X100.Y70.;                      回起刀点
N70 M30;                            主程序结束
O0100;                              子程序
N80 G91 G01 Z-13.F200;              由初始平面进刀到要求的深度
N90 Y34.;                           铣第一条槽
N100 G00 Z13.;                      退回初始平面
N110 X-8.;                          移向第二条槽
N120 G01 Z-13.;                     Z 向进刀
N130 Y-34.;                         铣第二条槽
N140 G00 Z13.;                      退回初始平面
N150 X-8.;                          移向第三条槽
N160 M99;                           返回主程序
```

4）子程序使用中的注意事项

（1）在编制子程序时，在子程序的开头 O 的后面编制子程序号，子程序的结尾一定要有返回主程序的辅助指令 M99。

（2）在子程序的最后一个单段用 P 指定序号（图 5-1-19），子程序不回到主程序中呼叫子程序的下一个单段，而是回到 P 指定的序号。返回到指定单段的处理时间通常比回到主程序的时间长。

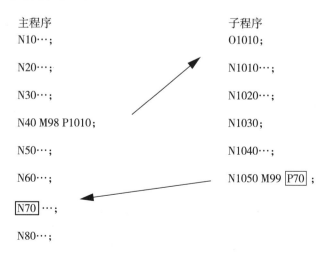

图 5-1-19　子程序返回到指定的单段

三、比例缩放指令

编程的加工轨迹被放大和缩小称为比例缩放。

1. 比例缩放指令（G51、G50）格式

对加工程序所规定的轨迹图形进行缩放。

1）沿各轴以相同的比例放大或缩小（各轴比例因子相等）

指令格式：

G51 X＿Y＿Z＿P＿;　　　　　　缩放开始

　　　　　　　　　　　　　　　　缩放有效，移动指令按比例缩放

G50　　　　　　　　　　　　　　缩放方式取消

程序段中：

X＿Y＿Z＿：比例缩放中心，以绝对值指定。

P：缩放比例。P 值范围：1~999999，即 0.0001~999.999 倍。

缩放功能是：按照相同的比例（P），使 X、Y、Z 坐标所指定的尺寸放大和缩小。比例可以在程序中指定。除此之外还可用参数指定比例。G51 指令需要在单独的程序段内给定。在图形放大或缩小之后，用 G50 指令取消缩放方式。如图 5-1-20 所示。

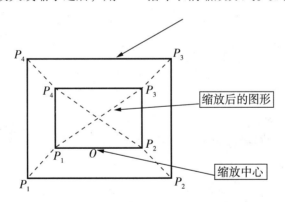

图 5-1-20　指令图形

P_1~P_4：程序中给定的图形。

P_1'~P_4'：经比例缩放后的图形。

O 点：比例缩放中心（由 X＿Y＿Z＿规定）。

2）各轴比例因子的单独指定

通过对各轴指定不同的比例，可以按各自比例缩放各轴。编程格式及格式指令意义：

G51 X＿Y＿Z＿I＿J＿K＿　　　缩放中心

G50：　　　　　　　　　　　　　缩放取消

X＿Y＿Z＿：比例缩放中心坐标，以±绝对值指定。

I＿J＿K＿：分别与 X、Y 和 Z 各轴对应的缩放比例（比例因子）。

I、J、K 取值范围：±1～±999999，即 ±0.0001～±999.999 倍。小数点编程不能用于指定 I、J、K。

该程序缩放功能是：按照各坐标轴不同的比例（由 I、J、K 指定），使 X、Y 和 Z 坐标所指定的尺寸放大和缩小。G51 指令需要在单独的程序段内给定。在图形放大或缩小之后，用 G50 指令取消方式，如图 5-1-21 所示。

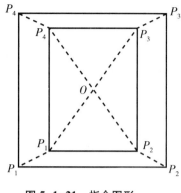

$P_1 \sim P_4$：程序中给定的图形。

$P_1' \sim P_4'$：经比例缩放后的图形。

O 点：比例缩放中心（由 X ＿ Y ＿ Z ＿ 规定）。

图 5-1-21　指令图形

2. 对圆弧插补（G02、G03）的比例缩放

在圆弧插补程序中，即使对圆弧插补的各轴指定不同的缩放比例，刀具也不走椭圆轨迹。

（1）当各轴的缩放比不同，圆弧插补用半径 R 编程时，其插补的图形如图 5-1-21 所示该例中对各轴指令不同的比例系数（中 X 轴的比例为 2，Y 轴的比例为 1，Z 轴方向为 1），并用 R 指定一个圆弧插补，此时半径 R 的比例系数取决于 I 或 J 中的大者。

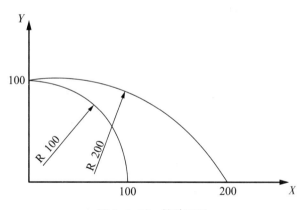

图 5-1-22　缩放图形

如图 5-1-22 所示，缩放系数不等，用 R 指定圆弧。指令为：

```
G90 G00 X0. Y100. Z0.;
G51 X0. Y0. Z0. I2000 J1000. K1000.;
G02 X100. Y0. R100. F500;
```

半径 R 的比例按 I、J 中较大者缩放。上述指令与下面的指令等效：

```
G90 G00 X0. Y100. Z0.;
G51 X0. Y0. Z0. I2000. J1000. K1000.;
G02 X100. Y0. J-100. F500;
```

半径 R 的比例按 I、J 中较大者缩放。上述指令与下面的指令等效：

G90 G00 X0. Y100. Z0.；

G51 X0. Y0. Z0. I2000. J1000. K1000.；

G02 X100. Y0. J-100. F500；

（2）当各轴的缩放比不同，且插补圆弧用 I、J、K 编程，如图 5-1-23 所示。该例中对各轴指令不同的比例系数（X 轴的比例为 2，Y、Z 轴的比例为 1），并用 I、J 和 K 指定圆弧插补。

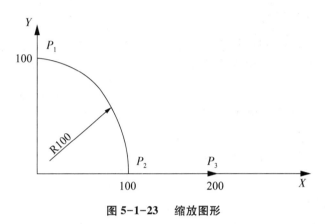

图 5-1-23　缩放图形

如图 5-1-23 所示，缩放系数不等，用 I、J、K 指定圆弧。指令为：

G90 G00 X0 Y100 Z0；

G51 X0 Y0Z0 I2000 J1000 K1000；

G02 X100 Y0 J-100 F500；

在这种情况下，终点不在指定的圆弧上，多出部分呈一段直线。上述指令与下面的指令等效：

G90 G00 X0Y100 Z0；

G02 X100 Y0 J-100 F500；

3. 比例缩放功能使用时的注意事项

（1）在单独程序段指定 G51，比例缩放之后必须用 G50 取消。

（2）当不指定 P 而是把参数设定值用做比例系数时，在 G51 指令时，就把设定值作为比例系数。任何其他指令不能改变这个值。

（3）无论比例缩放是否有效，都可以用参数设定各轴的比例系数。G51 方式，比例缩放功能对圆弧半径 R 始终有效，与这些参数无关。

（4）比例缩放对纸带（DNC）运行、存储器运行或 MDI 操作有效，对手动操作无效。

（5）比例缩放的无效。在下面的固定循环中 Z 轴的移动缩放无效，深孔钻循环 G83 G73 的切入值 q 值和返回值 d；精镗循环 G76、背镗循环 G87 中 X 轴和 Y 轴的偏移值 q；手动运行时移动距离不能用缩放功能增减。

（6）关于回参考点和坐标系的指令。在缩放状态不能指令返回参考点的 G 代码，G27~G30 等和指令坐标系的 G 代码 G52~G59、G92 等。若必须指令这些 G 代码应在取消缩放功能后指定。

（7）若比例缩放结果按四舍五入圆整后，有可能使移动量变为零，此时，程序段被视为无运动程序段，若用刀具半径补偿 C 将影响刀具的运动。

四、矩形槽的铣削加工实例

在数控铣床上完成如图 5-1-24 所示零件的矩形槽加工，工件材料为 45# 钢。生产规模：单件。

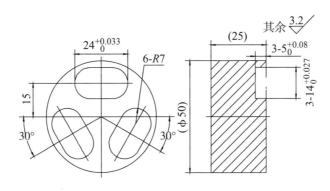

图 5-1-24　矩形槽件

1. 工艺知识准备

1）矩形槽技术要求

矩形槽的侧面有较高的尺寸精度、圆度、位置度和表面粗糙度要求，槽底面的尺寸要求。本次零件深度方向尺寸精度要求较低。

2）矩形槽加工的一般工艺

加工矩形槽，可以在卧式铣床或立式铣床上，采用指状铣刀（立铣刀、键槽铣刀）或盘状铣刀（三面刃铣刀、槽铣刀）加工。在立式数控铣床上，采用立铣刀或键槽铣刀加工槽结构时，由于机床刚性较普通铣床弱，一般不宜直接采用定尺寸刀具法控制槽侧尺寸，应该采用沿着轮廓加工。Z 方向的加工通常采用预钻下刀孔下刀铣削、分层下刀铣削、螺旋下刀铣削，本项目采用分层下刀铣削。

3）矩形槽铣削加工常用刀具

指状铣刀：立铣刀、键槽铣刀。

4）指状铣刀加工槽常用刀路

指状铣刀加工封闭槽通常采用法线进刀方式，并采用顺铣铣削。

5）加工参数

与外轮廓铣削加工相比较，槽类结构的加工排屑不畅，刀具工作环境不良，因此，切削速度和进给量应该采用较小的数值，同时应该浇注大量的冷却液。

2. 矩形槽铣削加工

矩形槽铣削一般工作过程：分析零件图，明确加工内容→确定矩形槽加工方案→制订加工计划→实施零件矩形槽加工→监测加工过程→评估加工质量（用流程图表示，有反复过程）。

1）分析零件图，明确加工内容

零件的加工部分为如图 5-1-25 所示的矩形轮廓，适于在数控铣床铣削加工；其中 $14_0^{+0.027}$、$5_0^{+0.08}$ 和 $24_0^{+0.033}$ 为重点保证的尺寸。

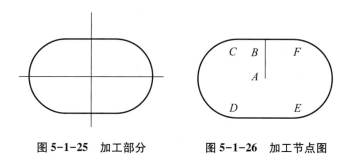

图 5-1-25　加工部分　　　　图 5-1-26　加工节点图

2）确定加工方案

机床：立式数控铣床。

夹具：V 形块结合平口钳定位和夹紧。

刀具：$\phi 12$ 立铣刀。

加工参数选择：如表 5-1-3 所示。

表 5-1-3　加工参数

序号	加工内容	刀具规格		主轴转速 （r/min）	进给速度 （mm/min）	刀具半径补偿 （mm）
		类型	材料			
1	粗、半精铣矩形槽	$\phi 12$ 三刃立铣刀	高速钢	300～500	下刀：20～50 铣轮廓：100～200	6.1～6.2（粗铣） 6.05（半精铣）
2	精铣矩形槽	$\phi 12$ 三刃立铣刀	高速钢	300～500	下刀：20～50 铣轮廓：100～200	计算得出（精铣）

精加工和精加工应该适当提高转速和进给量，提高加工效率。

量具：三用游标卡尺和内测千分尺、深度千分尺。

刀具路径：沿内腔轮廓走刀，法线执行刀具半径补偿如图 5-1-25 虚线所示。

3）制订加工计划

本步骤要完成如下文字材料，编制工艺方案和编制 NC 加工程序。

（1）工艺方案：在立式数控铣床用立铣刀加工，使用通用量具测量控制尺寸精度，通过刀具半径补偿改变控制加工余量，采用顺铣走刀加工。

（2）NC 加工程序编制。

①选择编程原点：跟据基准统一原则，编程坐标系原点选择工件上表面中心处。

②定刀具补偿线。

③坐标计算：计算并标示各个基点、节点（图 5-1-26）坐标。

④编写程序单：编写并检查加工程序，如表 5-1-4、图 5-1-5 所示。

表 5-1-4　矩形槽主程序

程序段号	FANUC 0i 系统程序	SIMENS 802D 系统程序	程序说明
	O0001；	FBC. MPF	主程序名
N10	G54G90G40G17G64；		程序初始化
N20	M03S500；		主轴正转，500r/min
N30	M08；		开冷却液
N40	G00G43Z100H01；	G00Z100T1	Z 轴快速定位，执行长度补偿
N50	X0Y-35；		下刀前定位（A 点）
N60	Z5；		快速下刀
N70	G01Z0F100；		下刀至 Z0 高度
N80	M98P100002；	L2 P10	调用子程序 10 次
N90	G00G49Z100；	G00Z100	抬刀并撤销高度补偿
N100	M09；		关冷却液
N110	M30；		程序结束

表 5-1-5　矩形槽子程序

程序段号	FANUC 0i 系统程序	SIMENS 802D 系统程序	程序说明
	O0002；	L2. SPF	子程序名
N10	G91G01Z-0.5F50；		增量编程 Z 向下刀 0.5
N20	G90G41X7D01F200；		法线执行刀具半径补偿至 B 点
N30	Y-11；		直线插补铣削至 C 点
N40	X20，R7.；	X20RND＝7	采用导圆角指令铣削至 D 点
N50	Y0；		直线插补铣削至 E 点
N60	G03X-20Y0R20；	G03X-20Y0CR＝20	圆弧插补铣削至 F 点
N70	G01Y-11，R7.；	G01Y-11RND＝7	采用导圆角指令铣削至 G 点
N80	X-7.；		直线插补铣削至 H 点
N90	Y-35.；		直线插补铣削至 I 点
N100	G40G01X0；		撤销刀具半径补偿回 A 点
N110	M99；	M17	子程序结束

（3）领取和检查毛坯材料：φ50×25 的 45# 钢。

（4）借领和检查完成工作所需的工、夹、量具及劳保用品。

（5）工作场地的准备工作。

3．实施零件加工

（1）开启机床。

（2）安装夹紧平口钳，利用 V 形块、平行垫铁定位夹紧工件圆钢毛坯。

（3）安装夹紧刀具和刀柄。

（4）对刀，设定工件坐标系 G54。

（5）录入程序，人工作图检查程序。

（6）空运行测试、调试程序。

（7）表层试切检验加工加工程序及相关数据设定是否正确。

（8）加工零件。

4．监测加工过程

（1）记录加工过程。

（2）加工过程控制（保证冷却液畅通，判断加工是否正常等，视、听结合，确保加工正常）。

5．评估

完成工件的加工后，可从以下几方面评估整个加工过程，达到不断优化的目的。

（1）对工件尺寸精度进行评估，找出尺寸超差是工艺系统因素还是测量因素，为工件后续加工时尺寸精度控制提出解决办法、合理化建议及有益的经验。

（2）对工件的加工表面质量进行评估，总结经验或找出表面质量缺陷之原因，提出刀路优化设计方法。

（3）对加工效率、刀具寿命等方面进行评估，找出加工效率与刀具寿命的内在规律，为进一步优化刀具切削参数夯实基础。

（4）评估整个加工过程，是否有需要改进的工艺方法和操作。

（5）评估团队成员在工作过程表现的知识技能、安全文明、协作能力、语言表达能力等。

（6）形成文书材料的评估报告。

任务实施

1．工艺分析

本工序加工内容为型腔底面和内壁。型腔的 4 个角都为圆角，圆角的半径限定刀具的半径选择，圆角的半径大于或等于精加工刀具的半径。图中圆角半径为 $R10mm$，粗加工刀具选用 $\phi20$ 的键槽铣刀，精加工选用 $\phi16$ 的立铣刀。

粗加工为 Z 字形走刀，从槽的左下角下刀，沿 X 方向切削。设置精加工余量 $S = 0.2mm$，半精加工余量 $C = 0.4mm$，根据前面公式确定粗加工刀间距个数 $N = 8$（来回走刀 9 次），刀间距为 16.1mm。半精加工从粗加工的最后刀具位置开始，沿轮廓逆时针加工矩形槽侧壁。精加工采用圆弧切入，逆时针加工（顺铣）。

由于槽比较深，粗、精加工采用分层铣削，每次铣削深度为 10mm。精加工一次直接铣削到深度。

2. 刀具与工艺参数

如表 5-1-6、表 5-1-7 所示。

表 5-1-6 数控加工刀具卡

单 位		数控加工刀具卡片	产品名称				零件图号	
			零件名称				程序编号	
序号	刀具号	刀具名称	刀 具		补偿值		刀补号	
			直径	长度	半径	长度	半径	长度
1	T01	键槽铣刀	ϕ20mm					
2	T02	立铣刀	ϕ16mm		8		D02	

表 5-1-7 数控加工工序卡

单 位		数控加工工序卡片		产品名称	零件名称	材 料	零件图号
工序号		程序编号	夹具名称	夹具编号	设备名称	编制	审核
工步号		工步内容	刀具号	刀具规格	主轴转速（r/min）	进给速度（mm/min）	背吃刀量（mm）
1		粗加工和半精加工形腔内壁，精加工形腔底面	T01	ϕ20mm 键槽刀	400	200	
2		精加工形腔内壁	T02	ϕ16mm 立铣刀	600	120	

3. 装夹方案

本工序采用平口钳装夹，由于加工内腔，所以不存在刀具干涉问题，只要保证对刀面高于钳口即可。

4. 程序编制

在零件中心建立工件坐标系，Z 轴原点设在零件上表面上。

粗加工程序（ϕ20mm 键槽刀）：

O0010;	主程序名
N10 G17 G21 G40 G54 G80 G90 G94;	程序初始化
N20 G00 Z80.0;	刀具定位到安全平面
N30 M03 S400;	启动主轴
N40 X-64.4 Y-64.4;	移动到下刀点
N50 Z5.0;	
N60 G01 Z-10.0 F50;	下刀至-10mm
N70 M98 P0011;	调用子程序

N80 G90 X-64.4 Y-64.4;	移动到下刀点
N90 Z-20 F50;	下刀至-20mm
N100 M98 P0011;	调用子程序
N110 G90 G00 Z200.0;	
N120 X200.0 Y200.0;	
N130 M05;	主轴停止
N140 M30;	程序结束

分层铣削子程序：

O0011;	子程序名
N10 G91;	增量坐标
N20 G01 X128.8 F200;	第 1 次切削
N30 Y16.1;	间 距 1
N40 X-128.8;	第 2 次切削
N50 Y16.1;	间 距 2
N60 X128.8;	第 3 次切削
N70 Y16.1;	间 距 3
N80 X-128.8;	第 4 次切削
N90 Y16.1;	间 距 4
N100 X128.8;	第 5 次切削
N110 Y16.1;	间 距 5
N120 X-128.8;	第 6 次切削
N130 Y16.1;	间 距 6
N140 X128.8;	第 7 次切削
N150 Y16.1;	间距 7
N160 X-128.8;	第 8 次切削
N170 Y16.1;	间距 8
N160 X128.8;	第 9 次切削
N170 X0.4;	半精加工起点 X 坐标
N180 Y0.4;	半精加工起点 Y 坐标
N190 X-129.6;	-X 方向运动
N200 Y-129.6;	-Y 方向运动
N210 X129.6;	+X 方向运动
N220 Y129.6;	+Y 方向运动
N230 M99;	子程序结束

精加工程序（ϕ16mm 立铣刀）：

O0020;	程序名

N10 G17 G21 G40 G54 G80 G90 G94；	程序初始化
N20 G00 Z80.0；	刀具定位到安全平面
N30 M03 S600；	启动主轴
N40 X0 Y-59.0；	移动到下刀点
N50 Z5.0；	
N60 G01 Z-20.0 F80；	下刀至-20mm
N70 G41 X-16 D02 F120；	建立刀补
N80 G03 X0 Y-75.0 R16.0；	切向切入
N90 G01 X65.0；	开始精加工
N100 G03 X75.0 Y-65 R10.0；	
N110 G01 Y65.0；	
N120 G03 X65.0Y75.0 R10.0；	
N130 G01 X-65.0；	
N140 G03 X-75.0 Y65.0 R10.0；	
N150 G01 Y-65.0；	
N160 G03 X-65.0 Y-75.0 R10.0；	
N170 G01 X0；	
N180 G03 X16.0 Y-59.0 R16.0；	切向切入出
N190 G01 G40 X0；	取消刀补
N200 G00 Z200.0；	
N210 X200.0 Y200.0；	
N220 M05；	主轴停止
N230 M30；	程序结束

技能训练

在数控铣床上完成如图 5-1-27 所示零件的圆槽加工，工件材料为 45# 钢。生产规模：单件。

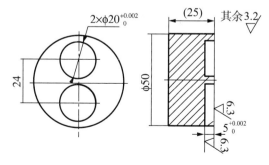

图 5-1-27　圆形槽零件

任务评价

完成任务后，请填写下表。

班级：_____　　　姓名：_____　　　日期：_____

任务 1　矩形槽铣削的编程与加工					
序号	评分项目	分值	自我评分	小组评分	教师评分
1	程序编制	40			
2	零件加工	40			
3	安全生产、规范操作	20			
总分		100			

你的最大收获：

你遇到的困难和解决的方法：

今后还需要更加努力的方面：

教师评语：

任务 2　型腔铣削的编程与加工

 **任务描述**

编写如图 5-2-1 所示零件的加工程序，已知毛坯尺寸 120×100×20。

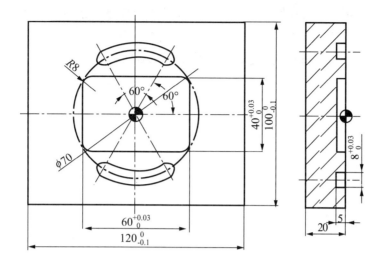

图 5-2-1　带半径补偿的型腔加工

 任务分析

（1）本零件图主要加工一个矩形型腔和圆周槽，加工表面质量要求一般，但是该工件的尺寸公差要求较高。

（2）图中矩形槽的尺寸 $40^{+0.03}_{0}$、$60^{+0.03}_{0}$，圆周槽的尺寸为 $8^{+0.03}_{0}$，这三处尺寸精度可通过修改刀具半径补偿值的方法来保证。

（3）本例中 60×40 型腔选用 ϕ14mm 键铣刀，圆周槽选用 ϕ6mm 键铣刀。

相关知识

G50.1/G51.1/G68/G69 指令用法

一、型腔铣削加工的内容、要求

型腔是 CNC 铣床、加工中心中常见的铣削加工内结构。铣削型腔时，需要在由边界线确定的一个封闭区域内去除材料，该区域由侧壁和底面围成，其侧壁和底面可以是斜面、凸台、球面以及其他形状。型腔内部可以全空或有孤岛。对于形状比较复杂或内部有孤岛的型腔则需要使用计算机辅助（CAM）编程。型腔的主要加工要求有：侧壁和底面的尺寸精度、表面粗糙度、二维平面内轮廓的尺寸精度。

二、型腔铣削方法

对于较浅的型腔，可用键槽铣刀插削到底面深度，先铣型腔的中间部分，然后再利用刀具半径补偿对垂直侧壁轮廓进行精铣加工。

对于较深的内部型腔，宜在深度方向分层切削，常用的方法是预先钻削一个到所需深度孔，然后再使用比孔尺寸小的平底立铣刀从 Z 向进入预定深度，随后进行侧面铣削加工，将型腔扩大到所需的尺寸、形状。

型腔铣削时有两个重要的工艺考虑：①刀具切入工件的方法；②刀具粗、精加工的刀路设计。

三、型腔加工的工艺知识

1. 刀具切入方法

刀具引入到型腔有 3 种方法：

（1）使用键槽铣刀沿 Z 向直接下刀，切入工件。

（2）先用钻头钻孔，立铣刀通过孔垂向进入再用圆周铣削。

（3）使用立铣刀螺旋下刀或者斜插式下刀

开始型腔铣削之前，必须使用过中心切削的立铣刀沿 Z 轴切入工件，如果不适合或不能使用此切入方法，可以选择斜向切入方法。

2. 矩形型腔刀具切入方法

由于必须切除封闭区域内的所有材料（包括底部），所以一定要考虑刀具可以通过切入或斜向切入到所需深度的所有可能位置。斜向切入必须在空隙位置进行，但垂直切入可以在任何地方进行。有两个比较实用：型腔中心、型腔拐角，如图 5-2-2 所示。

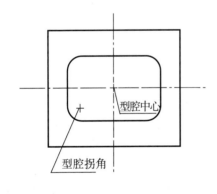

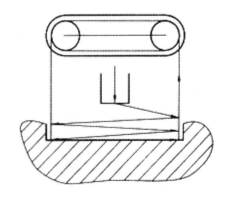

图 5-2-2　矩形型腔刀具切入位置　　　　图 5-2-3　立铣刀斜插式下刀

使用立铣刀时，由于端面刃不过中心，一般不宜垂直下刀，可以采用斜插式下刀。斜插式下刀，即在两个切削层之间，刀具从上一层的高度沿斜线以渐近的方式切入工件，直到下一层的高度，然后开始正式切削，如图 5-2-3 所示。采用斜插式下刀时要注意斜向切入的位置和角度的选择应适当，一般进刀角度为 $5° \sim 10°$。

3. 圆形型腔刀具切入方法

如果圆形型腔需要铣削深度不大时，最好选用过中心切削立铣刀（键槽铣刀）直接切入；如果型腔深度较大时，最好先加工一个落刀孔（工艺孔），然后刀具每次都沿该孔下刀；也可以采用螺旋下刀的方式。那么，圆形型腔中沿 Z 轴切入的最佳位置是型腔中心，如图 5-2-4 所示。

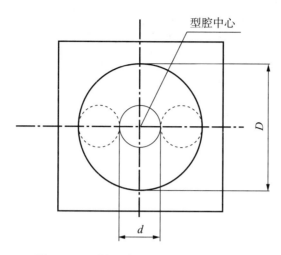

图 5-2-4　圆形型腔刀具切入点的位置图

型腔首次进行粗加工时具体下刀方法：

（1）对于矩形型腔，首先在型腔的 4 个角钻孔，或在型腔中心钻大孔，然后用立铣刀从孔处下刀，将余量去除。此方法编程简单，但立铣刀在切削过程中，多次切入、切出工件，振动较大，对刃口的安全性有负作用。从切削的观点看，刀具通过预钻削孔时因切削力而产生振动，有时会导致刀具损坏，如图 5-2-5 所示。

（2）使用立铣刀或面铣刀采用二轴 Z 字形铣。要求铣刀有 Z 字形走刀功能，在 X、Y 或 Z 轴方向进行线性 Z 字形走刀，刀具可以到达在轴向的最大切深，这种方法尤其适用模具型腔开粗。

Z 字形走刀斜线角度主要与刀具直径、刀片、刀片下面的间隙等刀片尺寸及背吃刀量有关，如图 5-2-6 所示。

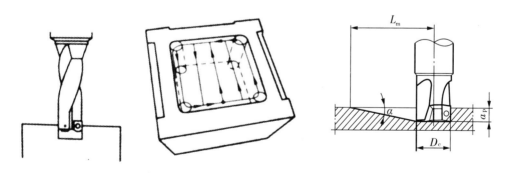

图 5-2-5　型腔的 4 个角钻孔　　　　**图 5-2-6　Z 字形下刀**

（3）在主轴的轴向采用三轴联动螺旋圆弧插补加工孔。这时一种非常好的方法，因为它可以产生光滑的切削作用，而只要求很小的空间。这种方法相对于直线 Z 字形下刀方式，螺旋形插补下刀切削更稳定、更适合小功率机床和窄深型腔。

螺旋下刀，即在两个切削层之间，刀具从上一层的高度沿螺旋线以渐近的方式切入工件，直到下一层的高度，然后开始正式切削。

具有螺旋插补功能的铣刀加工孔的直径范围不是没有限定的，要参阅刀具技术手册。当没用底孔时，圆刀片铣刀、球头立铣刀进行螺旋插补铣孔的能力最强，如图5-2-7所示。

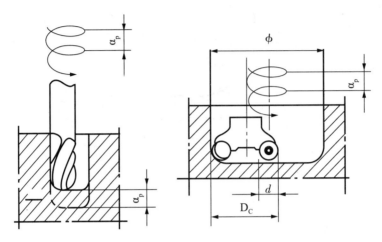

图 5-2-7　螺旋线下刀

4. 加工刀路设计

从型腔内切除大部分材料的方法称为粗加工。对于型腔的编程而言，粗加工的程序编写比精加工的程序编制要复杂些。粗加工方法的选择也稍微复杂一点，开始切入或斜向切入的位置以及切削宽度的选择非常重要，而且粗加工不可能都在顺铣模式下完成，也不可能保证所有地方留作精加工的余量完全一样。许多切削都不规则且毛坯余量也不平均，所以在精加工之前通常要进行半精加工。这主要取决于技术要求。

（1）Z形走刀路线，如图5-2-8（a）所示，刀具循Z字形刀路行切，粗加工的效率高；相邻两行走刀路线的起点和终点间留下凹凸不平的残留，残留高度与行距有关。

（2）环切走刀路线。如图5-2-8（b）所示环绕切削，加工余量均匀稳定，有利于精加工时工艺系统的稳定性，从而得到高的表面质量，但刀路较长，不利于提高切削效率。

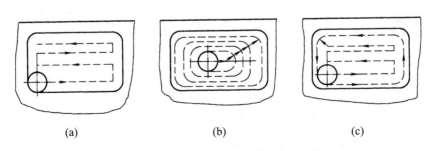

(a)　　　　　　　　　(b)　　　　　　　　　(c)

图 5-2-8　铣切内腔的三种走刀路线比较

（3）先用行切法粗加工，后环切一周半精加工。如图 5-2-8（c）所示，把 Z 字形运动和环绕切削结合起来用一把刀进行粗加工和半精加工是一个很好的方法，因为它集中了两者的优点，有利于提高粗加工效率，有利于保证精加工加工余量均匀，从而保证精切削时工艺系统的稳定性。

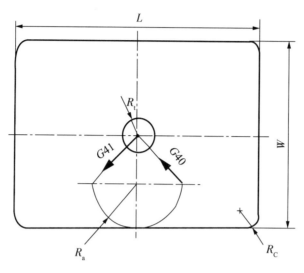

图 5-2-9　精加工刀具路径

5. 型腔加工刀具（图 5-2-10）

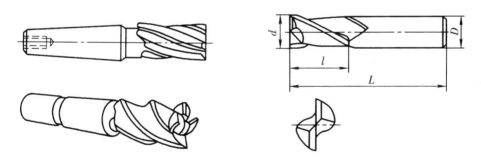

图 5-2-10　型腔加工刀具

四、型腔铣削用量

粗加工时，为了得到较高的切削效率，选择较大的切削用量，但刀具的切削深度与宽度应与加工条件（机床、工件、装夹、刀具）相适应。实际应用中，一般让 Z 方向的吃刀深度不超过刀具的半径；直径较小的立铣刀，切削深度一般不超过刀具直径的 1/3。切削宽度与刀具直径大小成正比，与切削深度成反比，一般切削宽度取 0.6~0.9 刀具直径。值得注意的是：型腔粗加工开始第一刀，刀具为全宽切削，切削力大，切削条件差，应适当减小进给量和切削速度。

精加工时，为了保证加工质量，就避免工艺系统受力变形和减振动，精加工切深应小，数控机床的精加工余量可略小于普通机床，一般在深度、宽度方向留 0.2 ~ 0.5mm 余量进行精加工。精加工时，进给量大小主要受表面粗糙度要求限制，切削速度大小主要取决于刀具耐用度。

1. 粗加工方法

1）矩形型腔粗加工方法

矩形型腔粗加工时，程序员必须考虑以下重要因素：刀具直径（或半径）、刀具起点位置坐标值、精加工余量、半精加工余量、间距值（切削宽度）等。

图 5-2-11 为矩形型腔粗加工进给路线，采用 Z 字形运动。图 5-2-11 中给出了起始点的坐标 X 和 Y 相对于左下角点的距离以及其他数据。图 5-2-11 中的字母表示各种设置，程序员可以根据加工要求来选择它们的值。

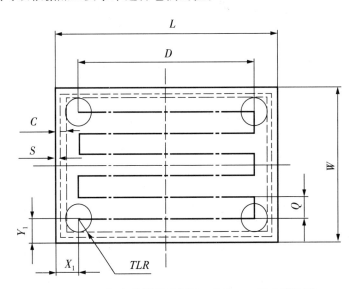

图 5-2-11 拐角处的型腔粗加工起点——Z 字形轨迹

X_1—刀具起点的 X 坐标；Y_1—刀具起点的 Y 坐标；TLR—刀具半径；Q—两次切削之间的间距；

S—精加工余量；C—半精加工余量；D—实际切削长度；L—型腔长度；W—型腔宽度。

通常毛坯有两种毛坯余量：一种为精加工余量；另一种为半精加工余量。刀具沿 Z 字形路线来回运动，在加工表面留下"扇形"轨迹。在二维工作中，"扇形"用来形容由刀具形状导致的不均匀侧壁表面，该表面不适合用作精加工，因为切削不均匀余量时很难保证公差和表面质量。

图 5-2-12 为矩形型腔粗加工后的结果（没有使用半精加工）。

半精加工运动的唯一目的就是消除不均匀的加工余量。由于半精加工和粗加工往往使用同一把刀具，因此通常从粗加工的最后刀具位置开始进行半精加工，图 5-2-13 为型腔的左上角。

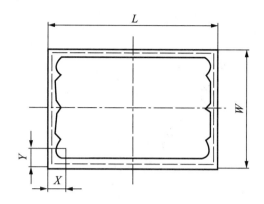

图 5-2-12　Z 字形型腔粗加工后的结果

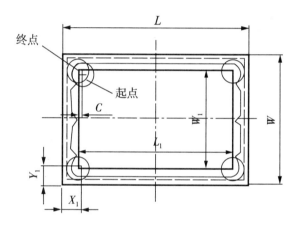

图 5-2-13　从最后粗加工位置开始的半精加工刀具路径得到均匀的精加工余量

2）圆形型腔粗加工方法

对于圆形型腔粗加工程序的编制，首先要选择好刀具并确定刀具的直径。图 5-2-14 为刀具与型腔直径之间的关系，条件为：$d<D$、$d \geqslant D/3$；即将最小直径确定为型腔直径的 1/3，铣削以 360° 刀具运动轨迹从型腔中心开始，如图 5-2-14（a）所示。

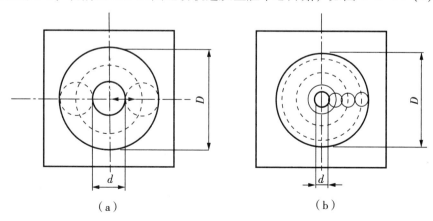

（a）　　　　　　　　　　　　　（b）

图 5-2-14　刀具直径与型腔直径之间的关系，决定了粗加工路线的次数

当刀具直径 $d<D/3$ 时，切削可能需要重复几次，如图 5-2-14（b）所示。建议采用如图 5-2-14（a）所示。

2. 型腔凹角的加工方法

在型腔的粗加工中，大直径铣刀可获得较高金属去除率，但同时会在凹角处残留很多材料，这将给后续的工序造成影响。在凹角处粗加工时不能使用与圆角半径相等的铣刀直接切入，那样会因为铣刀由直线进给运动时的切宽在圆角处突然增大而引起刀具振颤，如图 5-2-15（a）所示。常用的解决方法有：

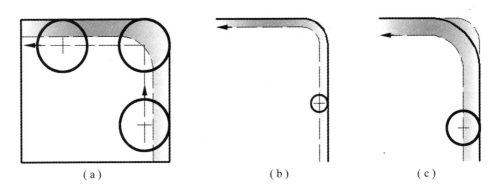

（a）　　　　　　　　　　（b）　　　　　　　　　（c）

图 5-2-15　圆角处理

（a）铣刀直径过大引起刀具振颤；（b）方法一；（c）方法二。

方法一：采用一个更小直径的立铣刀过角，在圆角处铣刀的可编程半径应比刀具半径大 15%。例如，加工半径为 10mm 的凹角圆弧，使用刀具为（10/2）×0.85 = 4.25mm，故刀具直径应选直径为 8mm 的立铣刀，如图 5-2-15（b）所示。

方法二：仍采用大直径的铣刀，但是不将圆角考虑，而是预留余量，给下面铣刀具做插铣或摆线铣，如图 5-2-15（c）所示。这种方法在较深型腔要求过角铣刀较长的时候应用得较多。

五、可编程镜像指令

1. 镜像加工功能 G51.1、G50.1

镜像加工功能又叫对称加工功能，是将数控加工轨迹沿某轴作镜像变换而形成的。编程编程格式：

G51.1 X __ Y __ Z __ ┐设置可编程镜像
:　　　　　　　　　　│根据 G51.1 X __ Y __ Z 指定的对称轴
:　　　　　　　　　　├生成在这些程序段
:　　　　　　　　　　│中指定的镜像
G50.1 X __ Y __ Z __ ┘取消可编程镜像

X __ Y __ Z __ 用 G51.1 指定镜像的对称点（位置）和对称轴。用 G50.1 指定镜像的对称轴。不指定对称点。

例如：G51.1X10.0Y10.0

该指令表示镜像是以某一点（10，10）作为对称点进行镜像。

G51.1X10.0；

该指令表示以某一轴线为对称轴，该轴线与 Y 轴相平行，且与 X 轴在 X = 10.0 处相交。

G50.1X __ Y __；表示取消镜像

【例 5-3】如图 5-2-16 所示，用镜像加工功能编程。

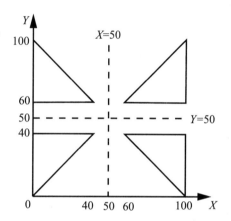

图 5-2-16 镜像图形编程实例 1

参考程序：

子程序：

O1111；

G00 G90 X60.Y60.；

G01 X100.F100；

   Y1000.；

     X60.Y60.；

     M99；

主程序：

G00 G90 G54 X50.Y50.Z100.；

M03 S800；   指定转速

M98 P1111；   调用子程序

G51.1 X50.；   调用镜像指令

M98 P1111；   调用子程序

G51.1 Y50.；   调用镜像指令

M98 P1111；   调用子程序

G51.1 X50.Y50.；   调用镜像指令

G50.1;　　　　　　取消镜像指令

G00 Z100.;

M30;

【例5-4】如图5-2-17所示，Z轴起始高度为100mm，切深10mm，使用镜像功能编程。

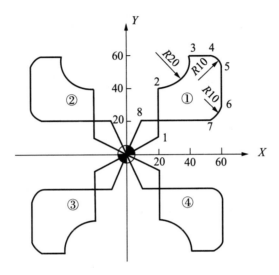

图5-2-17　镜像图形编程实例2

参考程序：

O0001;

N10 G90G54G00X0.Y0.Z100.0;

N20 S600M03;

N30 M98P300;

N40 G51.1X0;（建立 Y轴镜像）

N45 M98P300;

N50 G50.1X0;

N60 G51.1X0Y0;（建立原点镜像）

N70 M98P300;

N80 G50.0X0Y0;

N90 G51.1Y0;

N100 M98P300;

N110 G50.1Y0;

N120 G00Z100.0;

N130 X0Y0;

N140 M30;

子程序：

O300;

N10 G41 G00X20.Y10.0D01;

N20 G43 Z5.H01 M08;

N30 G01 Z-10.F30;

N40Y40.0F100;

N50 G03 X40.Y60.R25.;

N60G01 X50.0F100;

N70 G02 X60.Y50.R10.;

N80 G01 Y30.F100;

N90 G02 X50.Y20.R10.;

N100 G01 X10.0F100;

N110 G01 G40 X0Y0;

N120 G49G00Z100.

N130 M99;

【例5-5】如图5-2-18所示模板零件，在立式数控铣床上加工，试利用镜像加工功能编写其型腔的加工程序。（若用直径为16毫米的键槽立铣刀加工）

程序单如下：

O3234;（主程序）

N10 G54 G90 G00 X0. Y0 .Z100.;

N20 M03 S1000;

N30 M98 P1111;加工型腔①

N40 G51.1 X0;

N50 M98 P1111;加工型腔②

N60 G50.1;

N70 G51.1 X0 Y0;

N80 M98 P1111;加工型腔③

N90 G50.1;

N100 G51.1 Y0;

N110 M98 P1111;加工型腔④

N120 G50.1;

N130 G00 Z100 M09;

N140 M05;

N150 M30;

O1111;（子程序）

N10 G00 X40. Y50.;   到 O_1 点

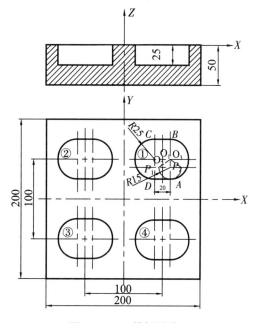

图5-2-18　模板零件

```
N20 G43 Z5.H01 M08;          下刀并建立刀具长度补偿
N30 G01 Z-25.F30;            再下刀
N40 X60 .F100;               加工到 O₂ 点
N50 G41 X45.Y40.D01;         到 P₁ 点并建立刀具半径左补偿
N60 G03 X60.Y25 .R15.;       圆弧切入到 A 点
N70 G03 X60.Y75 .R25.;       到 B 点
N80 G01 X40 .Y75 .;          到 C 点
N90 G03 X40.Y25.R25.;        到 D 点
N100 G01 X60.Y25 .;          到 A 点
N110 G03 X75.Y40.R15.;       圆弧切出到 P₂ 点
N120 G01 G40 X60 .Y50 .;     返回到 O₂ 点并撤销刀具半径补偿
N130 G43 G00 Z10 .;          抬刀并撤销刀具长度补偿
N140 X0 Y0;                  刀具返回原点
N70 M99;
```

注意事项：

①如果指定可编程镜像功能，同时又用 CNC 的设置生成镜像时，则可编程镜像功能首先执行。

②CNC 比例缩放和坐标旋转的数据处理顺序是从程序镜像比例缩放和坐标旋转。应按该顺序指令，取消时，按相反顺序。在比例缩放或坐标旋转方式下，不能指定 G50. 1 和 G51. 1。

③在使用镜像指令之后，圆弧指令 G02 和 G03 互换，刀具半径补偿 G41 和 G42 互换，坐标轴旋转方向互换。

在可编程镜像方式下，与返回参考点（G27、G28、G29、G30 等）和改变坐标系（G52～G59 等）有关的 G 代码不准指定。如果需要指定这些 G 代码的任意一个，必须在取消可编程镜像方式之后再指定。

2. 坐标系旋转功能——G68、G69

FANUC 系统坐标系旋转指令：G68、G69。

G68——指令坐标系旋转，模态指令；

G69——撤销 G68。

1）编程格式及含义

编程格式：G68 X __ Y __ Z __ R __; 建立坐标系旋转指令

        G69; 撤销坐标系旋转指令

指令含义：

（1）独占一个程序段。

（2）R __ 的单位：度（°），逆时针转角为"+"、反之为"-"，必须带小数点。

（3）绝对旋转、增量旋转由系统参数选择，在加工程序指令 G91、G90 对其没有有意义。

2）G68 功用图解

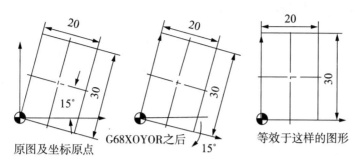

图 5-2-19 G68 指令图解

由图 5-2-19 可知，利用 G68 可以简化编程的坐标计算。编程时，将图形旋转摆放到合适位置，使坐标计算变得简单，再在程序中利用 G68 以相同的旋转中心、转动一个相反的角度（恢复图样到原图位置）即可。

3）编程应用注意事项

（1）G68 虽然可以自由设定旋转中心，但是为了编程坐标便于表述（计算），建议采用坐标系原点作为旋转中心；如果旋转中心与坐标系原点不重合，建议采用 G91 编程，否则可能得不到欲求之道路轨迹。

（2）G68 在执行时，机床有动作，因此必须提高到安全高度后在执行该指令；G69 同理。

（3）M30、复位操作撤销不了 G68 功能，因此建议程序调试正确前，不要加入 G68 指令；或者中途停止循环启动后，立即进入 MDI 方式，先执行 G69，后执行回零操作。否则坐标系会产生错乱。

以图 5-2-20 为例，应用旋转指令的程序为：

```
O1234;
N10 G54 G00 X-5. Y-5.;
N20 G68 G90 X7. Y3. R60.;
N30 G90 G01 X0. Y0. F200;
    (G91 X5. Y5.);
N40 G91 X10.;
N50 G02 Y10. R10.;
N60 G03 X-10 .I-5. J-5.;
N70 G01 Y-10.;
N80 G69 G90 X-5. Y-5.;
N90 M30;
```

4）坐标系旋转功能与刀具半径补偿功能的关系

旋转平面一定要与刀具半径补偿平面共面。以图 5-2-21 为例：

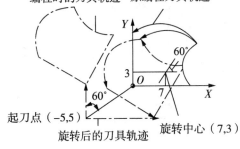

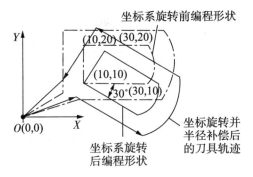

图 5-2-20　坐标系的旋转　　　　图 5-2-21　坐标旋转与刀具半径补偿

N10 G54 G00 X0. Y0. ;

N20 G68 R-30. ;

N30 G42 G90 G00 X10. Y10. F100 D01;

N40 G91 X20. ;

N50 G03 Y10. I-10.15. ;

N60 G01 X-20. ;

N70 Y-10. ;

N80 G40 G90 X0 Y0;

N90 G69 M30;

当选用半径为 $R5$ 的立铣刀时，设置刀具半径补偿偏置号 H01 的数值为 5。

5）与比例编程方式的关系

在比例模式时，再执行坐标旋转指令，旋转中心坐标也执行比例操作，但旋转角度不受影响，这时各指令的排列顺序如下：

G51…

G68…

G41／G42…

G40…

G69…

G50…

6）重复指令

可储存一个程序作为子程序，用变换角度的方法来调用该子程序。将图形旋转 60°，进行加工，如图 5-2-22 所示，其数控加工程序如下：

O0004;

N0010 G59 T01;

N0020 G00 G90 X0 Y0 M06;

N0030 G68 X15.0 Y15.0 R60. ;

N0040M98 P0200；

N0050 G69 G90 X0 Y0；

N0060 M03；

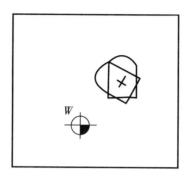

图 5-2-22　以给定点为旋转中心进行编程

【例 5-6】如图 5-2-23 所示零件，试用旋转加工功能指令编写铣 60×60 的凸台的
程序。

程序如下：

O1234；

N10 G54 G90 G00 X0 Y0 Z100.；

N20 M03 S1000；

N30 G68 X0 Y0 R13.7；

N40 X-30. Y-80；

N50 Z5. M08；

N60 G01 Z-6. F50；

N70 G41 G01 Y-40. D01 F100；

N80 Y30.；

N90 X30.；

N100 Y-30.；

N110 X-50.；

N120 G69；

N130 G00 Z100. M09；

N140 G40 X0. Y0；

N150 M05；

N160 M30；

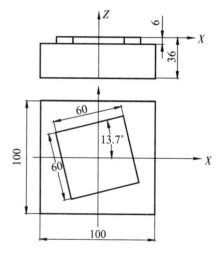

图 5-2-23　凸台零件

【例 5-7】如图 5-2-24 所示零件，在立式数控铣床上加工，试用旋转加工功能及
子程序指令编写铣 3 个均布的 R25 的凸台的程序。

程序如下：

O2234；(主程序)

N10 G54 G90 G00 X0 Y0 Z100;

N20 M03 S1000;

N30 M98 P1111

N40G68 X0 Y0 R120.;

N50 M98 P1111;

N60 G68 X0 Y0 R240;

N70 M98 P1111;

N80 G69;

N90 G00 Z100;

N100 G40 X0 Y0;

N1100M05;

N120 M30;

O1111;(子程序)

N10 G00 X40.;

N20 Z5. M08;

N30 G01 Z-5. F100;

N40 G41 X40. Y25 .D01 ;

N50 G03 X40. Y-25. R25.;

N60 G40 G00 X40. Y0.;

N70 Z10.;

N80 M99;

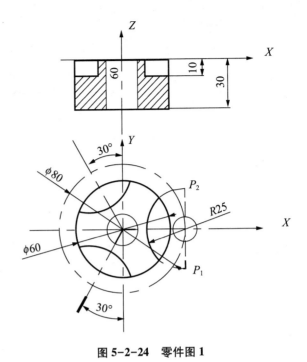

图 5-2-24　零件图 1

【例 5-8】使用旋转功能编制如图 5-2-25 所示轮廓的加工程序，设刀具起点距工件上表面 50mm，切削深度 5mm。

参考程序：

O0005;(主程序)

N10 G90G54G00X0Y0Z50S900M03;

N30 M98P300;

N40 G68X0.Y0.R45.;

N50 M98P300;

N60 G68X0.Y0.R90;

N70 M98P300;

N75 G69;

N80 G00Z50;

N90 M30;

O300;(子程序)

N10 G00X20.Y-20.;

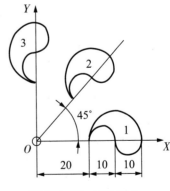

图 5-2-25　零件图 2

```
N30 Z2.0;
N40 G01Z-5.0F80;
N50 G41Y-5.D01F100;
N60 Y0;
N70 G02X40.Y0R10.0;
N80 X30.R5.0;
N90 G03X20.R5.0;
N100 G01Y-10.;
N105 G00Z10.;
N110 G40X0Y0;
N120 M99;
```

任务实施

1. 精度分析

图中矩形槽的尺寸 $40^{+0.03}_{0}$、$60^{+0.03}_{0}$，圆周槽的尺寸为 $8^{+0.03}_{0}$，这三处尺寸精度可通过修改刀具半径补偿值的方法来保证。

2. 刀具及切削用量选用

在轮廓加工中，为更多的去除余量，一般情况下刀具半径应尽可能选大一些，但需注意，刀具半径要小于轮廓中内凹圆弧的半径，否则将会发生过切。本例中 60×40 型腔选选用 φ14mm 键铣刀，圆周槽选用 φ6mm 键铣刀。由于型腔深度只有 5mm，故不再另行预钻孔。刀具及切削用量如表 5-2-1 所示。

表 5-2-1　刀具与切削用量参数

刀号 ＼ 参数	型号	刀具材料	刀具补偿号	刀具转速	进给速度
1	φ14mm 键铣刀	高速钢	01	600	100
2	φ6mm 键铣刀	高速钢	02	1200	50

3. 圆周槽的基点尺寸

在图中各点必须通过计算或利用 CAD 软件的标注、捕捉功能得到，具体参如图 5-2-26所示。

4. 参考程序

```
O0002;
G90 G80 G40 G21 G17 G94;
G91 G28 Z0.0;
M06 T01;
```

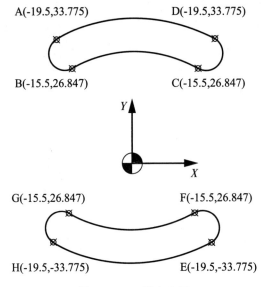

A(-19.5,33.775)   D(-19.5,33.775)

B(-15.5,26.847)   C(-15.5,26.847)

G(-15.5,26.847)   F(-15.5,26.847)

H(-19.5,-33.775)   E(-19.5,-33.775)

图 5-2-26   基点坐标

```
G90 G54;
G00 X0.0Y0.0;
G43 Z20.0 H01;
M03 S600;
M08;
G01 Z-5.0 F30;
G41 G01 X10.0Y10.0 D01 F100;
G03 X0.0 Y20.0 R10.0;
G01 X-22.0;
G03 X-30.0 Y12.0 R8.0;
G01 Y-12.0;
G03 X-22.0 Y-20.0 R8.0;
G01 X22.0;
G03 X30.0 Y-12.0 R8.0;
G01 Y12.0;
G03 X22.0 Y20.0 R8.0;
G01 X0.0;
G03 X-10.0 Y10.0 R10.0;
G40 G01 X0.0Y0.0;
G00 G49 Z0.0;
M05;
M09;
```

```
M06 T02;

G00 X0.0 Y35.0;

G43 Z20.0 H02;

M03 S1200;

M08;

G01 Z-5.0 F20;

G41 G01 X3.5Y35.5 D02 F50;

G03 X0.0 Y39.0 R3.5;

X-19.5Y33.775 R39.0;

X-15.5 Y26.847 R4.0;

G02 X15.5 R31.0;

G03 X19.5 Y33.775 R4.0;

X0.0 Y39.0 R39.0;

X-3.5 Y35.5 R3.5;

G40 G01 X0.0Y35.0;

G00 Z5.0;

X0.0 Y-35.0;

G01 Z-5.0 F20;

G41 G01 X-3.5Y-35.5 D02 F50;

G03 X0.0 Y-39.0 R3.5;

X19.5Y-33.775 R39.0;

X15.5 Y-26.847 R4.0;

G02 X-15.5 R31.0;

G03 X-19.5 Y-33.775 R4.0;

X0.0 Y-39.0 R39.0;

X3.5 Y-35.5 R3.5;

G40 G01 X0.0Y-35.0;

G49 G00 Z0.0;

M05;

M09;

M30;
```

技能训练

在数控铣床上完成如图 5-2-27 所示零件的轮廓加工，工件材料为 45# 钢。生产规模：单件。

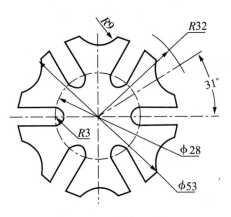

图 5-2-27 槽轮零件图

任务评价

完成任务后，请填写下表。

班级：_____ 姓名：_____ 日期：_____

	任务 2　型腔铣削的编程与加工				
序号	评分项目	分值	自我评分	小组评分	教师评分
1	程序编制	40			
2	零件加工	40			
3	安全生产、规范操作	20			
	总分	100			

你的最大收获：

你遇到的困难和解决的方法：

今后还需要更加努力的方面：

教师评语：

项目 6 孔类零件铣削的编程与加工

任务 1 孔类零件铣削的编程与加工

 **任务描述**

加工如图 6-1-1 所示孔类零件，工件材质为 $45^\#$ 钢，在数控铣床上，采用三爪自定心卡盘进行零件的装夹定位。对加工孔类零件工艺编制、程序编写及数控铣削加工全过程进行详解。

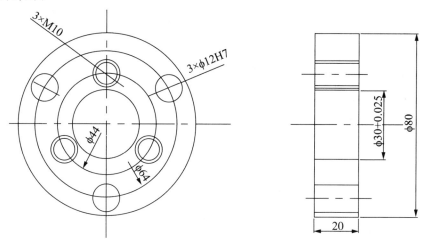

图 6-1-1 孔类零件

 **任务分析**

1. 零件图分析

此零件在普通车床上已加工出 $\phi 80mm$ 外圆。3 个 $\phi 12H7$ 的孔需由铰孔完成，3 个 M10 的内螺纹孔需由攻螺纹完成，$\phi 30mm$ 的孔需由镗孔完成。主要是通过固定循环指令来实现完成的。

2. 确定装夹方案和定位基准

此零件采用三爪自定心卡盘装夹，编程原点在工件中心上表面位置，用百分表找正工件中心。

3. 编写数控加工工序卡

零件加工工艺过程如下：

1）平端面

ϕ100mm 面铣刀加工底面至尺寸。

2）钻中心孔

由于钻头具有较长的横刃，定位性不好，因此在钻孔前先用中心钻钻孔定位。

3）钻孔

用 ϕ6mm 钻头钻 3×ϕ12H7 的孔、3×M10 螺纹底孔和 ϕ30mm 的底孔。

4）扩孔

用 ϕ8.5mm 钻头扩出 3×M10 螺纹底孔，用 ϕ11.8mm 钻头钻 3×ϕ12H7 底孔和 ϕ30mm 的底孔，用 ϕ20mm 钻头扩 ϕ30mm 的底孔。

5）铰孔

用 ϕ12H7 铰刀铰 3×ϕ12H7 孔至尺寸。

6）攻螺纹

用 M10 丝锥攻 3×M10 螺纹。

7）铣孔

用 ϕ16mm 键槽铣刀铣 ϕ30mm 的孔至尺寸 ϕ29.7mm。

8）镗孔

用 ϕ30mm 精镗刀镗孔，保证加工精度。

 相关知识

一、孔加工固定循环功能

孔加工固定循环通常是由含有 G 功能的一个程序段完成多个程序段指令的加工操作，使程序得以简化。为了进一步提高编程工作效率，FANUC-Oi 系统设计有固定循环功能，它规定对于一些典型孔加工中的固定、连续的动作，用一个 G 指令表达，即用固定循环指令来选择孔加工方式。

常用加工指令中，每一个 G 指令一般都对应机床的一个动作，它需要用一个程序段来实现。

1. 孔加工固定循环和分类

常用的固定循环指令能完成的工作有：钻孔、攻螺纹和镗孔等。这些循环通常包括下列 6 个基本操作动作（图 6-1-2）：

操作 1：在 XY 平面定位；

操作 2：快速移动到 R 平面；

操作 3：孔的切削加工；

操作 4：孔底动作；

操作 5：返回到 R 平面；

操作6：返回到起始点。

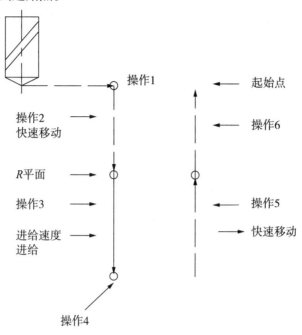

图 6-1-2　固定循环的基本动作

图 6-1-2 中实线表示切削进给，虚线表示快速运动。R 平面为在孔口时，快速运动与进给运动的转换位置。

FANUC 系统数控铣床常用固定循环一览表如表 6-1-1 所示。

表 6-1-1　孔加工固定循环

G 代码	加工运动（Z 轴负向）	孔底动作	返回运动（Z 轴正向）	应用
G73	分次，切削进给	—	快速定位进给	高速深孔钻削
G74	切削进给	暂停—主轴正转	切削进给	左螺纹攻丝
G76	切削进给	主轴定向，让刀	快速定位进给	精镗循环
G80	—	—	—	取消固定循环
G81	切削进给	—	快速定位进给	普通钻削循环
G82	切削进给	暂停	快速定位进给	钻削或粗镗削
G83	分次，切削进给	—	快速定位进给	深孔钻削循环
G84	切削进给	暂停—主轴反转	切削进给	右螺纹攻丝
G85	切削进给	—	切削进给	镗削循环
G86	切削进给	主轴停	快速定位进给	镗削循环
G87	切削进给	主轴正转	快速定位进给	反镗削循环
G88	切削进给	暂停—主轴停	手动	镗削循环
G89	切削进给	暂停	切削进给	镗削循环

对孔加工固定循环指令的执行有影响的指令主要有 G90/G91 及 G98/G99 指令。图 6-1-3（a）及图 6-1-3（b）示意了 G90/G91 对孔加工固定循环指令的影响。

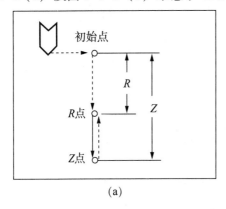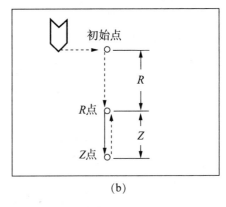

图 6-1-3　G90/G91 在孔加工固定循环中的应用

(a) G90 绝对值指令；(b) G91 增量值指令。

G98/G99 决定固定循环在孔加工完成后返回 R 点还是起始点，G98 模态下，孔加工完成后 Z 轴返回起始点；在 G99 模态下则返回 R 点。

一般地，如果被加工的孔在一个平整的平面上，可以使用 G99 指令，因为 G99 模态下返回 R 点进行下一个孔的定位，而一般编程中 R 点非常靠近工件表面，这样可以缩短零件加工时间，但如果工件表面有高于被加工孔的凸台时，使用 G99 时非常有可能使刀具和工件发生碰撞，这时，就应该使用 G98，使 Z 轴返回初始点后再进行下一个孔的定位，这样就比较安全，如图 6-1-4 所示。

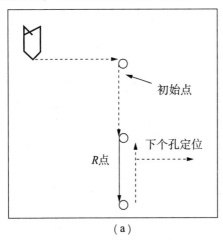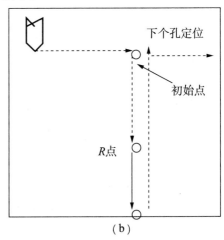

图 6-1-4　G98/G99 在孔加工固定循环中的应用

(a) G99（返回 R 点）；(b) G98（返回初始点）。

1）G73（高速深孔钻削循环）

编程格式：G73 X ＿ Y ＿＿ R ＿ Q ＿ P ＿ F ＿ K ＿

在高速深孔钻削循环（图 6-1-5）中，从 R 点到 Z 点的进给是分段完成的，每段切削进给完成后 Z 轴向上抬起一段距离，然后再进行下一段的切削进给，Z 轴每次向上抬起的距离为 d，由机床参数给定，每次进给的深度由孔加工参数 Q 给定。该固定循环主要用于径深比较小的孔（如 φ5，深 70）的加工，每段切削进给完毕后 Z 轴抬起的动作起到了断屑的作用。

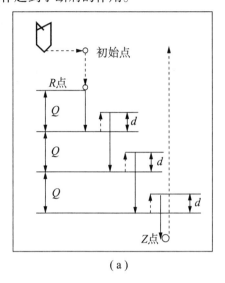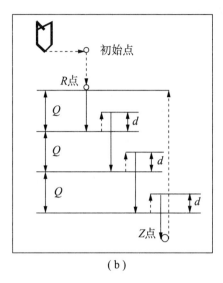

（a）　　　　　　　　　　　（b）

图 6-1-5　G73（高速深孔钻削循环）

（a）G73（G98）；（b）G73（G99）。

2）G74（左螺纹攻丝循环）

编程格式：G74 X __ Y __ R __ Q __ P __ F __ K __

在使用左螺纹攻丝循环（图 6-1-6）时，循环开始以前必须给定 M04 指令使主轴反转，并且使 F 与 S 的比值等于螺距。另外，在 G74 或 G84 循环进行中，进给倍率开关和进给保持开关的作用将被忽略，即进给倍率被保持在 100%，而且在一个固定循环执行完毕之前不能中途停止。

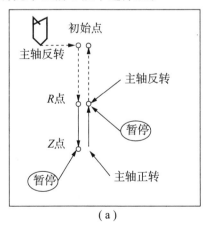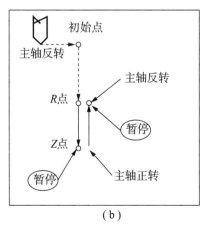

（a）　　　　　　　　　　　（b）

图 6-1-6　G74（左螺纹攻丝循环）

（a）G74（G98）；（b）G74（G99）。

3）G76（精镗循环）

编程格式：G76 X＿＿Y＿＿Z＿＿R＿＿Q＿＿P＿＿F＿＿K＿＿

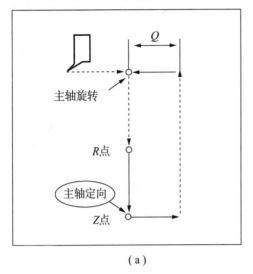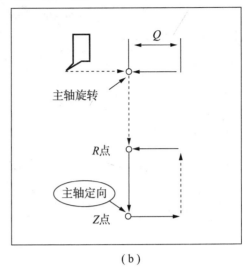

（a）　　　　　　　　　　　　　　　　　（b）

图 6-1-7　G76（精镗循环）

（a）G76（G98）；（b）G76（G99）。

X、Y 轴定位后，Z 轴快速运动到 R 点，再以 F 给定的速度进给到 Z 点，然后主轴定向，并向给定的方向移动一段距离，再快速返回初始点或 R 点，返回后，主轴再以原来的转速和方向旋转。在这里，孔底的移动距离由孔加工参数 Q 给定，Q 始终应为正值，移动的方向由 $2^\#$ 机床参数的 4、5 两位给定。在使用该固定循环时，应注意孔底移动的方向是使主轴定向后，刀尖离开工件表面的方向（图 6-1-8），这样退刀时便不会划伤已加工好的工件表面，可以得到较好的精度和光洁度。

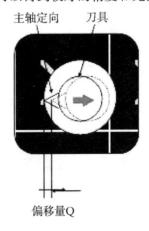

图 6-1-8　偏移量 Q

警告：每次使用该固定循环或者更换使用该固定循环的刀具时，应注意检查主轴定向后刀尖的方向与要求是否相符。如果加工过程中出现刀尖方向不正确的情况，将会损坏工件、刀具甚至机床!

4) G80（取消固定循环）

编程格式：G80 ＿＿ ＿＿ ＿＿

G80 指令被执行以后，固定循环（G73、G74、G76、G81～G89）被该指令取消，R 点和 Z 点的参数以及除 F 外的所有孔加工参数均被取消。另外 01 组的 G 代码也会起到同样的作用。

5) G81（钻削循环）

编程格式：G81 X＿＿ Y＿＿ R＿＿ F＿＿ K＿＿

G81 是最简单的固定循环，它的执行过程为：X、Y 定位，Z 轴快进到 R 点，以 F 速度进给到 Z 点，快速返回初始点（G98）或 R 点（G99），没有孔底动作（图 6-1-9）。

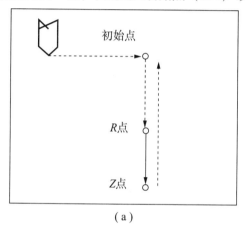 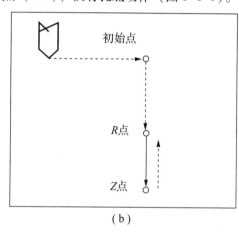

（a）　　　　　　　　　　　　（b）

图 6-1-9　G81（钻削循环）

（a）G81（G98）；（b）G81（G99）。

6) G82（逆镗孔循环）

编程格式：G82 X＿＿ Y＿＿ Z＿＿ R＿＿ F＿＿ K＿＿

G82 固定循环（图 6-1-10）在孔底有一个暂停的动作该循环用作正常钻孔。切

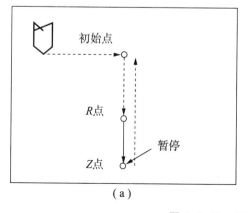 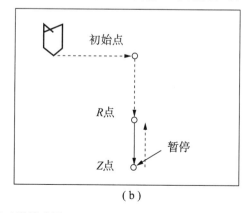

（a）　　　　　　　　　　　　（b）

图 6-1-10　G82（逆镗孔循环）

（a）G82（G98）；（b）G82（G99）。

削进给执行到孔底，执行暂停除此之外和 G81 完全相同。孔底的暂停可以提高孔深的精度。然后，刀具从孔底快速移动退回。暂停时间可在程序中设定，一般讲目的只是等待主轴旋转停止。

7）G83（深孔钻削循环）

编程格式：G83 X＿＿ Y＿＿ Z＿＿ Q＿＿ R＿＿ F＿＿ K＿＿

和 G73 指令相似，G83 指令下从 R 点到 Z 点的进给也分段完成，和 G73 不同的是，每段进给完成后，Z 轴返回的是 R 点，然后以快速进给速率运动到距离下一段进给起点上方 d 的位置开始下一段进给运动。

每段进给的距离由孔加工参数 Q 给定，Q 始终为正值，d 的值由机床参数给定（图 6-1-11）。

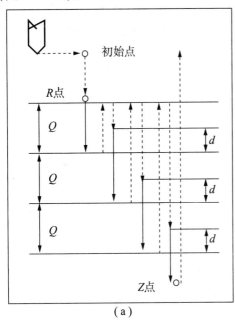 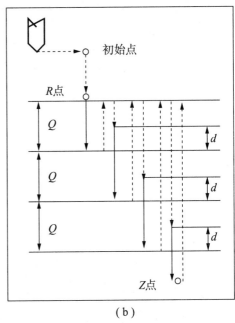

（a）   （b）

图 6-1-11　G83（深孔钻削循环）

（a）G83（G98）；（b）G83（G99）。

8）G84（攻丝循环）

编程格式：G84 X＿＿ Y＿＿ Z＿＿ R＿＿ P＿＿ F＿＿ K＿＿

G84 固定循环除主轴旋转的方向完全相反外，其他与左螺纹攻丝循环 G74 完全一样，参考图 6-1-6 的内容。注意在循环开始以前指令主轴正转。

9）G85（镗削循环）

编程格式：G85 X＿＿ Y＿＿ Z＿＿ R＿＿ F＿＿ K＿＿

该固定循环非常简单，执行过程如下：X、Y 定位，Z 轴快速到 R 点，以 F 给定的速度进给到 Z 点，以 F 给定速度返回 R 点，如果在 G98 模态下，返回 R 点后再快速返回初始点（图 6-1-12）。

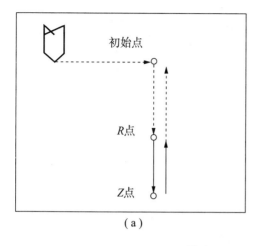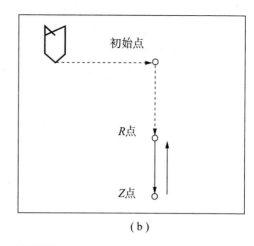

图 6-1-12　G85（镗削循环）

（a）G85（G98）；（b）G85（G99）。

10）G86（镗削循环）

编程格式：G86 X ＿＿ Y ＿＿ Z ＿＿ R ＿＿ F ＿＿ K ＿＿

该固定循环的执行过程（图 6-1-13）和 G81 相似，不同之处是 G86 中刀具进给到孔底时使主轴停止，快速返回到 R 点或初始点时再使主轴以原方向、原转速旋转。

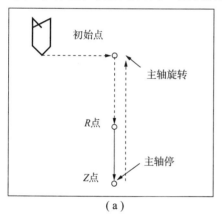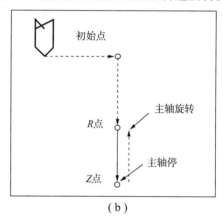

图 6-1-13　G86（镗削循环）

（a）G86（G98）；（b）G86（G99）。

11）G87（反镗削循环）

编程格式：G87 X ＿＿ Y ＿＿ Z ＿＿ R ＿＿ F ＿＿ K ＿＿

G87 循环中，X、Y 轴定位后，主轴定向，X、Y 轴向指定方向移动由加工参数 Q 给定的距离，以快速进给速度运动到孔底（R 点），X、Y 轴恢复原来的位置，主轴以给定的速度和方向旋转，Z 轴以 F 给定的速度进给到 Z 点，然后主轴再次定向，X、Y 轴向指定方向移动 Q 指定的距离，以快速进给速度返回初始点，X、Y 轴恢复定位位置，主轴开始旋转。

该固定循环用于图 6-1-14 的孔的加工。该指令不能使用 G99，注意事项同 G76。

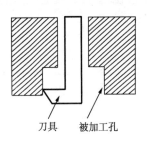

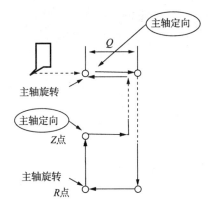

图 6-1-14　G87（反镗削循环）

(a) G87；(b) G87 (G98)。

12）G88（镗削循环）

编程格式：G88 X ＿ Y ＿ R ＿ F ＿ K ＿

G88 固定循环（图 6-1-15）是带有手动返回功能的用于镗削的固定循环。

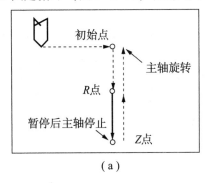

（a）

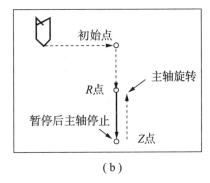

（b）

图 6-1-15　G88（镗削循环）

(a) G88 (G98)；(b) G88 (G98)。

13）G89（镗削循环）

编程格式：G89 X ＿ Y ＿ R ＿ F ＿ K ＿

G89 该固定循环（图 6-1-16）在 G85 的基础上增加了孔底的暂停。

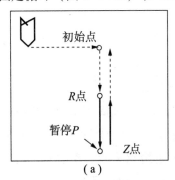

（a）

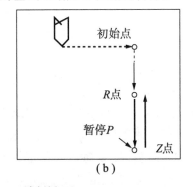

（b）

图 6-1-16　G89（镗削循环）

(a) G89 进刀路线（G98）；(b) G89 (G98)。

在以上各图示中采用以下方式表示各段的进给：

表示以快速进给速率运动。

表示以切削进给速率运动。

表示手动进给。

14）刚性攻丝方式

在攻丝循环 G84 或反攻丝循环 G74 的前一程序段指令 M29Sx x x x；则机床进入刚性攻丝模式。NC 执行到该指令时，主轴停止，然后主轴正转指示灯亮，表示进入刚性攻丝模式，其后的 G74 或 G84 循环被称为刚性攻丝循环，由于刚性攻丝循环中，主轴转速和 Z 轴的进给严格成比例同步，因此可以使用刚性夹持的丝锥进行螺纹孔的加工，并且还可以提高螺纹孔的加工速度，提高加工效率。

使用 G80 和 01 组 G 代码都可以解除刚性攻丝模式，另外复位操作也可以解除刚性攻丝模式。

使用刚性攻丝循环需注意以下事项：

（1）G74 或 G84 中指令的 F 值与 M29 程序段中指令的 S 值的比值（F/S）即为螺纹孔的螺距值。

（2）Sx x x x 必须小于 0617 号参数指定的值，否则执行固定循环指令时出现编程报警。

（3）F 值必须小于切削进给的上限值 4000mm/min 即参数 0527 的规定值，否则出现编程报警。

（4）在 M29 指令和固定循环的 G 指令之间不能有 S 指令或任何坐标运动指令。

（5）不能在攻丝循环模式下指令 M29。

（6）不能在取消刚性攻丝模式后的第一个程序段中执行 S 指令。

（7）不要在试运行状态下执行刚性攻丝指令。

15）使用孔加工固定循环的注意事项

（1）编程时须注意在固定循环指令之前，必须先使用 S 和 M 代码指定主轴旋转。

（2）在固定循环模式下，包含 X、Y、Z、A、R 的程序段将执行固定循环，如果一个程序段不包含上列的任何一个地址，则在该程序段中将不执行固定循环，G04 中的地址 X 除外。另外，G04 中的地址 P 不会改变孔加工参数中的 P 值。

（3）孔加工参数 Q、P 必须在固定循环被执行的程序段中被指定，否则指令的 Q、P 值无效。

（4）在执行含有主轴控制的固定循环（如 G74、G76、G84 等）过程中，刀具开始切削进给时，主轴有可能还没有达到指令转速。这种情况下，需要在孔加工操作之间加入 G04 暂停指令。

（5）我们已经讲述过，01 组的 G 代码也起到取消固定循环的作用，所以请不要将固定循环指令和 01 组的 G 代码写在同一程序段中。

（6）如果执行固定循环的程序段中指定了一个 M 代码，M 代码将在固定循环执行定位时被同时执行，M 指令执行完毕的信号在 Z 轴返回 R 点或初始点后被发出。使用 K 参数指令重复执行固定循环时，同一程序段中的 M 代码在首次执行固定循环时被执行。

（7）在固定循环模式下，刀具偏置指令 G45~G48 将被忽略（不执行）。

（8）单程序段开关置上位时，固定循环执行完 X、Y 轴定位、快速进给到 R 点及从孔底返回（到 R 点或到初始点）后，都会停止。也就是说需要按循环启动按钮 3 次才能完成一个孔的加工。3 次停止中，前面的两次是处于进给保持状态，后面的一次是处于停止状态。

（9）执行 G74 和 G84 循环时，Z 轴从 R 点到 Z 点和 Z 点到 R 点两步操作之间如果按进给保持按钮的话，进给保持指示灯立即会亮，但机床的动作却不会立即停止，直到 Z 轴返回 R 点后才进入进给保持状态。另外 G74 和 G84 循环中，进给倍率开关无效，进给倍率被固定在 100%。

2. 孔加工的进给路线及加工方法的选择

1）孔加工的进给路线

（1）引入与超越量的确定（图 6-1-17）。

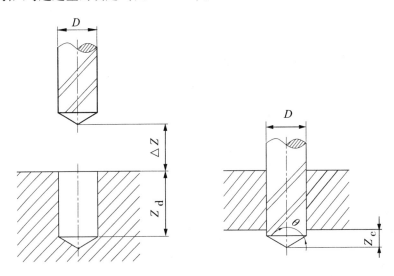

图 6-1-17 引入与超越量的确定

（2）保证加工精度（图 6-1-18）。

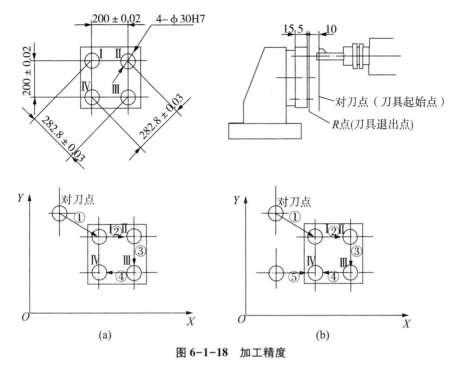

图 6-1-18　加工精度

（3）应使进给路线最短（图 6-1-19）。

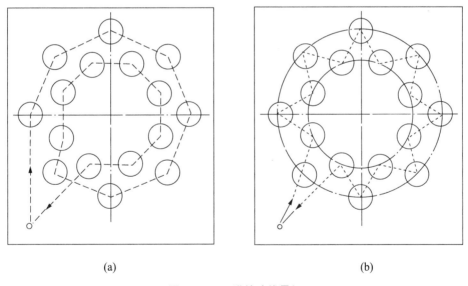

图 6-1-19　进给路线最短

二、切削液的选用

1. 根据化学特性分类

1）可溶解的油类

可溶性油类是指那些加入乳化剂以后能够溶合扩散在水中的油类。这种切削液一般适合于各种有色金属、碳钢、铸钢等的中等和重型切削加工和磨削加工以及其他的应用领域，例如，同时出现铝和钢等不同金属的应用场合。它们也适用于车削、钻削、攻丝、铰孔、切齿、拉削、内圆磨削和无心外圆磨削。可溶性油类对铝材和铜材具有优良的防腐蚀控制功能；良好的防腐臭控制功能，可延长切削液的使用寿命和提高无故障工作性能；其良好的浓缩性能和混合稳定性，通过微量的搅拌，可以很理想的使其与水混合。

2）合成液

合成液是一种完全无油的溶液，由聚合体、有机和无机材料与水混合配制而成。这类透明、低泡沫和生物性稳定的冷却液对有色金属、碳钢或铸铁的机加工和磨削加工十分理想。它们的复合润滑剂使这种合成液特别适合于难以加工的材料，例如，不锈钢和高温合金。某些合成液专门适用于因侧面造成磨损的初期故障状态。有些合成液虽然有许多优点，但可能会引起有色金属的污染。

3）半合成液

半合成液由油类、合成乳化剂及水混合配制而成。它们的开发主要用于航空、核电及有关工业。因此，对于各种有色金属，如钛、铝、紫铜、黄铜、青铜和不锈钢的机加工和磨削加工，它们的工作性能都非常好。半合成液也适用于黑色金属的加工。它们不含氯，因此降低了双金属腐蚀和对金属的污染。使用时，根据不同严格程度的操作要求，采用5%~8%的水稀释液。

4）混合液

混合液专为满足用户的特殊要求和解决特殊的问题而配制的切削液。例如，安美化学公司的AM-500切削液是专为铸铁的机加工和磨削加工而开发的，使用这种切削液的工作环境非常干净，其在硬水中的性能比较稳定，可以很好地排斥废油，从而提高了它的生物化学特性。在机加工和磨削加工中，混合液的工作性能特别好，适合于对各种金属的加工。使用时，应根据不同的水质情况，混合配制成5%~7%的水稀释液。

每种切削液都有各自的优缺点，因此各有各的用途。此外，在某些特殊的应用领域，各类切削液之间都提供有性价比。

例如，对某一特定的使用领域，也许混合液和半合成液都很适用，而使用混合液也许初期费用较高，但可提高油箱使用寿命；相反，一些半合成液可循环使用，或排放量少，比较经济，但油箱的使用寿命不那么长。

在这种情况下，最终的决策取决于使用这种切削液车间的具体经济效益以及业主的个人喜好。

2. 切削难切削材料时切削液的选用

合理选用切削液，可以有效地减小切削过程中的摩擦，改善散热条件，降低切削力、切削温度和刀具磨损，提高刀具耐用度和切削效率，保证已加工表面质量和降低产品的加工成本。随着科学技术和机械加工工业不断发展，一些新型、高性能的工程材料得到广泛应用。这些材料大都属于切削加工性很差的难切削材料，这就给切削加工带来了难题。为了使难切削材料的加工难题获得解决，除合理选择刀具材料、刀具几何参数、切削用量及掌握操作技术等切削条件外，合理选用切削液也是尤为重要的条件。

在难切削材料中，有的硬度高达 65~70HRC，抗拉强度比 45#钢的抗拉强度高 3 倍左右，造成切削力比切削 45#钢高 200%~250%；有时材料导热系数只有 45#钢导热系数的 1/4~1/7 或更低，造成切削区热量不能很快传导出去，形成高的切削温度，限制切削速度的提高；有的材料高温硬度和强度高，有的材料加工硬化的程度比基体高 50%~200%，硬化深度达 0.1~0.3mm，造成切削的困难；有的材料化学活性大，在切削中和刀具材料产生亲和作用，造成刀具产生严重的黏结和扩散磨损；有的材料弹性模量极小和弹性恢复大及延伸率很大，更难于切削。因为在切削各种难切削材料时，要根据所切材料各自的性能与切削特点与加工阶段，选择相宜的切削液，以改善难切削材料的切削加工性，而达到加工的目的。

常用的切削液有：水溶液、普通乳化液、极压乳化液、矿物油、植物油、动物油、极压切削油等。其中，水溶液的冷却效果最好，极压切削液的润滑效果最好。一般的切削液，在 200℃ 左右就失去润滑能力。可是在切削液中添加极压添加剂（如氯化石蜡、四氯化碳、硫代磷酸盐、二烷基二硫、代磷酸锌）后，就成为润滑性能良好的极压切削液，可以在 600~1000℃ 高温和 1470~1960MPa 高压条件下起润滑作用。所以含硫、氯、磷等极压添加剂的乳化液和切削油，特别适合于难切削材料加工过程的冷却与润滑。

下面介绍几种难切削材料加工时的切削液选用。

1）不锈钢

在粗加工时，选用 3%~5% 乳化液或 10%~15% 极压乳化液、极压切削油、硫化油；在精加工时，选用极压切削油或 10%~20% 极压乳化液、硫化油、硫化油 80%~85% 加 CCl4 15%~20%、矿物油 78%~80% 加黑机油或植物油和猪油 18% 加硫 1.7%、全损耗系统用油 90% 加 CCl4 10%、煤油 50% 加油酸 25% 加植物油 25%、煤油 60% 加松节油 20% 加油酸 20%；拉削、攻螺纹、铰孔时，采用 10%~15% 极压乳化液或极压切削油、硫化豆油或植物油；在硫化油中加 10%~20% CCl4、在猪油中加 20%~30% CCl4、或在硫化油中加 10%~15% 煤油用于铰孔；在硫化油中加入 15%~20% CCl4 或用白铅油加全损耗系统用油或用煤油稀释氯化石蜡或用 MoS2 油膏用于攻螺纹；在滚齿或插齿时，用 20%~25% 极压乳化液或极压切削油；在钻孔时，用 10%~15% 乳化液或 10%~15% 极压乳化液、极压切削油、硫化油、MoS2 切削剂。

2）高温合金

除采用切削不锈钢所用的切削液外，在粗加工时，采用硫酸钾 2% 加亚硝酸钾 1% 加三乙醇胺 7% 加硼酸 7%~10% 加甘油 7%~10% 加水余量；或采用葵二酸 7%~10% 加亚硝酸钠 5% 加三乙醇胺 7%~10% 加硼酸 7%~10% 加甘油 7%~10% 加水余量。钛合金：粗加工时，采用 3%~5% 乳化液或 10%~15% 极压乳化液；精加工时，采用极压切削油或极压水溶液、CCl4 加等量的酒精；拉削、攻螺纹和铰孔时，采用板压切削油或蓖麻油、油酸、硫化油、氯化油、蓖麻油 60% 加煤油 40%；钻孔时，采用极压乳化液或极压切削油、硫化油、电解切削液。

3）高强度钢

切削加工时，除选用常用切削液和极压切削液外，用豆油或菜子油作为攻螺纹切削液，效果较好；加工铜时，用 CCl_4 加 N32 全损耗系统用油或用 MoS_2 润滑脂作润滑剂；精加工纯铁时，用酒精稀释蓖麻油作切削液；切削软橡胶时，用酒精或蒸馏水作切削液。

3. 切削液的选择依据

在加工工序中需要使用什么样的切削液，主要根据以下几方面来考虑。

（1）改善材料切削加工性能：如减小切削力和摩擦力，抑制积屑瘤及鳞刺的生长以降低工件加工表面粗糙度，提高加工尺寸精度；降低切削温度，延长刀具耐用度。

（2）改善操作性能：如冷却工件，使其容易装卸，冲走切屑，避免过滤器或管道堵塞；减少冒烟、飞溅、气泡，无特殊臭味，使工作环境符合卫生安全规定；不引起机床及工件生锈，不损伤机床油漆；不易变质，便于管理，对使用完的废液处理简单，不引起皮肤过敏，对人体无害。

（3）经济效益及费用的考虑：包括购买切削液的费用、补充费用、管理费用及提高效益、节约费用等。

（4）法规、法令方面的考虑：如劳动安全卫生法规、消防法、污水排放法规等。

根据加工方法、工件要求达到精度、切削液特性确定切削液类型是水基还是油基切削液。例如，在加工中如需强调防火安全性，就应考虑使用水基切削液，也就要考虑废切削液的排放问题，企业应具备废液处理的设施和采取相应措施。而进行磨削加工时，切削速度与切削区域温度高，一般只能选用水基切削液；对于使用硬质合金刀具的切削加工，一般考虑选用油基切削液。机床使用说明书中规定使用的切削液品种，一般在使用机床时如无特殊理由就不宜轻易改变，以免影响机床的使用性能。在权衡这几方面条件后，便可确定选用油基还是水基切削液。在确定切削液的类型以后，可根据加工方法、工件要求精度及表面粗糙度、被加工材料等制约项目以及润滑性、冷却性等切削液特性进行第二步选择。然后按规定项目对所选的切削液能否达到预期的要求进行鉴定，如果还有问题，再反馈回来，查明出现问题的原因，并加以改善，最后作出明确的选择结论。

4. 选择切削液的经济性

选择切削液必须进行综合的经济分析，正确评价所选切削液的经济性，从购入切削液的费用、切削液管理费用、切削刀具的损耗费、生产效率的提高、切削液的使用周期到由环境污染问题而引起的切削液的废液处理费用等。在所加工产品的总生产费用中，与切削液有关的费用只占了很小的一部分，往往由于正确地选用了切削液而改善了产品质量，提高工作效率，延长了刀具耐用度，而带来了显著的经济效益。但如果所使用的切削液选择得不恰当则会产生相反的结果，这就是为什么要进行综合的经济分析的目的。

三、钻削用量及其选择

1. 钻削用量

钻削用量包括三要素：切削速度 V_c、进给量 f、切削深度 a_p。

1）切削速度 V_c

指钻削时钻头切削刃上最大直径处的线速度，可由下式计算：

$$V_c = \pi D n / 1000$$

其中：　　D———钻头直径，mm；

n———钻头转速，r/min。

2）进给量 f

指主轴每转一转钻头对工件沿主轴轴线相对移动的距离，单位为 mm/r。

3）切削深度 a_p

指已加工表面与待加工表面之间的垂直距离，即一次走刀所能切下的金属层厚度，$a_p = D/2$，单位为 mm。

2. 钻削用量的选择原则

钻削用量选择的目的，首先是在保证钻头加工精度和表面粗糙度的要求以及保证钻头有合理的使用寿命的前提下，使生产率最高；不允许超过机床的功率和机床、刀具、夹具等的强度和刚度的承受范围。

钻削时，由于背吃刀量已由钻头直径决定，所以只需选择切削速度和进给量。

钻孔时选择钻削用量的基本原则是在允许范围内，尽量先选择较大的进给量 f，当 f 的选择受到表面粗糙度和钻头刚性的限制时，再考虑选择较大的切削速度 V_c。

（1）切削深度。

直径小于 30mm 的孔一次钻出；直径为 30~80mm 的孔可分两次钻削，先用（0.5~0.7）D（D 为要求加工的孔径）的钻头钻底孔，然后用直径为 D 的钻头将孔扩大。

（2）进给量。

孔的精度要求较高且表面粗糙度值较小时，应选择较小的进给量；钻较深孔、钻头较长以及钻头刚性、强度较差时，也应选择较小的进给量。

（3）钻削速度。

当钻头直径和进给量确定后，钻削速度应按钻头的寿命选取合理的数值，一般根据经验选取。孔较深时，取较小的切削速度。

四、钻孔方法

钻孔方法很多，如表 6-1-2 所示，钻孔步骤如下：

1. 起钻

钻孔时，应把钻头对准钻孔的中心，然后启动主轴，待转速正常后，手摇进给手柄，慢慢地起钻，钻出一个浅坑，这时观察钻孔位置是否正确，如钻出的锥坑与所划的钻孔圆周线不同心，应及时借正。

2. 借正

如钻出的锥坑与所划的钻孔圆周线偏位较少，可移动工件（在起钻的同时用力将工件向偏位的反方向推移）或移动钻床主轴（摇臂钻床钻孔时）来借正；如偏位较多，可在借正方向打上几个样冲眼或用油槽錾錾出几条槽。

3. 限位

钻不通孔时，可按所需钻孔深度调整钻床挡块限位，当所需孔深度要求不高时，也可用表尺限位。

4. 排屑

钻深孔时，若钻头钻进深度达到直径的 3 倍，钻头就要退出排屑一次，以后每钻进一定深度，钻头就要退出排屑一次。应防止连续钻进，使切屑堵塞在钻头的螺旋槽内而折断钻头。

5. 手动进给

通孔将要钻穿时，必须减小进给量，如果采用自动进给，则应改为手动进给。

表 6-1-2　孔的加工方法推荐选择表

孔的精度	有无预孔	孔尺寸（mm）				
		0~12	12~20	20~30	30~60	60~80
IT9~IT11	无	钻—铰	钻—扩		钻—扩—镗（或铰）	
	有	粗扩—精扩；或粗镗—精镗（余量少可一次性扩孔或镗孔）				
IT8	无	钻—扩—铰	钻—扩—精镗（或铰）		钻—扩—粗镗—精镗	
	有	粗镗—半精镗—精镗（或精铰）				
IT7	无	钻—粗铰—精铰	钻—扩—粗铰—精铰；或钻—扩—粗镗—半精镗—精镗			
	有	粗镗—半精镗—精镗（如仍达不到精度还可进一步采用精细镗）				

五、扩孔与扩孔钻

1. 扩孔

扩孔是用扩孔钻对工件上已有孔进行扩大的加工方法。

2. 扩孔钻

由于扩孔切削条件大大改善，所以扩孔钻的结构与麻花钻相比有较大不同，其结构特点如下：

（1）由于中心不切削，没有横刃，切削刃只做成靠边缘的一段。

（2）由于扩孔产生的切屑体积小，不需大容屑槽，扩孔钻可以加粗钻芯，提高刚度，工作平稳。

（3）由于容屑槽较小，扩孔钻可做出较多刀齿，增强导向作用。一般整体式扩孔钻为 3~4 齿。

（4）由于切削深度较小，切削角度可取较大值，使切削省力。

六、数控机床程序传输与通信

数控机床 RS232 通讯接口及参数介绍

RS-232-C 接口在数控机床上有 9 针（图 6-1-21）或 25 针（图 6-1-20）串口，其特点是简单，用一根 RS232C 电缆和计算机进行连接，实现在计算机和数控机床之间进行系统参数、PMC 参数、螺距补偿参数、加工程序、刀补等数据传输，完成数据备份和数据恢复，以及 DNC 加工和诊断维修。

1. RS-232-C 简介

RS-232-C 接口（又称 EIA RS-232-C）在各种现代化自动控制装置上应用十分广泛，是目前最常用的一种串行通讯接口。它是在 1970 年由美国电子工业协会（EIA）联合贝尔系统、调制解调器厂家及计算机终端生产厂家共同制定的用于串行通讯的标准。它的全名是"据终端设备（DTE）和数据通讯设备（DCE）之间串行二进制数据交换接口技术标准"，该标准规定采用一个 25 个脚的 DB25 连接器（图 6-1-20），对连接器的每个引脚的信号内容加以规定，还对各种信号的电平加以规定，一般只使用 3~9 根引线。

1）RS232C 接口连接器引脚分配及定义（表 6-1-3）

表 6-1-3　**RS232C 接口连接器引脚分配及定义**

DB-25 和 DB-9 型插头座针脚功能如下：DB-9 串行口的针脚功能			DB-25 串行口的针脚功能		
针脚	符号	信号名称	针脚	符号	信号名称
1	DCD	载波检测	8	DCD	载波检测
2	RXD	接受数据	3	RXD	接受数据
3	TXD	发送数据	2	TXD	发出数据
4	DTR	数据终端准备好	20	DTR	数据终端准备好
5	SG	信号地	7	SG	信号地
6	DSR	数据准备好	6	DSR	数据准备好
7	RTS	请求发送	4	RTS	请求发送
8	CTS	清除发送	5	CTS	清除发送
9	RI	振铃指示	22	RI	振铃指示

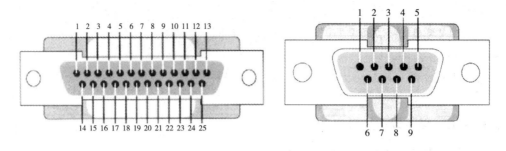

图 6-1-20　DB-25 插头外形　　　　　　　图 6-1-21　DB-9 插头外形

2）端口参数和设置

串口通信最重要的参数是波特率、数据位、停止位、奇偶校验和流控制。对于两个进行通行的端口，这些参数必须相同：

（1）波特率：这是一个衡量通信速度的参数。它表示每秒钟传送的 bit 的个数。例如 300 波特表示每秒钟发送 300 个 bit。当提到时钟周期时，就是指波特率，例如，如果协议需要 4800 波特率，那么时钟是 4800Hz。

（2）数据位：这是衡量通信中实际数据位的参数。当计算机发送一个信息包，实际的数据不会是 8 位的，标准的值是 5、7 和 8 位。如何设置取决于你想传送的信息。比如，标准的 ASCII 码是 0~127（7 位）。扩展的 ASCII 码是 0~255（8 位）。如果数据使用简单的文本（标准 ASCII 码），那么每个数据包使用 7 位数据。每个包是指一个字节，包括开始/停止位，数据位和奇偶校验位。

（3）停止位：用于表示单个包的最后一位。典型的值为 1、1.5 和 2 位。由于数据是在传输线上定时的，并且每一个设备有其自己的时钟，很可能在通信中两台设备间出现了小小的不同步。因此停止位不仅仅是表示传输的结束，并且提供计算机校正时钟同步的机会。

（4）奇偶校验位：在串口通信中一种简单的检错方式。有 4 种检错方式：偶、奇、高和低。当然没有校验位也是可以的。

（5）流控制：在进行数据通讯的设备之间，以某种协议方式来告诉对方何时开始传送数据，或根据对方的信号来进入数据接收状态以控制数据流的启停，它们的联络过程就叫"握手"或"流控制"，RS232 可以用硬件握手或软件握手方式来进行通讯。

①软件握手（Xon/Xoff）（表 6-1-4）：通常用在实际数据是控制字符的情况下。只需三条接口线，即"TXD 发送数据"、"RXD 接收数据"和"SG 信号地"，因为控制字符在传输线上和普通字符没有区别，这些字符在通信中由接收方发送，使发送方暂停。这种只需三线（地，发送，接收）的通讯协议方式应用较为广泛。所以常采用DB-9（图 6-1-21）的 9 芯插头座，传输线采用屏蔽双绞线。

表 6-1-4 软件握手接线方法

软件握手接线方法：9 针-9 针	25 针-25 针	9 针-25 针
2——3	3——2	2——2
3——2	2——3	3——3
5——5	7——7	5——7

②硬件握手（表 6-1-5）：在软件握手基础上增加 RTS/CTS 和 DTR/DSR 一起工作，一个作为输出，另一个作为输入。第一组线是 RTS 和 CTS。当接收方准备好接收数据，它置高 RTS 线表示它准备好了，如果发送方也就绪，它置高 CTS，表示它即将发送数据。另一组线是 DTR 和 DSR。

表 6-1-5 硬件握手接线方法

硬件握手接线方法：9 针-9 针	25 针-25 针	9 针-25 针
2——3	3——2	2——2
3——2	2——3	3——3
4——6	5——4	4——6
5——5	4——5	5——7
6——4	20——6	6——20
7——8	7——7	7——5
8——7	6——20	8——4

（6）通讯端口的设置（图 6-1-22）：设备双方数据必须设置相同，否则不能正常通讯。

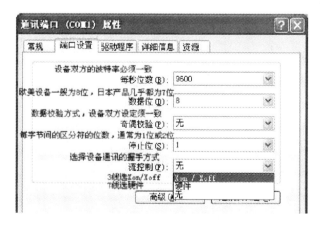

图 6-1-22 通讯端口属性

3）电缆长度

RS-232-C 标准规定电缆长度限定在 15m 以内，串行数据传速率的范围为 0~20000b/s。

这一规定足以覆盖个人计算机使用的 50~9600b/s 范围。电缆长度也能满足大多数计算机通信的要求。波特率和距离成反比。

4）PC 与数控机床相连进行传输数据或 DNC 操作时必须注意事项

（1）使用双绞屏蔽电缆制作传输线，长度≤15m。

（2）传输线金属屏蔽网应焊接在插头座金属壳上。

（3）必须在断电情况下 PC 与 CNC 连接。

（4）PC 与 CNC 的端口数据必须设置相同。

（5）通讯电缆两端须装有光电隔离部件，以分别保护数控系统和外设计算机。

（6）计算机与数控机床要有同一接地点，并可靠接地。

（7）通电情况下，禁止插拔通讯电缆。

（8）雷雨季节须注意打雷期间应将通讯电缆拔下，尽量避免雷击，引起接口损坏。

2. 输入输出用参数设定（表 6-1-6）

表 6-1-6　输入输出用参数设定

	0i B/C 系列	
ISO 代码	0000#1	1
I/O 通道设定	0020#0	0
TV 检查与否	0100#1	1
EOB 输出格式	0100#2	1
EOB 输出格式	0100#3	0
停止位位数	0101#0	1
数据输出时 ASCII 码	0101#3	1
FEED 不输出	0101#7	1
使用 DC1~DC4	0102	0
波特率 9600	0103	11

计算机的设定步骤：

（1）Windows 98 中的附件中的通信中选择超级终端，并执行。该程序运行后则显示图 6-1-23 的画面。

（2）设定新建连接的名称 CNC（或其他），并选择连接的图标。设定方法如图 6-1-24所示。

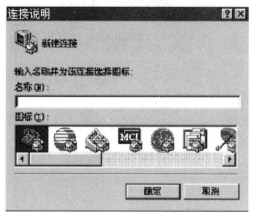
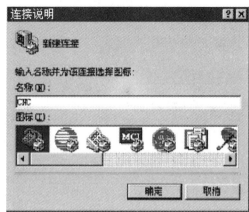

图 6-1-23 超级终端运行　　　　　　　　图 6-1-24 连接说明

（3）在完成第 2 项的设定后，用鼠标单击"确定"按钮，则会出现图 6-1-25 所显示的画面，而后根据本计算机的资源情况设定进行连接的串口，本例子选择为直接连接到串口 1。

（4）在完成第 3 项的设定后，用鼠标确认确定按钮，则会出现图 6-1-26 所显示的画面，该画面即为完成串行通信的必要参数。

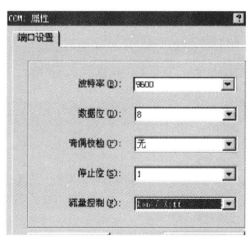

图 6-1-25 连接到串口 1　　　　　　　　图 6-1-26 COM1 属性

（5）完成第 4 项的设定后，进行设定该 CNC 连接的属性，在设置的画面中按图 6-1-27所示的选择设定。

（6）在完成第 5 项的设定后，进行设定 ASCII 码的设定画面，设定选择按图 6-1-28所示的选择设定。

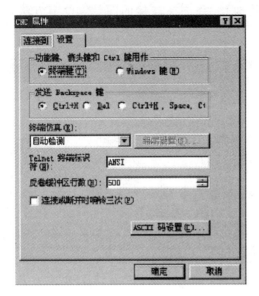

图 6-1-27　CNC 属性

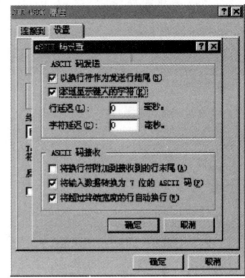

图 6-1-28　CNC-4800 属性

①当要接收数控系统的信息时，首先要将计算机的 CNC 连接打开，打开后从下拉菜单传送中选择捕获文本，并执行该程序，命名 DEMO. TXT 后，确认开始。

②当要发送数控系统的信息时，首先要将数控系统处于接收状态，然后设定计算机的状态，从下拉菜单传送中选择发送文本文件，并执行该程序，选择 DEMO. TXT 后，确认打开。

3. 通信的编辑格式

程序必须使用「%」开始和「%」结束。

程序号「O」不用，以「:」开始。

「EOB（;）」不要

例：

% ……..	以「%」开始
: 0001 ……..	以「:」取代「O」
G00X100.Y100.Z100.…….	以「EOB（;）」不需输入
G01X100.Y100.Z100.F1000.	
M02	
: 0002	
G91G00X150.Y150.	
G04X100.	
M99	
% ……	以「%」结束

以下种类的数据可以输入/输出。

（1）程序。

（2）偏置数据。

（3）参数。

（4）螺距误差补偿数据。

（5）用户宏程序变量。

4. 通过 BOOT 画面备份

0I-A、16/18/21 以及后面的 I 系列系统都支持这种方式。系统数据被分在两个区存储。F-ROM 中存放的系统软件和机床厂家编写 PMC 程序以及 P-CODE 程序。S-RAM 中存放的是参数，加工程序宏变量等数据。通过进入 BOOT 画面可以对这两个区的数据进行操作。数据存储区如表 6-1-7 所示。

表 6-1-7 数据存储区

数据的种类	保存处	备注
CNC 参数	SRAM	
PMC 参数	SRAM	
顺序程序	F-ROM	
螺距误差补偿量	SRAM	任选 Power Mate i-H 上没有
加工程序	SRAM	
刀具补偿量	SRAM	
用户宏变量	SRAM	FS16i 任选
宏 P-CODE 程序	F-ROM	宏执行程序
宏 P-CODE 变量	SRAM	任选
C 语言执行程序 应用程序	F-ROM	C 语言执行程序 （任选）
SRAM	SRAM	

同时按住显示屏下最右端两个按键，上电，数秒钟后显示系统 BOOT 画面（图 6-1-29）。

1）BOOT 画面 PMC 功能

（1）把卡中文件写入 CNC 的 F-ROM。

（2）确认 CNC 内的 F-ROM 内文件版本。

（3）删除 CNC 中 F-ROM 内的用户文件。

（4）将 CNC 中 F-ROM 内的用户文件保存到存储卡。

（5）保存和恢复 S-RAM 中的数据。

（6）删除用户存储卡中的文件。

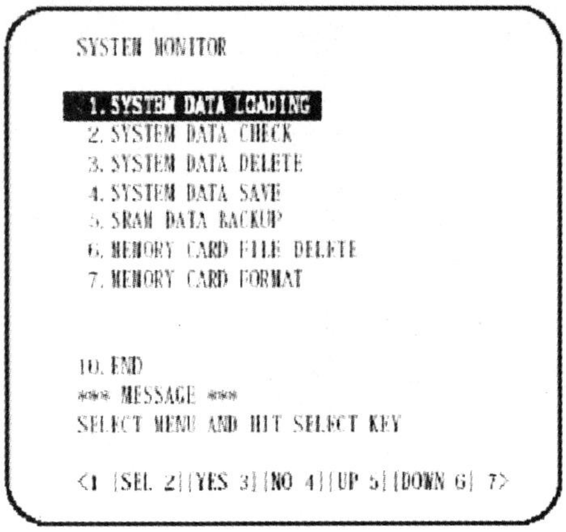

注：使用软键起动时，软键显示部的数字不显示。

用软键或数字键1—7进行操作。

注：不能把软键和数字键组合起来进行操作。

显示	键	动作
<	1	在画面上不能显示时，返回前一画面。
SELECT	2	选择光标位置的功能。
YES	3	确认执行时，用“是”回答。
NO	4	不确认执行时，用“不”回答。
UP	5	光标上移一行。
DOWN	6	光标下移一行。
>	7	在画面不能显示时，移向下一画面。

图 6-1-29　BOOT 画面

（7）格式化用户存储卡。

（8）退出 BOOT。

2）把 SRAM 的内容存到存储卡（或恢复到 SRAM）

（1）按【UP】、【DOWN】，把光标移至“1. SRAM DATA BACK UP”。

（2）按【SELECT】。

显示 SRAM DATA BACKUP 画面如图 6-1-30 所示。

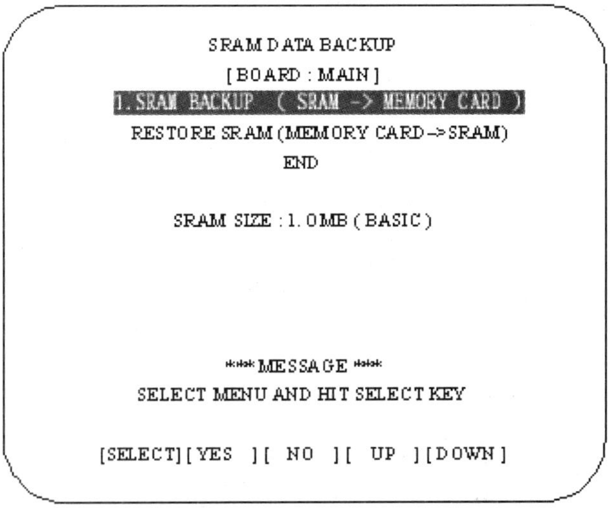

图 6-1-30　SRAM DATA BACKUP 画面

通过这种方法备份数据，备份的是系统数据的整体，下次恢复或调试。

其他相同机床时，可以迅速的完成。但是数据为机器码且为打包形式，不能在计算机上打开。

PMC 的备份和装入如图 6-1-31 所示。

按软件［UP］，［DOWN］，选择功能。

把数据存至存储卡时：SRAM BACKUP

把数据恢复到 SRAM 时：RESTORE SRAM

按以下顺序操作，进行数据的退出/恢复。

①按软件［SELECT］。

②按软件［YES］。

终止处理时，按软键［NO］。

SRAM 的数据按 512KB 单位进行分割后存储、恢复。

一块存储卡存不下时，需要插入下一块存储卡，按指示信息进行操作。

使用绝对脉冲编码器时，将 SRAM 得数据恢复后，需要重新设定参考点。

图 6-1-31　PMC 的备份和装入

备份 PMC 时选择第四项" SYSTEM DATA SAVE "，在选择该项目下的"PMC-RA"或"PMC-SB"即可。

输入 PMC 时选择第一项"SYSTEM DATA　LOADING"，在该项目下选择存贮卡上的"PMC-XXX"输入即可。

3）使用 M-CARD 分别备份系统数据（默认命名）

（1）首先要将 20#参数设定为 4 表示通过 M-CARD 进行数据交如图 6-1-32 所示。

参数	（SETTING）	O0001	N00018
0020	I/O　CHANNEL		4
0021			0
0022			0
0023			0
0024			0
} ^		S	0 T0000
EDIT ＊ ＊ ＊ ＊ ＊ ＊ ＊ ＊ ＊ ＊		17：21：00	
［NO 检索］［接通：1］［ 断开：0］［ +输入］［输入］			

图 6-1-32　数据交换

（2）要在编辑方式下选择要传输的相关数据的画面（以参数为例）（图 6-1-33），按下软健右侧的［OPR］（操作），对数据进行操作。

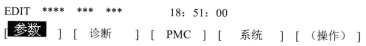

EDIT ＊＊＊＊ ＊＊＊ ＊＊＊　　18：51：00

［ 参数 ］［ 诊断 ］［ PMC ］［ 系统 ］［（操作）］

图 6-1-33　数据操作

按下右侧的扩展键［>］。

EDIT **** *** ***　　　　17：00：00

[　　] [　RAND　] [PUNCH] [　　] [　　]

图 6-1-34　数据操作

[READ] 表示从 M-CARD 读取数据，[PUNCH] 表示把数据备份到 M-CARD（图 6-1-34）。

EDIT **** *** ***　　　　17：11：00

[　　] [　　] [ALL] [　　] [NON－0]

图 6-1-35　参数备份

[ALL] 表示备份全部参数，[NON-0] 表示仅备份非零的参数（图 6-1-35）。

EDIT **** *** ***　　　　17：11：12

[　] [　] [　　] [CAN] [EXEC]

图 6-1-36　保存参数

执行即可看到 [EXECUTE] 闪烁，参数保存到 M-CAID（图 6-1-36）中。

通过这种方式备份数据，备份的数据以默认的名字存于 M-CARD 中。如备份的系统参数器默认的名字为"CNCPARAM"。

注：把 100#3 NCR 设定为 1 可让传出的参数紧凑排列。

4）使用 M-CARD 分别备份系统数据（自定义名称）

若要给备份的数据起自定义的名称，则可以通过 [ALL IO] 画面进行。

按下 MDI 面板上 [SYSTEM] 键，然后按下显示器下面软键的扩展键 [>] 数次出现如图 6-1-37 所示。

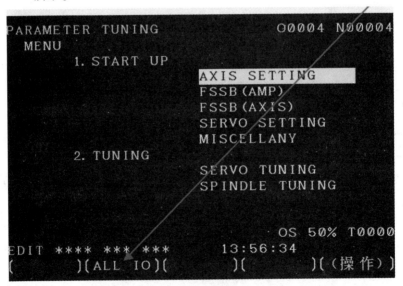

图 6-1-37　数据起自定义的名称

按下 [操作] 键, 出现可备份的数据类型, 以备份参数为例: 按下 [参数] 键如图 6-1-38 所示。

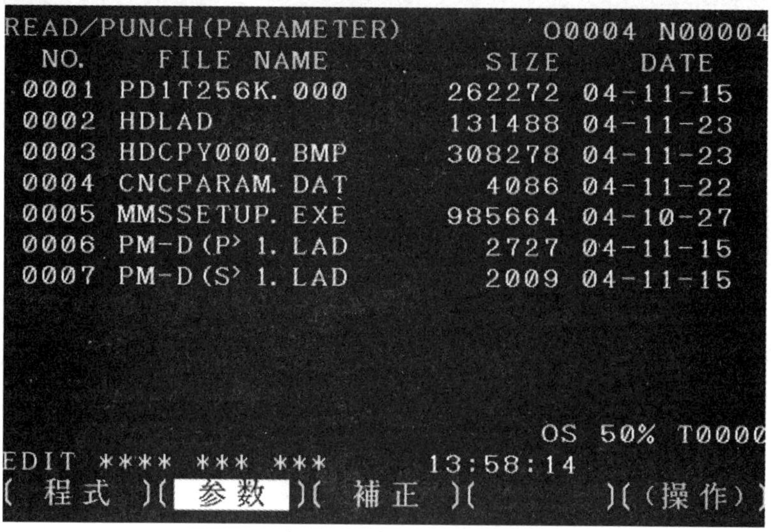

```
READ/PUNCH (PARAMETER)              O0004 N00004
  NO.      FILE NAME          SIZE     DATE
 0001  PD1T256K. 000        262272  04-11-15
 0002  HDLAD                131488  04-11-23
 0003  HDCPY000. BMP        308278  04-11-23
 0004  CNCPARAM. DAT          4086  04-11-22
 0005  MMSSETUP. EXE        985664  04-10-27
 0006  PM-D(P> 1. LAD         2727  04-11-15
 0007  PM-D(S> 1. LAD         2009  04-11-15




                                 OS 50% T0000
EDIT **** *** ***        13:58:14
[ 程式 ][ 参数 ][ 補正 ][        ][(操作)]
```

图 6-1-38　备份参数

按下 [操作] 键, 出现可备份的操作类型如图 6-1-39 所示。

[F READ] 为在读取参数时按文件名读取 M-CARD 中的数据。

[N READ] 为在读取参数时按文件号读取 M-CARD 中的数据。

[PUNCH] 传出参数。

[DELETE] 删除 M-CARD 中数据。

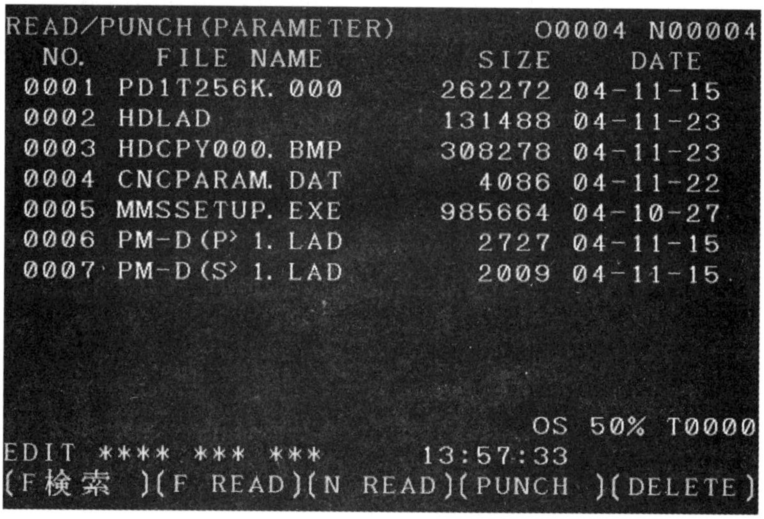

```
READ/PUNCH (PARAMETER)              O0004 N00004
  NO.      FILE NAME          SIZE     DATE
 0001  PD1T256K. 000        262272  04-11-15
 0002  HDLAD                131488  04-11-23
 0003  HDCPY000. BMP        308278  04-11-23
 0004  CNCPARAM. DAT          4086  04-11-22
 0005  MMSSETUP. EXE        985664  04-10-27
 0006  PM-D(P> 1. LAD         2727  04-11-15
 0007  PM-D(S> 1. LAD         2009  04-11-15




                                 OS 50% T0000
EDIT **** *** ***        13:57:33
(F检索 )(F READ)(N READ)(PUNCH )(DELETE)
```

图 6-1-39　备份的操作类型

在向 M-CARD 中备份数据时选择 [PUNCH], 按下该键出现如图 6-1-40 所示。

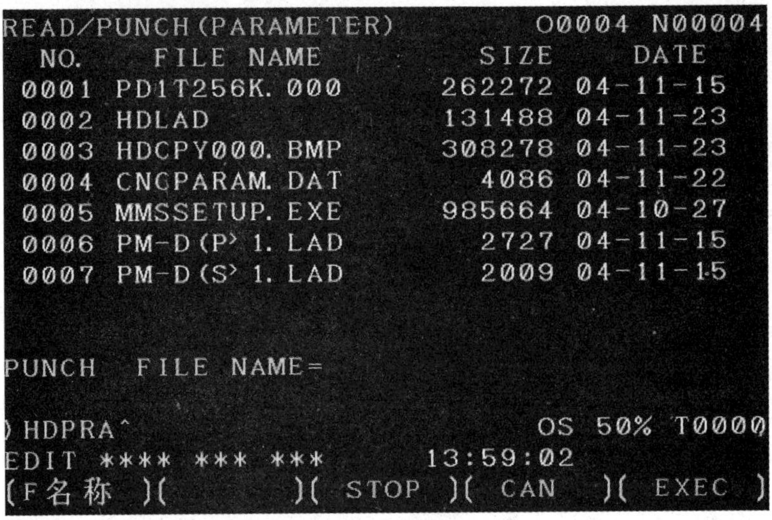

图 6-1-40　备份数据

输入要传出的参数的名字例如［HDPRA］，按下［F 名称］即可给传出的数据定义名称，执行即可（图 6-1-41）。

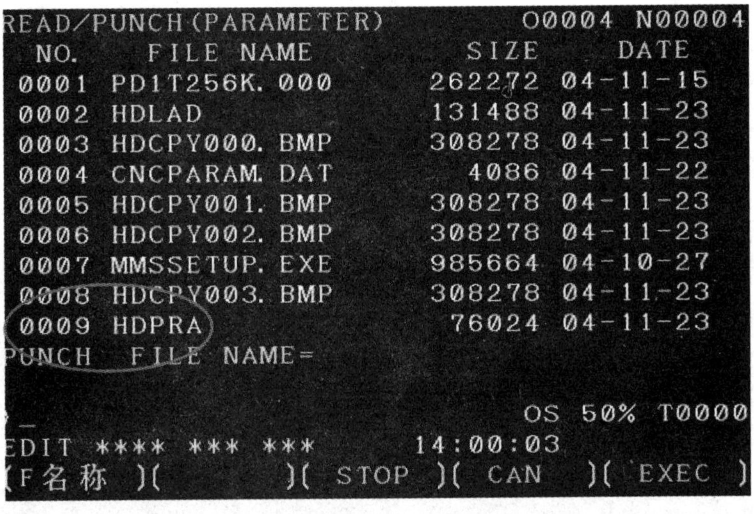

图 6-1-41　输入要传出的参数的名字

通过这种方法备份参数可以给参数起自定义的名字，这样也可以备份不同机床的多个数据。对于备份系统其他数据也是相同。

在程序画面备份系统的全部程序时输入 O～9999，依次按下［PUNCH］、［EXEC］可以把全部程序传出到 M-CARD 中。（默认文件名 PROGRAM. ALL）设置 3201#6 NPE 可以把备份的全部程序一次性输入到系统中（图 6-1-42）。

在此画面选择 10 号文件 PROGRAM. ALL 程序号处输入 O～9999 可把程序一次性全部传入系统中（图 6-1-43）。

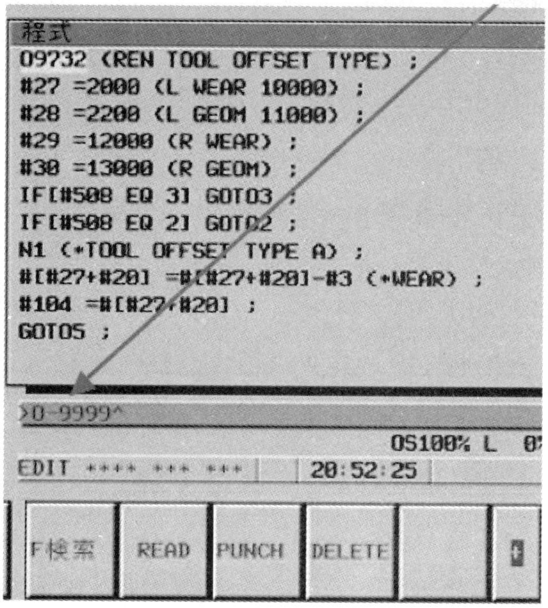

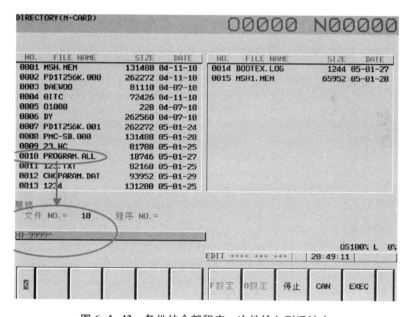

图 6-1-42　备份的全部程序一次性输入到系统中

图 6-1-43　备份的全部程序一次性输入到系统中

给传出的程序自定义名称在 ALL IO 画面选择 PROGRAM、PUNCH，如图 6-1-44 所示。

输入要定义的文件名，如：18IPROG 然后按下［F 名称］，输入要传出的程序范围，如：0，9999（表示全部程序）然后按下［O 设定］，按下［EXEC］执行即可（图6-1-45）。

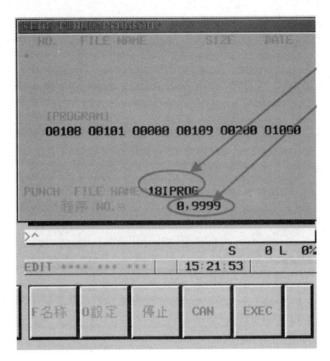

图 6-1-44　传出的程序自定义名称

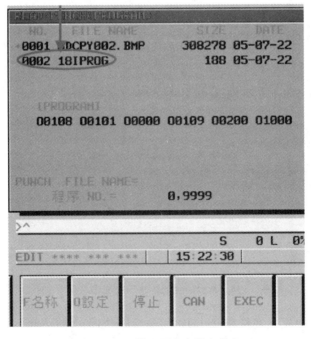

图 6-1-45　输入要定义的文件名

5）使用 M-CARD 备份梯形图

按下 MDI 面板上［SYSTEM］，依次按下软建上［PMC］、［＞］、［I/O］。

在 DEVIECE 一栏选择［M-CARD］，如图 6-1-46 所示。

```
PMC  I/O PROGRAM        MONIT  RUN


        DEVICE       =  M-CARD
        FUNCTION   =  WRITE
        DATA KIND  =  LADDER
        FILE NO.      =  @PMC-RA.000
         ( @ NAME )
    >^

   [EXEC]  [CANCEL]  [M-CARD]  [F-ROM]  [FDCAS]
```

图6-1-46 备份梯形图

使用存储卡备份梯形图:

(1) DEVICE 处设置为 M-CARD;

(2) FUNCTION 处设置为 WRITE(当从 M-CARD--àCNC 时设置为 READ);

(3) DATAKIND 处设置为 LADDER 时仅备份梯形图也可选择备份梯形图参数;

(4) FILE NO. 为梯形图的名字(默认为上述名字)也可自定义名字输入@ XX(XX 为自定义名字,当时用小键盘没有@符号时,可用#代替)。

注意:备份梯形图后 DEVICE 处设置为 F-ROM 把传入的梯形存入到系统 F-ROM 中

6)使用进行 DNC 加工(图6-1-47)

(1)首先将参数#20 设定为 4(外部 PCMCIA 卡,DATASERVER 设置为5)。

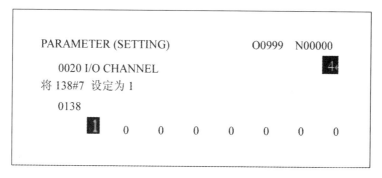

```
PARAMETER (SETTING)              O0999  N00000

   0020 I/O CHANNEL                          4
   将 138#7 设定为 1
   0138
          1    0    0    0    0    0    0    0
```

图6-1-47 存储卡设定

(2)选择 DNC 方式,按下 MDI 面板上［PROGRAM］键,然后按软键的扩展键找到此画面,选择［DNC-CD］出现(画面内容为存储卡中内容)如图6-1-48所示。

```
DNC   OPERATION ( M－CARD )                    O0999  N00000
    NO.      FILE  NAME                     SIZE       DATE
   0001   PMC－RA. 000                   131488   04－04－14
   0001   PMC－RA. PRM                     4179   04－04－03
   0003   HDCPY 009. BMP                  38462   04－04－14
   0004   O0001                              54   04－04－12
   0005   1                              131488   04－04－13
   0006   CNCPA RAM. DAT                  77842   04－04－14
   0007   HDCPY 007. BMP                  38462   04－04－14
   0008   HDCPY 008. BMP                  38462   04－04－14
   0009   SM                             131200   04－04－14
          DNC  FILE  NAME : SM
  〉4 ^                                   S    0   T0000
  RMT  ****  ***  ***        16:18:40
  [ F SRH ]  [     ]  [      ]  [       ]  [ DNC － ST ]
```

图 6-1-48   存储卡中内容

选择想要执行的 DNC 文件（如选择 0004 号文件的 O0001 程序进行操作）——输入 4，按下右下脚［DNC-ST］，完成操作如图 6-1-49 所示。

```
DNC   OPERATION ( M－CARD )                    O0999  N00000
    NO.      FILE  NAME                     SIZE       DATE
   0004   O0001                              54   04－04－12
   0005   1                              131488   04－04－13
   0006   CNCPA RAM. DAT                  77842   04－04－14
   0007   HDCPY 007. BMP                  38462   04－04－14
   0008   HDCPY 008. BMP                  38462   04－04－14
   0009   HDCPY 010. BMP                  38462   04－04－14

   0010   SM                             131200   04－04－14
          DNC  FILE  NAME : SM
  〉 ^                                    S    0   T0000
  RMT ****  ***  ***          16:18:57
  [ F SRH ]      [     ]      [      ]      [      ]      [ DNC － ST ]
```

图 6-1-49   执行 DNC 文件

七、知识链接

孔系零件的加工是以铣削加工中心为主要加工设备，按照图纸的形状和尺寸，制定加工工艺并编制加工程序单，加工出符合图样要求的零件。在了解铣削加工中心的同时，还必须熟悉加工中心的工艺以及孔加工固定循环功能的相关知识。

1. 工艺性分析

一般主要考虑以下几个方面：

1）选择加工内容

加工中心最适合加工形状复杂、工序较多、要求较高的零件，这类零件常需使用多种类型的通用机床、刀具和夹具，经多次装夹和调整才能完成加工。

2）检查零件图样

零件图样应表达正确，标注齐全。同时要特别注意，图样上应尽量采用统一的设计基准，从而简化编程，保证零件的精度要求。

例如，如图 6-1-52 所示零件图样。在图 6-1-52（a）中，A、B 两面均已在前面工序中加工完毕，在加工中心上只进行所有孔的加工。以 A、B 两面定位时，由于高度方向没有统一的设计基准，$\phi48H7$ 孔和上方两个 $\phi25H7$ 孔与 B 面的尺寸是间接保证的，欲保证 32.5±0.1 和 52.5±0.04 尺寸，须在上道工序中对 105±0.1 尺寸公差进行压缩。若改为图 6-1-52（b）所示标注尺寸，各孔位置尺寸都以 A 面为基准，基准统一，且工艺基准与设计基准重合，各尺寸都容易保证。

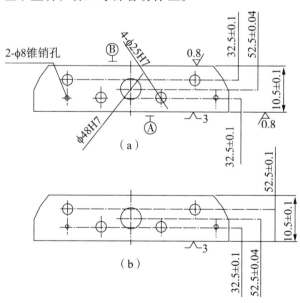

图 6-1-50 零件加工的基准统一

3）分析零件的技术要求

根据零件在产品中的功能，分析各项几何精度和技术要求是否合理；考虑在加工中心上加工，能否保证其精度和技术要求；选择哪一种加工机床最为合理。

4）审查零件的结构工艺性

分析零件的结构刚度是否足够，各加工部位的结构工艺性是否合理等。

2. 工艺过程设计

工艺设计时，主要考虑精度和效率两个方面，一般遵循先面后孔、先基准后其他、先粗后精的原则。加工中心在一次装夹中，尽可能完成所有能够加工表面的加工。对位置精度要求较高的孔系加工，要特别注意安排孔的加工顺序，安排不当，就有可能将传动副的反向间隙带入，直接影响位置精度。例如，安排图 6-1-51（a）所示零件的孔系加工顺序时，若按图 6-1-51（b）的路线加工，由于图 6-1-51 孔与 1、2、3、4 孔在 Y 向的定位方向相反，Y 向反向间隙会使误差增加，从而影响图 6-1-51 孔与其他孔的位置精度。按图 6-1-51（c）所示路线，可避免反向间隙的引入。

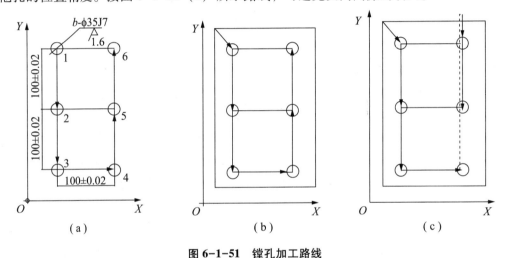

图 6-1-51　镗孔加工路线

（a）零件图样；（b）加工路线 1；（c）加工路线 2。

加工过程中，为了减少换刀次数，可采用刀具集中工序，即用同一把刀具把零件上相应的部位都加工完，再换第二把刀具继续加工。但是，对于精度要求很高的孔系，若零件是通过工作台回转确定相应的加工部位时，因存在重复定位误差，不能采取这种方法。

3. 零件的装夹

1）定位基准的选择

在加工中心加工时，零件的定位仍应遵循六点定位原则。同时，还应特别注意以下几点：

（1）进行多工位加工时，定位基准的选择应考虑能完成尽可能多的加工内容，即便于各个表面都能被加工的定位方式。例如，对于箱体零件，尽可能采用一面两销的组合定位方式。

（2）当零件的定位基准与设计基准难以重合时，应认真分析装配图样，明确该零件设计基准的设计功能，通过尺寸链的计算，严格规定定位基准与设计基准间的尺寸位置精度要求，确保加工精度。

（3）编程原点与零件定位基准可以不重合，但两者之间必须要有确定的几何关系。编程原点的选择主要考虑便于编程和测量。例如，图 6-1-52 中的零件在加工中心上加工 $\phi80H7$ 孔和 4-$\phi25H7$ 孔，其中 4-$\phi25H7$ 都以 $\phi80H7$ 孔为基准，编程原点应选择在 $\phi80H7$ 孔的中心线上。当零件定位基准为 A、B 两面时，定位基准与编程原点不重合，但同样能保证加工精度。

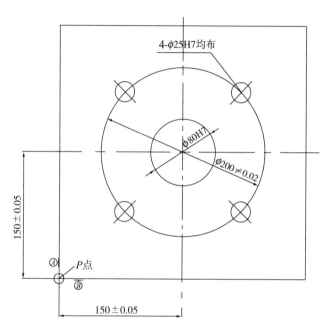

图 6-1-52　编程原点与定位基准

2）夹具的选用

在加工中心上，夹具的任务不仅是装夹零件，而且要以定位基准为参考基准，确定零件的加工原点。因此，定位基准要准确可靠。

3）零件的夹紧

在考虑夹紧方案时，应保证夹紧可靠，并尽量减少夹紧变形。

4）刀具的选择

加工中心对刀具的基本要求是：

（1）良好的切削性能。能承受高速切削和强力切削并且性能稳定。

（2）较高的精度。刀具的精度指刀具的形状精度和刀具与装卡装置的位置精度。

（3）配备完善的工具系统。满足多刀连续加工的要求。

加工中心所使用刀具的刀头部分与数控铣床所使用的刀具基本相同，参见本教程中关于数控铣削刀具的选用。加工中心所使用刀具的刀柄部分与一般数控铣床用刀柄部分不同，加工中心用刀柄带有夹持槽供机械手夹持。

任务实施

1. 数控加工工序

数控加工工序卡，如表6-1-8所示。

表6-1-8 数控加工工序卡

零件名称		数 量		工作者	
工序	名称	工艺要求		日 期	
1	毛坯	φ80mm×20mm 45#钢			
2	数控铣削	工步	工步内容	刀具号	刀具补偿号
		1	φ100mm 面铣刀加工两底面至尺寸		
		2	中心钻钻中心孔	T01	H01
		3	用φ6mm 钻头钻 3×φ12H7、3×M10 的底孔和φ30mm 的底孔	T02	H02
		4	用φ8.5mm 钻头扩出 3×M10 螺纹底孔	T03	H03
		5	用φ11.8mm 钻头扩出 3×φ12H7 底孔和φ30mm 的底孔	T04	H04
		6	用φ20mm 钻头钻 φ30mm 的底孔	T05	H05
		7	用φ12H7 铰刀铰 3×φ12H7 孔至尺寸	T06	H06
		8	用 M10 丝锥攻 3×M10 螺纹	T07	H07
		9	用φ16mm 键槽铣刀铣 φ30mm 的孔至尺寸 φ29.7mm	T08	H08/D08
		10	φ30mm 精镗刀镗孔	T09	H09

2. 选择刀具及切削用量

数控加工刀具卡如表6-1-9所示。

表6-1-9 数控加工刀具卡

刀具号	刀具规格名称	数量	加工内容	主轴转速（r/min）	进给速度（mm/min）	备注
面铣刀	φ100mm 面铣刀	1	加工两底面至尺寸	700	150	
T01	中心钻	1	钻中心孔	1200	100	
T02	φ6mm 钻头	1	钻底孔	600	60	
T03	φ8.5mm 钻头	1	扩孔	550	60	
T04	φ11.8mm 钻头	1	扩孔	500	60	
T05	φ20mm 钻头	1	扩孔	350	60	
T06	φ12H7 铰刀	1	铰 3×φ12H7 孔	120	40	

刀具号	刀具规格名称	数量	加工内容	主轴转速 （r/min）	进给速度 （mm/min）	备注
T07	M10 丝锥	1	攻 3×M10 螺纹	100	150	
T08	φ16mm 键槽铣刀	1	铣 φ30 的孔	800	80	
T09	φ30mm 精铣刀	1	镗 φ30mm 孔	1500	80	

3. 基点坐标计算

编程零点取在工件上表面中心位置，孔类零件只需计算出工件上孔的中心坐标值即可，孔类零件的基点坐标如图 6-1-53 所示，孔类零件基点坐标值如表 6-1-10 所示。

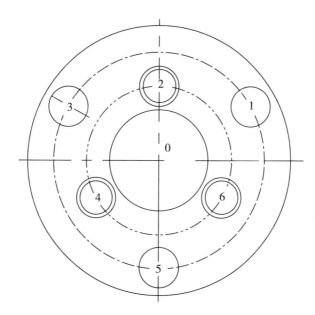

图 6-1-53 孔类零件的基点

表 6-1-10 孔类零件基点坐标值

基 点	坐标（x，y）	基 点	坐标（x，y）
1	(27.713，16.000)	4	(−19.053，−11)
2	(0，22.000)	5	(0，−32.000)
3	(−27.713，16.000)	6	(19.053，−11)

4. 编写数控加工程序

孔类零件数控铣削加工程序如表 6-1-11 所示。

表 6-1-11　孔类零件数控铣削加工程序

加工程序 （FANUC 系统）	程序说明
O5001；	程序名
G90 G54 G40 G69 G80；	程序初始化
M03 S1200 M08；	主轴正转，转速为 1200r/min，切削液开
G00 X0. 0 Y0. 0；	快速定位到点（0，0）
G43 H01 G00 Z50. 0；	建立 T01 号长度补偿，补偿好 H01，并快速定位到点 Z50.0
G99 G81 X0 Y0 Z-5. 0 R3. 0 F80；	钻 0 孔的中心孔
X27. 713 Y16；	钻 1 孔的中心孔
X0 Y22；	钻 2 孔的中心孔
X-27. 713 Y16；	钻 3 孔的中心孔
X-19. 053 Y-11；	钻 4 孔的中心孔
X0 Y-32；	钻 5 孔的中心孔
G98 X19. 503 Y-11；	钻 6 孔的中心孔
G80 G90 G00 Z200；	Z 轴提高
G49Z-100；	
M05 M09 M00；	手动换刀 T02 刀 ϕ6mm 钻头钻孔
G90 G54 M03 S600 M08；	主轴正转，转速为 600r/min，切削液开
G43 H02 G00 Z50. 0；	建立 T02 号长度补偿，补偿号 H02，并快速定位到点 Z50.0
G99 G73 X0 Y0 Z-22 R3. 0 Q5. 0 F60；	钻 0 孔的中心孔
X-27. 713 Y16；	钻 1 孔的中心孔
X0 Y22；	钻 2 孔的中心孔
X-27. 713 Y16；	钻 3 孔的中心孔
X-19. 053 Y-11；	钻 4 孔的中心孔
X0 Y-32；	钻 5 孔的中心孔
G98 X19. 053 Y-11；	钻 6 孔的中心孔
G80 G90 G00 Z200；	Z 轴提高
G49 Z-100；	
M05 M09 M00；	手动换刀 T03 刀 ϕ8.5mm 钻头扩孔
G90 G54 M03 S550 M08；	主轴正转，转速为 550r/min，切削液开
G43 H03 G00 Z50. 0；	建立 T03 号长度补偿，补偿号 H03，并快速定位到点 Z50.0

续表

加工程序（FANUC 系统）	程序说明
G99 G54 G73 X0 Y22.0 Z-22.0 R3.0 Q5.0 F60;	钻 2 孔
X-19.053 Y-11.0;	钻 4 孔
G98 X19.053 Y-11.;	钻 6 孔
G80 G90 G00 Z200.0;	Z 轴提高
G49 Z-100;	
M05 M09 M00;	手动换刀 T04 刀 ϕ11.8mm 钻头扩孔
G90 G54 M03 S550 M08;	主轴正转，转速为 550r/min，切削液开
G43 H04 G00 Z50.0;	建立 T04 号长度补偿，补偿号 H4，并快速定位到点 Z50.0
G99 G54 G73 X0 Y0 Z-22.0 R3.0 Q5.0 F60;	钻 0 孔
X27.713 Y16.0;	钻 1 孔
X-27.713 Y16.0;	钻 3 孔
G98 X0 Y-32;	钻 5 孔
G80G90G00 Z200.0;	Z 轴提高
G49 Z-100.0;	
M05 M09 M00;	手动换刀 T05 刀 ϕ20mm 钻头扩孔
G90 G54 M03 S350 M08;	主轴正转，转速为 350r/min，切削液开
G43 H05 G00 Z50.0;	建立 T05 号长度补偿，补偿号 H05，并快速定位到点 Z50.0
G98 G73 X0 Y0 Z-22.0 R3.0 Q5.0 F60;	钻 0 孔
G80 G90 G00 Z200.0;	Z 轴提高
G49 Z-100.0;	
M05 M09 M00;	手动换刀 T06 刀 ϕ12H7mm 铰刀铰孔
G90 G54 M03 S120 M08;	主轴正转，转速为 120r/min，切削液开
G43 H06 G00 Z50.0;	建立 T06 号长度补偿，补偿号 H06，并快速定位到点 Z50.0
G99 G85 X27.713 Y16.0 Z-22.0 R3.0 F40;	铰 1 孔
X-27.713 Y16.0;	铰 3 孔
G98 X0 Y-32.0;	铰 5 孔
G80 G90 G00 Z200.0;	Z 轴提高
G49 Z-100.0;	

续表

加工程序（FANUC 系统）	程序说明
M05　M09　M00；	手动换刀 T07 刀 M10 丝锥
G90　G54　M03　S100　M08；	主轴正转，转速为 100r/min，切削液开
G43　H07　G00　Z50.0；	建立 T07 号长度补偿，补偿号 H07，并快速定位到点 Z50.0
G99　G84　X0　Y22.0　Z-22.0　R3.0　F150；	攻 2 孔
X-19.053　Y-11.0；	攻 4 孔
G98　X19.053　Y-11.0；	攻 6 孔
G90　G00　Z300；	Z 轴提高
G49　G80；	
M05　M09　M00；	手动换刀 T08 刀 φ16mm 键铣刀
G90　G54　X0　Y0　M03　S800　M08；	主轴正转，转速为 800r/min，切削液开
G43　H08　G00　Z50.0；	建立 T08 号长度补偿，补偿号 H08，并快速定位到点 Z50.0
Z3.0；	
G01　Z-22.0　F500；	
G41　X15.0　D08　F80；	D08 值为 8.15
G3　I-15.0；	铣孔
G01　G40　X0　Y0　F500；	
G0　Z50.0；	
G90　G00　Z200.0；	Z 轴提高
G49　Z-100.0；	
M05　M09　M00.；	手动换刀 T09 刀 φ30mm 精铣刀
G90　G54　X0　Y0　M03　S1500　M08；	主轴正转，转速为 1500r/min，切削液开
G43　H09　G00　Z50.0；	建立 T09 号长度补偿，补偿号 H09，并快速定位到点 Z50.0
G99　G76　Z-22.0　R3.0　Q0.3　F80；	精镗 φ30mm 孔
G90　G00　Z200.0；	Z 轴提高
G49　Z-100.0；	
M05　M09；	
M30；	程序结束

　　如果条件允许，可在机房先用 VNUC 仿真摸拟软件或上海宇龙仿真摸拟软件进行

仿真操作练习，先掌握了数控铣床的操作及零件加工的过程再上数控铣床进行操作加工。

5. 组织实施

1）领用工具

领用孔类零件加工工具、量具、刀具，如表 6-1-12 所示。

表 6-1-12 工具、量具、刀具及材料清单

序号	名称	规格（mm）	数量	备注
1	游标卡尺	0~150 0.02	1	
2	万能角度尺	0~320° 2分	1	
3	千分尺	0~25，25~50，50~75 0.01	各1	
4	内径量表	18~35 0.01	1	
5	内径千分尺	25~50 0.01	1	
6	螺纹塞规	M10×1.5	1	
7	止、通规	ϕ12H7	1	
8	深度游标卡尺	0~150 0.02	1	
9	深度千分尺	0~25 0.01	1	
10	百分表、磁性表座	0~10 0.01	各1	
11	塞规	0.02~1	1副	
12	面铣刀	ϕ100（Ra 型面铣刀片）	1	
13	钻头	中心钻，ϕ6、ϕ8.5、ϕ11.8、ϕ20 等	各1	
14	机铰刀	ϕ12H7	各1	
15	丝锥	M10×1.5	1	
16	键铣刀	ϕ16mm	1	
17	精铣刀	ϕ30mm	1	
18	刀柄、夹头	以上刀具相关刀柄，钻夹头，卡簧	若干	
19	夹具	三爪自定心卡盘及垫铁	各1	
20	材料	ϕ80mm×20mm，45#钢	1	
21	其他	常用数控铣床机床辅具	若干	

2）零件的加工

（1）开数控铣床机床电源。

步骤 1：按下紧急停止旋钮；

步骤 2：接通机床电源；

步骤 3：接通系统电源，检查 CRT 画面内容；

步骤 4：检查面板上的指示灯是否正常；

步骤 5：检查风扇电机是否正常。

（2）手动回机床零点。

步骤 1：选择机床零点方式；

步骤 2：分别选择"X""Y""Z"各轴，单击［+］键，分别进行三轴的回零操作。

（3）手动操作。

步骤 1：选择 WW 模式；

步骤 2：分别选择"X""Y""Z"各轴，单击［-］键，松开后停止移动。手动移动 XYZ 轴到合适位置。

（4）装夹工件并校正。

（5）设定数控铣床的工件坐标系。

①确定数控铣床的加工坐标系。

②设定工件坐标系。

（6）刀具的安装、调整及对刀。

把不同类型的刀具分别安装到对应的刀柄上，注意刀具伸出的长度应能满足加工要求，不能发生干涉，还要考虑钻头的刚性。然后按序号做次旋转在刀架上，分别检查每把刀具安装的牢固。

（7）输入刀具长度补偿值。

依次将每把刀具的 Z 坐标补偿值设定在刀具长度补偿值中。注意：Z 坐标值应减去对刀块的尺寸。

（8）输入加工程序并核对。

（9）零件首件试切。

制定完数控加工工艺并编制完程序和数控加工的对刀后要进行首件试加工。由于现场机床自身存在的误差大小和规律各不相同，使用同一程序，实际加工尺寸可能发生很大的偏差。此时可根据实测零件尺寸结果和现场问题处理方案对所制定的工艺以及编制的程度进行修正和调整，直至满足零件技术要求为止。

6. 检查评价

1）零件检测

加工完成后对零件进行毛刺和尺寸的检测，距用游标卡尺测量，孔径尺寸精度较高用内径百分表或塞规测量，表面质量用表面粗糙度样板比对。

引起数控铣削钻孔与铰孔的精度及误差的原因有很多，数控铣削尺寸精度降低原因分析如表6-1-13所示。

表 6-1-13 钻孔与铰孔的精度及误差分析

项目	出现问题	产生原因
钻孔	孔大于规定尺寸	钻头两切削刃不对称，长度不一致
		钻头本身的质量问题
		工件装夹不牢固，加工过程 中工件松动或振动
	孔壁粗糙	钻头不锋利
		进给量过大
		切削液选用不当或供应不足
		加工过程 中排屑不畅通
	孔歪斜	工件夹后校正不正确，基本面与主轴不垂直
		进给量过大使钻头弯曲变形
	钻孔呈多边形或孔位偏移	对刀不正确
		钻头角度不对
		钻头两切削刃不对称，长度不一致
铰孔	孔径扩大	铰孔中心与底孔中心不一致
		进给量或铰削余量过大
		切削速度太高，铰刀热膨胀
		切削液选用不当或没加切削液
	孔径缩小	铰刀磨损或铰刀已钝
		补铰材料为铸铁
	孔呈多边形	铰削余量太大，铰刀振动
		铰孔前钻孔不圆
	表面粗糙度质量差	铰孔余量太大或太小
		铰刀切削刃不锋利
		切削液选用不当或没加切削液
		切削速度过大，产生积屑瘤
		孔加工固定循环旋转不合理，进、退刀方式不合理
		容屑槽内切屑堵塞

技能训练

如图 6-1-54 所示工件，外形轮廓已加工成型，加工本工件时，首先应根据零件的批量选择合适的装夹方式（批量大可选择专用夹具装夹，单件或少量可选择压板装夹），然后根据孔的加工要求选择合适的加工方法和加工刀具。

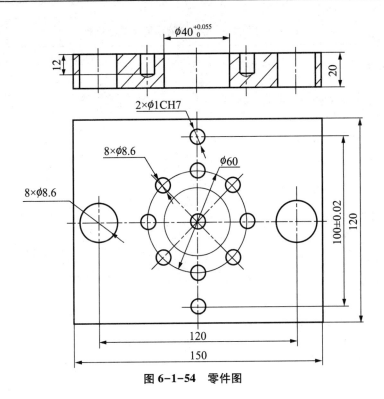

图 6-1-54　零件图

任务评价

完成任务后，请填写下表。

班级：_____　姓名：_____　日期：_____

任务 1　孔类零件铣削的编程与加工				
序号	评分项目	分值	自我评分	小组评分	教师评分
1	程序编制	40			
2	零件加工	40			
3	安全生产、规范操作	20			
总分		100			

你的最大收获：

你遇到的困难和解决的方法：

今后还需要更加努力的方面：

教师评语：

任务 2　组合体零件的编程与加工

 **任务描述**

加工如图 6-2-1 所示零件（单件生产），毛坯为 80mm×80mm×23mm 长方块，材料为 45# 钢，单件生产。

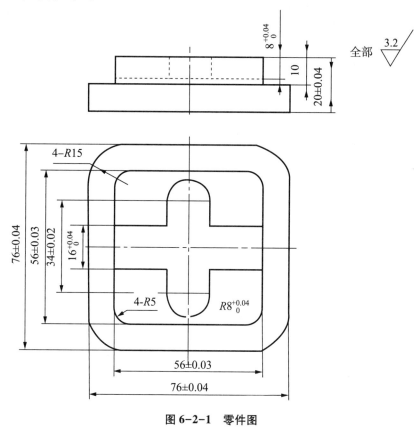

图 6-2-1　零件图

任务分析

一、分析零件图样

该零件包含了平面、外形轮廓、沟槽的加工，表面粗糙度全部为 $Ra3.2$。76×76 外形轮廓和 56×56 凸台轮廓的的尺寸公差为对称公差，可直接按基本尺寸编程；十字槽中的两宽度尺寸的下偏差都为零，因此不必将其转变为对称公差，直接通过调整刀补来达到公差要求。

二、工艺分析

1. 加工方案的确定

根据零件的要求，上、下表面采用立铣刀粗铣→精铣完成；其余表面采用立铣刀粗铣→精铣完成。

2. 确定装夹方案

该零件为单件生产，且零件外型为长方体，可选用平口虎钳装夹。

 相关知识

编程时，为了简化程序的编制，当一个工件上有相同的加工内容时，常用调子程序的方法进行编程。调用子程序的程序叫做主程序。子程序的编号与一般程序基本相同，只是程序结束字为 M99 表示子程序结束，并返回到调用子程序的主程序中。

1. 子程序的定义

在编制加工程序中，有时会遇到一组程序段在一个程序中多次出现，或者在几个程序中都要使用它。这个典型的加工程序可以做成固定程序，并单独加以命名，这组程序段就称为子程序。

2. 使用子程序的目的和作用

使用子程序可以减少不必要的编程重复，从而达到减化编程的目的。主程序可以调用子程序，一个子程序也可以调用下一级的子程序。子程序必须在主程序结束指令后建立，其作用相当于一个固定循环。

3. 子程序的调用

在主程序中，调用子程序的指令是一个程序段，其格式随具体的数控系统而定。
FANUC 系统子程序调用格式如下：

编程格式：M98 P：__ ××××

指令功能：调用子程序。

指令说明：P __为要调用的子程序号。××××为重复调用子程序的次数，若只调用一次子程序可省略不写，系统允许重复调用次数为 1~9999 次。由此可见，子程序由程序调用字、子程序号和调用次数组成。

4. 子程序结束 M99 指令

编程格式：M99

指令功能：子程序运行结束，返回主程序。

指令说明：

（1）执行到子程序结束 M99 指令后，返回至主程序，继续执行 M98 P __××××程序段下面的主程序；

（2）若子程序结束指令用 M99 P __ 格式时，表示执行完子程序后，返回到主程序中由 P __ 指定的程序段；

（3）若在主程序中插入 M99 程序段，则执行完该指令后返回到主程序的起点。

5. 子程序的嵌套

子程序调用下一级子程序称为嵌套。上一级子程序与下一级于程序的关系，与主程序与第一层子程序的关系相同。子程序可以嵌套多少层由具体的数控系统决定，在 FANUC-6T 系统中，只能有两次嵌套。

6. 子程序的格式

O（或:）××××

……

M99

格式说明：其中 O（或:）××××为子程序号，"O"是 EIA 代码，":"是 ISO 代码。

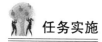 **任务实施**

一、确定加工工艺

加工工艺如表 6-2-1 所示。

表 6-2-1 数控加工工序卡片

数控加工工艺卡片			产品名称	零件名称	材 料	零件图号		
					45# 钢			
工序号	程序编号	夹具名称	夹具编号	使用设备		车 间		
		虎钳						
工步号	工步内容		刀具号	主轴转速（r/min）	进给速度（mm/min）	背吃刀量（mm）	侧吃刀量（mm）	备注
装夹1：底部加工								
1	粗铣底面		T01	400	120	1.3	11	
2	底部外轮廓粗加工		T01	400	120	10	1.7	
3	精铣底面		T02	2000	250	0.2	11	
4	底部外轮廓精加工		T02	2000	250	10	0.3	
装夹2：顶部加工								
1	粗铣上表面		T01	400	120	1.3	11	
2	凸台外轮廓粗加工		T01	400	100	9.8	11.7	

续表

工步号	工步内容	刀具号	主轴转速 （r/min）	进给速度 （mm/min）	背吃刀量 （mm）	侧吃刀量 （mm）	备注
3	精铣上表面	T02	2000	250	0.2	11	
4	凸台外轮廓精加工	T02	2000	250	10	0.3	
5	十字槽粗加工	T03	550	120	3.9	12	
6	十字槽精加工	T03	800	80	8	0.3	

二、进给路线的确定

（1）上、下表面加工走刀路线如图 6-2-2 所示。

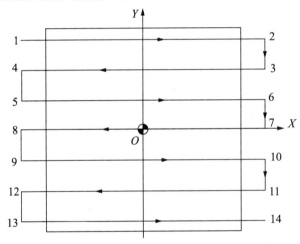

图 6-2-2 加工走刀路线

图 6-2-2 中各点坐标如表 6-2-2 所示。

表 6-2-2 上、下表面加工基点坐标

1	(−50, 36)	2	(50, 36)	3	(50, 24)
4	(−50, 24)	5	(−50, 12)	6	(50, 12)
7	(50, 0)	8	(−50, 0)	9	(−50, −12)
10	(50, −12)	11	(50, −24)	12	(−50, −24)
13	(−50, −36)	14	(50, −36)		

（2）底部和凸台外轮廓加工走刀路线如图 6-2-3 所示。

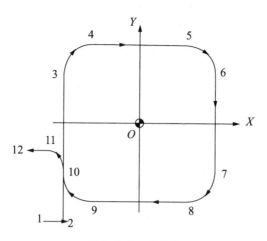

图 6-2-3 点坐标

底部外轮廓加工时，图 6-2-3 中各点坐标如表 6-2-3 所示。

表 6-2-3 底部外轮廓加工基点坐标

1	(-48，-48)	2	(-38，-48)	3	(-38，23)
4	(-23，38)	5	(23，38)	6	(38，23)
7	(38，-23)	8	(23，-38)	9	(-23，-38)
10	(-38，-23)	11	(-48，-13)	12	(-58，-13)

凸台外轮廓加工时，图 6-2-3 中各点坐标如表 6-2-4 所示。

表 6-2-4 凸台外轮廓加工基点坐标

1	(-38，-48)	2	(-28，-48)	3	(-28，23)
4	(-23，28)	5	(23，28)	6	(28，23)
7	(28，-23)	8	(23，-28)	9	(-23，-28)
10	(-28，-23)	11	(-38，-13)	12	(-48，-13)

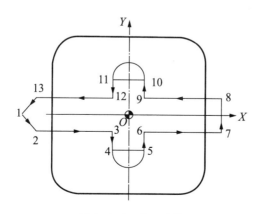

图 6-2-4 走刀路线

（3）十字槽加工走刀路线如图 6-2-4 所示。

图 6-2-4 中各点坐标如表 6-2-5 所示。

表 6-2-5　十字槽加工基点坐标

1	(-53, 0)	2	(-36, -8)	3	(-8, -8)
4	(-8, -17)	5	(8, -17)	6	(8, -8)
7	(36, -8)	8	(36, 8)	9	(8, 8)
10	(8, 17)	11	(-8, 17)	12	(-8, 8)
13	(-36, 8)				

三、刀具及切削参数的确定

刀具及切削参数如表 6-2-6 所示。

表 6-2-6　数控加工刀具卡

数控加工刀具卡片	工序号	程序编号	产品名称	零件名称	材　料	零件图号
					45#钢	

序号	刀具号	刀具名称	刀具规格（mm）		补偿值（mm）		刀补号		备注
			直径	长度	半径	长度	半径	长度	
1	T01	立铣刀（3齿）	φ16	实测	8.3		D01		高速钢
2	T02	立铣刀（4齿）	φ16	实测	8		D02		硬质合金
3	T03	立铣刀（4齿）	φ12	实测	6.3 6		D03 D04		高速钢
备注：D02、D04 的实际半径补偿值根据测量结果调整									

四、参考程序编制

1. 底部参考程序编制

1）工件坐标系的建立

以图 6-2-1 的下表面中心作为 G54 工件坐标系原点。

2）基点坐标计算

（略）

3）参考程序

（1）底面及底部外轮廓粗加工程序。

底面及底部外轮廓粗加工参考程序如表 6-2-7、表 6-2-8、表 6-2-9 所示。

表 6-2-7　底面及底部外轮廓粗加工参考程序

程　序	说　明
O1101；	主程序名
N10 G54 G90 G17 G40 G80 G49 G21；	设置初始状态
N20 G00 Z50.0；	安全高度
N30 G00 X−50.0 Y36.0 S400 M03；	启动主轴，快速进给至下刀位置（点 1，图 7-2-2）
N40 G00 Z5.0 M08；	接近工件，同时打开冷却液
N50 G01 Z−1.3 F80；	下刀
N60 M98 P1111 F120；	调子程序 O1111，粗加工底面
N70 G00 X−48.0 Y−48.0；	快速进给至外轮廓加工下刀位置（点 1，图 7-2-3）
N80 G01 Z−10.5 F80；	下刀
N90 M98 P1112 D01 F120；	调子程序 O1112，粗加工外轮廓
N100 G00 Z50.0 M09；	Z 向抬刀至安全高度，并关闭冷却液
N110 M05；	主轴停
N120 M30；	主程序结束

表 6-2-8　底面加工子程序

程　序	说　明
O1111；	子程序名
N10 G01 X50.0 Y36.0；	1→2（图 7-2-2）
N20 G00 X50.0 Y24.0.；	2→3
N30 G01 X−50.0 Y24.0；	3→4
N40 G00 X−50.0 Y12.0；	4→5
N50 G01 X50.0 Y12.0；	5→6
N60 G00 X50.0 Y0.0；	6→7
N70 G01 X−50.0 Y0.0；	7→8
N80 G00 X−50.0 Y−12.0；	8→9
N90 G01 X50.0 Y−12.0；	9→10
N100 G00 X50.0 Y−24.0；	10→11
N110 G01 X−50.0 Y−24.0；	11→12
N120 G00 X−50.0 Y−36.0；	12→13
N130 G01 X50.0 Y−36.0；	13→14
N140 G00 Z5.0；	快速提刀
N150 M99；	子程序结束

表 6-2-9　外轮廓加工子程序

程　序	说　明
O1112；	子程序名
N10 G41 G01 X-38.0 Y-48.0；	1→2（图 6-2-3），建立刀具半径补偿
N20 G01 X-38.0 Y23.0；	2→3
N30 G02 X-23.0 Y38.0 R15.0；	3→4
N40 G01 X23.0 Y38.0；	4→5
N50 G02 X38.0 Y23.0 R15.0；	5→6
N60 G01 X38.0 Y-23.0；	6→7
N70 G02 X23.0 Y-38.0 R15.0；	7→8
N80 G01 X-23.0 Y-38.0；	8→9
N90 G02 X-38.0 Y-23.0 R15.0；	9→10
N100 G03 X-48.0 Y-13.0 R10.0；	10→11
N110 G40 G00 X-58.0 Y-13.0；	11→12，取消刀具半径补偿
N120 G00 Z5.0；	快速提刀
N130 M99；	子程序结束

（2）底面及底部外轮廓精加工程序。

底面及底部外轮廓精加工参考程序如表 6-2-10 所示。

表 6-2-10　底面及底部外轮廓精加工参考程序

程　序	说　明
O1102；	主程序名
N10 G54 G90 G17 G40 G80 G49 G21；	设置初始状态
N20 G00 Z50.0；	安全高度
N30 G00 X-50.0 Y36.0 S2000 M03；	启动主轴，快速进给至下刀位置（点 1，图 6-2-3）
N40 G00 Z5. M08.；	接近工件，同时打开冷却液
N50 G01 Z-1.5 F80；	下刀
N60 M98 P1111 F250；	调子程序 O1111（表 6-2-8），精加工底面
N70 G00 X-48.0 Y-48.0；	快速进给至外轮廓加工下刀位置（点 1，图 6-2-3）
N80 G01 Z-10.5 F80；	下刀
N90 M98 P1112 D02 F250；	调子程序 O1112（表 6-2-9），精加工外轮廓
N100 G00 Z50.0 M09；	Z 向抬刀至安全高度，并关闭冷却液
N110 M05；	主轴停
N120 M30；	主程序结束

2. 顶部参考程序编制

1）工件坐标系的建立

以图 6-2-1 的上表面中心作为 G54 工件坐标系原点。

2）基点坐标计算

（略）

3）参考程序

（1）上表面及凸台外轮廓粗加工程序

上表面及凸台外轮廓粗加工参考程序如表 6-2-11、表 6-2-12 所示。

表 6-2-11 上表面及凸台外轮廓粗加工参考程序

程 序	说 明
O1103；	主程序名
N10 G54 G90 G17 G40 G80 G49 G21；	设置初始状态
N20 G00 Z50.0；	安全高度
N30 G00 X-50.0 Y36.0 S400 M03；	启动主轴，快速进给至下刀位置（点1，图 6-2-2）
N40 G00 Z5.0 M08；	接近工件，同时打开冷却液
N50 G01 Z-1.3 F80；	下刀
N60 M98 P1111 F120；	调子程序 O1111（表 6-2-8），粗加工上表面
N70 G00 X-38.0 Y-48.0；	快速进给至外轮廓加工下刀位置（点1，图 6-2-3）
N80 G01 Z-9.8 F80；	下刀
N90 M98 P1113 D01 F100；	调子程序 O1113，粗加工凸台外轮廓
N100 G00 Z50.0 M09；	Z 向抬刀至安全高度，并关闭冷却液
N110 M05；	主轴停
N120 M30；	主程序结束

表 6-2-12 凸台外轮廓加工子程序

程 序	说 明
O1113；	子程序名
N10 G41 G01 X-28.0 Y-48.0；	1→2（图 6-2-3），建立刀具半径补偿
N20 G01 X-28.0 Y23.0；	2→3
N30 G02 X-23.0 Y28.0 R5.0；	3→4
N40 G01 X23.0 Y28.0；	4→5
N50 G02 X28.0 Y23.0 R5.0；	5→6

续表

程 序	说 明
N60 G01 X28.0 Y-230.;	6→7
N70 G02 X23.0 Y-28.0 R5.0;	7→8
N80 G01 X-23.0 Y-28.0;	8→9
N90 G02 X-28.0 Y-23.0 R5.0;	9→10
N100 G03 X-38.0 Y-13.0 R10.0;	10→11
N110 G40 G00 X-48.0 Y-13.0;	11→12，取消刀具半径补偿
N120 G00 Z5.0;	快速提刀
N130 M99;	子程序结束

（2）上表面及凸台外轮廓精加工程序。

上表面及凸台外轮廓精加工参考程序如表6-2-13所示。

表6-2-13　上表面及凸台外轮廓精加工参考程序

程 序	说 明
O1104;	主程序名
N10 G54 G90 G17 G40 G80 G49 G21;	设置初始状态
N20 G00 Z50.0;	安全高度
N30 G00 X-50.0 Y36.0 S2000 M03;	启动主轴，快速进给至下刀位置（点1，图6-2-2）
N40 G00 Z5.0 M08;	接近工件，同时打开冷却液
N50 G01 Z-1.5 F80;	下刀
N60 M98 P1111 F250;	调子程序O1111，精加工上表面
N70 G00 X-38.0 Y-48.0;	快速进给至外轮廓加工下刀位置（点1，图6-2-3）
N80 G01 Z-10.0 F80;	下刀
N90 M98 P1113 D02 F250;	调子程序O1113，精加工凸台外轮廓
N100 G00 Z50.0 M09;	Z向抬刀至安全高度，并关闭冷却液
N110 M05;	主轴停
N120 M30;	主程序结束

（3）十字槽加工程序。

十字槽加工参考程序如表6-2-14、表6-2-15所示。

表 6-2-14　十字槽加工参考程序

程　　序	说　　明
O1105；	主程序名
N10 G54 G90 G17 G40 G80 G49 G21；	设置初始状态
N20 G00 Z50.0；	安全高度
N30 G00 X-53.0 Y0.0 S550 M03；	启动主轴，快速进给至下刀位置（点 1，图 6-2-4）
N40 G00 Z5.0 M08；	接近工件，同时打开冷却液
N50 G00 Z-3.9；	下刀
N60 M98 P1114 D03 F120；	调子程序 O1114，粗加工十字槽
N70 G00 Z-7.8；	下刀
N80 M98 P1114 D03 F120；	调子程序 O1114，粗加工十字槽
N90 M03 S800；	主轴转速 800r/min
N100 G00 Z-8.0；	下刀
N110 M98 P1114 D04 F80；	调子程序 O1114，精加工十字槽
N120 G00 Z50.0 M09；	Z 向抬刀至安全高度，并关闭冷却液
N130 M05；	主轴停
N140 M30；	主程序结束

表 6-2-15　十字槽加工子程序

程　　序	说　　明
O1114；	子程序名
N10 G41 G01 X-36. Y-8.；	1→2（图 6-2-4），建立刀具半径补偿
N20 G01 X-8. Y-8.；	2→3
N30 G01 X-8. Y-17.；	3→4
N40 G03 X8. Y-17 R8.；	4→5
N50 G01 X8. Y-8.；	5→6
N60 G01 X36. Y-8.；	6→7
N70 G01 X36. Y8.；	7→8
N80 G01 X8. Y8.；	8→9
N90 G01 X8. Y17.；	9→10
N100 G03 X-8. Y17 R8.；	10→11
N110 G01 X-8. Y8.；	11→12
N120 G01 X-36. Y8.；	12→13
N130 G40 G00 X-53. Y0.；	13→1，取消刀具半径补偿
N140 G00 Z5.；	快速提刀
N150 M99；	子程序结束

技能训练

编写图 6-2-5 零件加工工艺及程序。

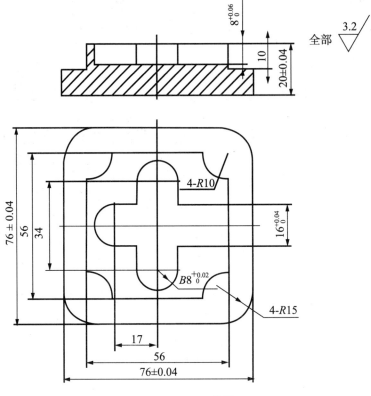

图 6-2-5　工件图

任务评价

完成任务后，请填写下表。

班级：_____　　姓名：_____　　日期：_____

任务 2　组合体零件的编程与加工					
序号	评分项目	分值	自我评分	小组评分	教师评分
1	程序编制	40			
2	零件加工	40			
3	安全生产、规范操作	20			
总分		100			
你的最大收获：					

续表

你遇到的困难和解决的方法：
今后还需要更加努力的方面：
教师评语：

项目7 复杂零件铣削的编程与加工

任务1 曲线类零件的编程与加工

 **任务描述**

加工如图7-1-1所示的切圆台与斜方台（其高度均为4mm），各自加工3个循环（刀具直径φ10mm，精加工余量为0.5mm，第二道加工余量为3mm），要求倾斜10°的斜方台与圆台相切，圆台在方台之上。

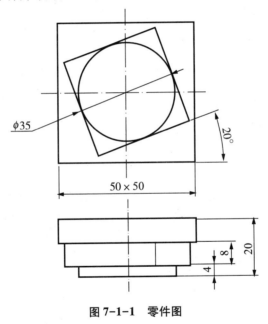

图7-1-1 零件图

 **任务分析**

图7-1-1中包含了一个圆形凸台和旋转了20°的方形凸台。方形凸台可以采用坐标系旋转的方法进行编程，也可以采用本任务重要学习的宏程序进行编程。

在加工圆形凸台时，需要多次改变刀补值才能达到所需尺寸，可以在加工时多次修改刀补值来完成，但比较麻烦。也可以利用本任务所学习的对刀具补偿值进行赋值的方法，实现自动改变刀补值。采用赋值的方法，在操作时不需进入刀具半径补偿界面内进行手工刀具修改刀补，而改由程序自动修改，简化了操作。

1. 零件图分析

此零件在普通铣床上已加工出 50×50×20 的方料。圆形凸台和旋转了 20° 的方形凸台需要修改刀补来实现，主要是通过宏程序循环加工来实现完成的。

2. 确定装夹方案和定位基准

此零件采用虎钳装夹，编程原点在工件中心上表面位置。

3. 编写数控加工工序卡

零件加工工艺过程如下：

1）粗铣圆台

ϕ10 立铣刀粗铣圆台，由于加工量比较大分刀切削，刀补分别为 9、6，加工余量为 2mm。

2）精铣圆台

ϕ10 立铣刀精铣圆台，刀补为 5，保证加工精度。

3）粗铣方台

ϕ10 立铣刀粗铣旋转了 20° 的方形凸台，由于加工量比较大分刀切削，刀补分别为 9、6，加工后的旋转了 20° 方形凸台为 37×37mm。

4）精铣方台

ϕ10 立铣刀精铣旋转了 20° 的方形凸台，刀补为 5，保证加工精度。

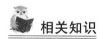 相关知识

一、宏指令编程

在数控编程中，宏程序编程灵活、高效、快捷，是加工编程的重要补充。宏程序不仅可以实现像子程序那样，例如，型腔加工宏程序、固定加工循环宏程序、球面加工宏程序、锥面加工宏程序等。

虽然子程序对编制相同加工操作的程序非常有用，但用户宏程序由于允许使用变量、算术和逻辑运算及条件转移，使得编制相同加工操作的程序更方便、更容易。可将相同加工操作编为通用程序，如型腔加工宏程序和固定加工循环宏程序。使用时加工程序可用一条简单指令调出用户宏程序，与调用子程序完全一样。

1. 宏变量及常量

1）变量

在常规的主程序和子程序内，总是将一个具体的数值赋给一个地址。为了使程序更具有通用性，更加灵活，在宏程序中设置了变量，即将变量赋给一个地址。

（1）变量的表示。变量可以用 "#" 号和跟随其后的变量序号来表示：#i（i =1，2，3，……）。

【例 7-1】#5，#109，#501。

（2）变量的类型。变量根据变量号可以分成 4 种类型，如表 7-1-1 所示。

表 7-1-1　变量类型

变量号	变量类型	功　能
# 0	空变量	该变量总是空没有值能赋给该变量
# 1 ~ # 33	局部变量	只能用在宏程序中存储数据，例如，运算结果。当断电时局部变量被初始化为空。调用宏程序时，自变量对局部变量赋值
# 100 ~ # 199 # 500 ~ # 999	公共变量	在不同的宏程序中的意义相同。当断电时，变量#100 ~ #199 初始化为空。变量#500 ~ #999 的数据保存，即使断电也不丢失
# 1000 ~	系统变量	用于读和写 CNC 运行时各种数据的变化，例如：刀具的当前位置和补偿值

公共变量是在主程序和主程序调用的各用户内公用的变量。也就是说，在一个宏指令中的#i 与在另一个宏指令中的#i 是相同的。其中#100 ~ #131 公共变量早电源断电后即清零，重新开机时被设置为"0"；#500 ~ #531 公共变量即使断电后，它们的值也保持不变，因此也称为保持性变量。

（3）变量值的范围。

局部变量和公共变量可以有 0 值或下面范围中的值 -1047 ~ -1029 或 1029 ~ 1047，如果计算结果超出有效范围则发出 P/S 报警。

（4）变量的引用。

将跟随在一个地址后的数值用一个变量来代替，即引入了变量 i。

【例 7-2】对于 F#103，若#103 = 50 时，则为 F50；

对于 Z#110，若#110 = 100，则为 Z100；

对于 G#130，若#130 = 3 时，则为 G03。

2）系统变量

系统变量定义：有固定用途的变量，它的值决定系统的状态。

系统变量包括刀具偏置变量，接口的输入/输出信号变量，位置信息变量等。

系统变量的序号与系统的某种状态有严格的对应关系。例如，刀具偏置序号为#01 ~ #99，这些值可以用变量替换的方法加以改变，在序号 1 ~ 99 中，不用作刀具偏置变量的变量可以用作保持性公共变量#500 ~ #531。

接口输入信号#1000 ~ #1015，#1032。通过阅读这些系统变量，可以知道各输入口的情况。当变量值为"1"时，说明接点闭合；当变量值为"0"时，表明接点断开。这些变量的数值不能被替换，阅读变量#1032，所有输入信号一次读入。

2. 宏程序调用

宏程序可用下述方式调用：

1）简单调用 G65

【例 7-3】多孔循环。

创建一个宏程序，用于加工处于同一分布圆上的 H 个孔（图 7-1-2）。孔起始角为 A，孔间夹角为 B，分布圆半径为 I，圆心为（x，y）。指令可用绝对或增量方式指定。当需顺时针方向加工时，B 用负值指定。

（1）调用格式。

G65　P9100　Xx ____ Yy ____ Zz ____ Rr ____ Ff ____ Ii ____ Aa ____ Bb ____ Hh；

X：分布圆圆心的 X 坐标（绝对或增量指定）#24

Y：分布圆圆心的 Y 坐标（绝对或增量指定）#25

Z：孔深 ————————————————#26

R：接近点（R 点）坐标 —————————#18

F：进给速率 ——————————————#9

I：分布圆半径 ————————————#4

A：钻孔起始角————————————#1

B：增量角（顺时针时负值指定）————#2

H：孔数————————————————#11

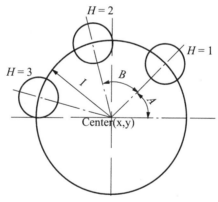

图 7-1-2　孔系加工

（2）主程序。

```
O0002;
G90 G92 X0 Y0 Z100.0;
G65 P9100 X100.0 Y50.0 R30.0 Z-50.0 I100.0 A0 B45.0 H5;
M30;
```

（3）宏程序。

O9100;	
#3 = #4003;	读取 03 组 G 代码（G90/G91）
IF［#3 EQ 90］GOTO 1;	G90 模式跳至 N1 分支

```
#24 = #5001 + #24 ;              计算圆心 X 坐标
#25 = #5002 + #25 ;              计算圆心 Y 坐标
N1 WHILE [#11 GT 0] DO 1 ;
#5 = #24 + #4 * COS [#1] ;       计算孔轴线 X 坐标
#6 = #25 + #4 * SIN [#1] ;       计算孔轴线 Y 坐标
G90 X#5 Y#6 ;                    钻孔前定位到目标孔处
G81 Z#26 R#18 F#19 K0 ;          钻孔循环
#1 = #1 + #2 ;                   计算下一孔的角度
#11 = #111 ;                     孔数减 1
END 1 ;
G#3 G80 ;                        回复 G 代码原有状态
M99 ;
```

有关变量的含义：

\#3：03 组 G 代码的状态；

\#5：下一孔孔轴线 X 坐标；

\#6：下一孔孔轴线 Y 坐标；

\#5001：程序段终点的 X 坐标；

\#5002：程序段终点的 Y 坐标。

2）模态调用 G66

一旦指令了 G66（图 7-1-3），就指定了一种模态宏调用，即在（G66 之后的）程序段中指令的各轴运动执行完后，调用（G66 指定的）宏程序。这将持续到指令 G67 为止，才取消模态宏调用。

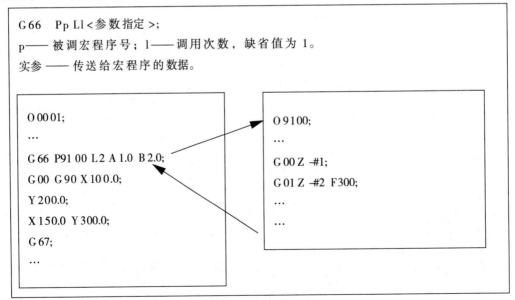

```
G66  Pp Ll <参数指定>;
p—— 被调宏程序号；l—— 调用次数，缺省值为 1。
实参 —— 传送给宏程序的数据。
```

```
O 0001;                          O 9100;
…                                …
G66 P9100 L2 A1.0 B2.0;          G00 Z -#1;
G00 G90 X100.0;                  G01 Z -#2 F300;
Y200.0;                          …
X150.0 Y300.0;                   …
G67;
…
```

图 7-1-3 G66 指令

说明：

（1）调用。

在 G66 后，用地址 P 为模态调用指定程序号；

当需要重复次数时，可在地址 L 后指定从 1~9999 的数字。

与简单调用 G65 一样，传递给宏程序的数据用实参指定。

（2）取消。

当指定 G67 指令时，后续程序段不再执行模态调用。

（3）调用的嵌套。

调用可嵌套四层，包括简单调用 G65 和模态调用 G66，但不包括子程序调用 M98。

（4）模态调用的嵌套。

在模态调用期间可指令另一个 G66 代码，而产生模态调用的嵌套。

限制：

在 G66 程序段不可调用宏；

G66 应在实参之前指令；

在仅含有一个代码的程序段，当该代码与坐标轴运动无关，如 M 功能，将不产生宏调用。

只需在 G66 程序段中设置局部变量，注意每次模态调用执行时，不再设置局部变量。

【例 7-4】使用自定义宏程序创建与固定循环 G81 相同的操作（图 7-1-3），加工程序用模态宏调用。为简化程序，所有钻孔数据用绝对值指定。

该固定循环包含下列基本操作：

操作 1：沿 X、Y 轴的定位；

操作 2：快进到 R 点；

操作 3：切削进给至孔底 Z 点；

操作 4：快速回退至 R 点或起始点 I。

① 调用格式。

G65 P9110 Xx ___ Yy ___ Zz ___ Rr ___ Ff ___ Ll ___;

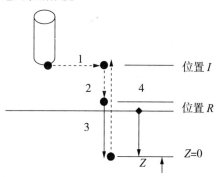

图 7-1-4　固定循环 G81

X：孔轴线的 X 坐标 ················· #24

Y：孔轴线的 Y 坐标 ················· #25

Z：Z 点的坐标 ····················· #26

R：R 点的坐标 ····················· #18

F：进给速率 ······················· #9

L：重复次数

② 主程序。

O00001;

```
G28 G91 X0 Y0 Z0;
G92 X0 Y0 Z50.0;
G00 G90 X100.0 Y50.0;
G66 P9110 Z-20.0 R5.0 F500;
G90 X20.0 Y20.0;
X50.0;
Y50.0;
X70.0 Y80.0;
G67;
M30;
```

③宏程序。

```
O9110;
#1 = #4001;                      储存 G00／G01
#3 = #4003;                      储存 G90／G91
#4 = #4109;                      储存进给速率
#5 = #5003;                      储存钻孔起始 Z 坐标
G00 G90 Z#18;                    定位至 R 点
G01 Z#26 F#9;                    切削至 Z 点
IF [#4010 EQ 98] GOTO 1;         返回至 I 点
G00 Z#18;                        返回至 Z 点
GOTO 2;
N1 G00 Z#5;                      返回至 I 点
N2 G#1 G#3 F#4;                  恢复模态信息
M99;
```

3）使用 G 代码的宏调用

通过在系统参数中设置 G 代码数字可用于调用宏程序，该宏程序就像简单调用 G65 一样被调用。

通过在系统通信参数（220～229）中设置 G 代码数字（1～255），可调用自定义宏程序（9010～9019），该宏程序以和简单调用 G65 一样的方式调用。

例如，当系统参数如上设置时，可使用 G81 调用自定义宏程序 O9010，通过调用使用宏程序定制的用户专有循环（user-specific cycle），从而无需修改加工程序。

（1）系统参数号与程序号间的对应关系（表 7-1-2）。

表 7-1-2　系统参数号与程序号间的对应关系

程序号	参数号
O9010	220

续表

程序号	参数号
O9011	221
O9012	222
O9013	223
O9014	224
O9015	225
O9016	226
O9017	227
O9018	228
O9019	229

（2）重复。

与简单调用一样，可在地址 L 后指定从 1~9999 的重复次数。

（3）参数指定。

与简单调用一样，有两种类型的参数指定方式：参数指定类型 I 和参数指定类型 II。参数指定类型自动根据地址的使用进行判断。

（4）用 G 代码调用的嵌套。

在被 G 代码调用的程序中，不能有用 G 代码调用的宏程序。在这样的程序中，G 代码被当作普通 G 代码对待。在被 M 或 T 代码调用的子程序中，不能有用 G 代码调用的宏程序。在这样的程序中，G 代码也被当作普通 G 代码对待。

4）使用 M 代码的宏调用

通过在系统参数中设置 M 代码数字可用于调用宏程序，该宏程序就像简单调用 G65 一样被调用。

通过在系统通信参数（230~239）中设置 M 代码数字（1~255），可调用自定义宏程序（9020~9029），该宏程序以和简单调用 G65 一样的方式调用。

（1）系统参数号与程序号间的对应关系（表 7-1-3）。

表 7-1-3　系统参数号与程序号间的对应关系

程序号	参数号
O9020	230
O9021	231
O9022	232
O9023	233
O9024	234
O9025	235
O9026	236
O9027	237
O9028	238
O9029	239

（2）重复。

与简单调用一样，可在地址 L 后指定从 1~9999 的重复次数。

（3）参数指定。

与简单调用一样，有两种类型的参数指定方式：参数指定类型 I 和参数指定类型 II。参数指定类型自动根据地址的使用进行判断。

（4）用于调用宏程序的 M 代码必须在程序段的开头指令。

在被 G 代码调用的宏程序中，或在被 M 或 T 代码调用的子程序中，不能有用 M 代码调用的宏程序。在这样的程序中，M 代码被当作普通 M 代码对待。

5）使用 M 代码的子程序调用

通过在系统参数中设置 M 代码数字可用于调用子程序（宏程序），该宏程序就像子程序调用 M98 一样被调用。

通过在系统通信（corresponding）参数（240～242）中设置 M 代码数字（1～255），可调用自定义宏程序（9001～9003），该宏程序以和子程序调用 M98 一样的方式调用。

（1）系统参数号与程序号间的对应关系（表 7-1-4）。

表 7-1-4　系统参数号与程序号间的对应关系

程序号	参数号
O9001	240
O9002	241
O9003	242

（2）重复。

与简单调用一样，可在地址 L 后指定从 1～9999 的重复次数。

（3）参数指定。

不允许指定参数。

（4）在被 G 代码调用的宏程序中，或在被 M 或 T 代码调用的子程序中，不能有用 M 代码调用的子程序。在这样的程序中，M 代码被当作普通 M 代码对待。

6）使用 T 代码的子程序调用

通过系统参数中设置，可允许使用 T 代码调用子程序（宏程序），当加工程序中每次指令该 T 代码时，对应宏程序被调用如图 7-1-5 所示。

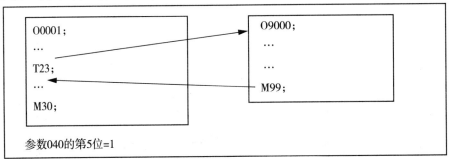

图 7-1-5　T 代码的子程序调用

（1）通过将系统参数 040 的第 5 位置 1，可在加工程序中指令 T 代码调用宏程序 O9000。在加工程序中指令的 T 代码用公用（全局）变量#149 指定。

（2）在被 G 代码调用的宏程序中，或在被 M 或 T 代码调用的子程序中，不能有用 T 代码调用的子程序。在这样的程序中，T 代码被当作普通 T 代码对待。

3. 算术与逻辑运算指令

该类指令可以在变量中执行，运算符右边的表达式可包含常量和/或由函数或运算符组成的变量。表达式中的变量# j 和#k 可以用常数赋值左边的变量，也可以用表达式赋值。

1）算术运算指令

算术运算指令如表 7-1-5 所示。

表 7-1-5　算术运算指令

G 码	H 码	功　能	定　义
G65	H01	定义，替换	$\#i = \#j$
G65	H02	加	$\#i = \#j + \#k$
G65	H03	减	$\#i = \#j - \#k$
G65	H04	乘	$\#i = \#j \times \#k$
G65	H05	除	$\#i = \#j / \#k$
G65	H21	平方根	$\#i = \sqrt{\#j}$
G65	H22	绝对值	$\#i = |\#j|$
G65	H23	求余	$\#i = \#j \cdot trunc(\#j/\#k) \cdot \#k$ Trunc；丢弃小于 1 的分数部分
G65	H24	BCD 码→二进制码	$\#i = BIN(\#j)$
G65	H25	二进制码→BCD 码	$\#i = BCD(\#j)$
G65	H26	复合乘/除	$\#i = (\#i \times \#j) \div \#k$
G65	H27	复合平方根 1	$\#i = \sqrt{\#j^2 + \#k^2}$
G65	H28	复合平方根 2	$\#i = \sqrt{\#j^2 + \#k^2}$

2）逻辑运算指令

逻辑运算指令如表 7-1-6 所示。

表 7-1-6　逻辑运算指令

G 码	H 码	功　能	定　义
G65	H11	逻辑"或"	$\#i = \#j \cdot OR \cdot \#k$
G65	H12	逻辑"与"	$\#i = \#j \cdot AND \cdot \#k$
G65	H13	异或	$\#i = \#j \cdot XOR \cdot \#k$

3）三角函数指令

三角函数运算指令如表 7-1-7 所示。

表 7-1-7   三角函数指令

G 码	H 码	功　能	定　义
G65	H31	正弦	$\#i = \#j \cdot \sin\ (\#k)$
G65	H32	余弦	$\#i = \#j \cdot \cos\ (\#k)$
G65	H33	正切	$\#i = \#j \cdot \tan\ (\#k)$
G65	H34	反正切	$\#i = \tan^{-1}\ (\#j\ /\ \#k)$

4. 控制类指令

1）A 类控制指令

用非模态调用 G65，可以实现转移功能，如表 7-1-8 所示。

表 7-1-8   控制类指令

G 码	H 码	功　能	定　义
G65	H80	无条件转移	GOTOn
G65	H81	条件转移 1	IF $\#j = \#k$, GOTO n
G65	H82	条件转移 2	IF $\#j \neq \#k$, GOTO n
G65	H83	条件转移 3	IF $\#j > \#k$, GOTO n
G65	H84	条件转移 4	IF $\#j < \#k$, GOTO n
G65	H85	条件转移 5	IF $\#j \geq \#k$, GOTO n
G65	H86	条件转移 6	IF $\#j \leq \#k$, GOTO n
G65	H99	产生 PS 报警	PS 报警号 500+n 出现

2）B 类控制指令

尽管子程序对重复性的相同操作很有用，（但仍不能和宏程序相提并论）。用户宏程序功能允许使用变量、算术和逻辑运算以及条件分支控制，这便于普通加工程序的发展，如发展成打包好的自定义的固定循环。加工程序可利用一简单的指令来调用宏程序，就像使用子程序一样（例如下面所示的程序样本）。

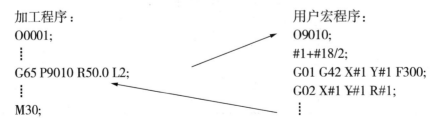

```
加工程序：                          用户宏程序：
O0001;                              O9010;
  ⋮                                 #1+#18/2;
                                    G01 G42 X#1 Y#1 F300;
G65 P9010 R50.0 L2;                 G02 X#1 Y#1 R#1;
  ⋮                                   ⋮
M30;
```

5. 刀具补偿值、刀具补偿号及在程序中赋值 G10

1）刀具补偿值的范围

米制：0~±999.999mm。

英制：0~±99.9999inch。

2）刀具补偿值的存储

刀具补偿存储器 A：使用与刀具补偿号对应的刀具补偿值，如表 7-1-9 所示。

表 7-1-9 刀具补偿号对应的刀具补偿值

补偿号	刀具补偿值
1	
...	
400	

刀具补偿存储器 B：使用与刀具补偿号对应的刀具几何补偿、刀具磨损补偿，如表 7-1-10 所示。

表 7-1-10 刀具几何补偿、刀具磨损补偿

补偿号	几何补偿	磨损补偿
1		
...		
400		

刀具补偿存储器 C：刀具补偿分长度补偿（H）和半径补偿（D），使用与刀具补偿号对应的刀具几何补偿、刀具磨损补偿，如表 7-1-11 所示。

表 7-1-11 刀具补偿分长度补偿（H）和半径补偿（D）

补偿号	刀具长度补偿（H）		刀具半径补偿（D）	
	几何补偿	磨损补偿	几何补偿	磨损补偿
1				
...				
400				

3）格式（图 7-1-12）

刀具补偿存储器 A：G10 P __ R __；

表 7-1-12　刀具补偿赋值

刀具补偿存储器种类		格式
刀具长度补偿（H）	几何补偿	G10 L10 P ＿＿＿ R ＿＿＿;
	磨损补偿	G10 L11 P ＿＿＿ R ＿＿＿;
刀具半径补偿（D）	几何补偿	G10 L12 P ＿＿＿ R ＿＿＿;
	磨损补偿	G10 L13 P ＿＿＿ R ＿＿＿;

P—刀具补偿号；R—G90 时，为刀具补偿实际值；G91 时，R 值加到指定刀具补偿值上（其和为刀具补偿值，即 R 值为刀具补偿增量）。

二、宏语句和 NC 语句

下列程序段被认为是宏语句：

包含算术和逻辑运算及赋值操作的程序段；

包含控制语句（如：GOTO，DO，END）的程序段；

包含宏调用命令（如：G65，G66，G67 或其他调用宏的 G、M 代码）；

不是宏语句的程序段称 NC（或 CNC）语句。

1. 宏语句与 NC 语句的区别

即使在程序单段运行模式下执行宏语句，机床也不停止。但当机床参数 011 的第五位设成 1 时，执行宏语句，机床用单段运行模式停止。

在刀具补偿状态下，宏语句程序段不作不含运动程序段处理。

2. 与宏语句具有相同特性的 NC 语句

子程序调用程序段（在程序段中，子程序被 M98 或指定的 M、T 代码调用）仅包含 O，N，P，L 地址，和宏语句具有相同特性。

包含 M99 和地址 O、N、P 的程序段，具有宏语句特性。

3. 分支和循环

在程序中可用 GOTO 语句和 IF 语句改变控制执行顺序。

分支和循环操作共有 3 种类型：

1）无条件分支 GOTO 语句

控制转移（分支）到顺序号 n 所在位置。当顺序号超出 1～9999 的范围时，产生 128 号报警。顺序号可用表达式指定。

格式：GOTO n；

其中，n——（转移到的程序段）顺序号。

2）条件分支 IF 语句

在 IF 后指定一条件，当条件满足时，转移到顺序号为 n 的程序段，不满足则执行下一程序段。

格式：

IF［表达式］GOTOn；

处理；

Nn…；

（1）条件表达式。

条件表达式由两变量或一变量一常数中间夹比较运算符组成，条件表达式必需包含在一对方括号内。条件表达式可直接用变量代替。

（2）比较运算符。

比较运算符由两个字母组成，用于比较两个值，来判断它们是相等，或一个值比另一个小或大（表 7-1-12）。注意不能用不等号。

表 7-1-13　比较运算符

运算符	含　义
EQ	相等 equal to（＝）
NE	不等于 not equal to（≠）
GT	大于 Greater than（＞）
GE	大于等于 greater than or equal to（≥）
LT	小于 less than（＜）
LE	小于等于 less than or equal to（≤）

【例 7-5】求 1~10 的和。

```
O9500;
#1 = 0;                           和
#2 = 1;                           加数
N1 IF［#2 GT 10］GOTO2;          相加条件
#1 = #1+#2;                       相加
#2 = #2+1;                        下一加数
GOTO1;                           返回 1
N2 M30;                          结束
```

3）循环 WHILE 语句

在 WHILE 后指定一条件表达式，当条件满足时，执行 DO 到 END 之间的程序，（然后返回到 WHILE 重新判断条件，）不满足则执行 END 后的下一程序段。

格式：

WHILE［条件表达式］DO m；（m＝1，2，3）

处理；

END m；

说明：

（1）WHILE 语句对条件的处理与 IF 语句类似。

在 DO 和 END 后的数字是用于指定处理的范围（称循环体）的识别号，数字可用 1、2、3 表示。当使用 1、2、3 之外的数时，产生 126 号报警。

（2）While 的嵌套。

对单重 DO-END 循环体来说，识别号（1~3）可随意使用且可多次使用。但当程序中出现循环交叉（DO 范围重叠）时，产生 124 号报警。

①识别号（1~3）可随意使用且可多次使用。

```
WHILE[…]DO1;
Processing
END1;
…
WHILE[…]DO1;
Processing
END1;
```

②DO 范围不能重叠。

```
WHILE[…]DO1;
Processing
WHILE[…]DO2;
…
END1;
Processing
END2;
```

③DO 循环体最大嵌套深度为三重。

```
WHILE[…]DO1;
…
WHILE[…]DO2;
…
WHILE[…]DO3;
Processing
END3;
…
END2;
…
END1;
```

④控制不能跳转到循环体外。

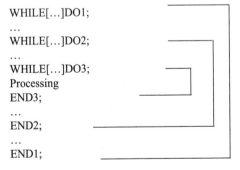

```
WHILE[…]DO1;
…
IFC[…]GOTO n;
…
END1;
Nn … ;
```

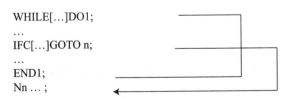

⑤分支不能直接跳转到循环体内。

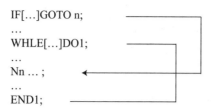

4）限制

（1）无限循环 Infinite loops。

当指定 Do m 而未指定 WHILE 语句时，将产生一个从 DO 到 END 为循环体的无限循环。

（2）处理时间。

当转移到 GOTO 语句中指定顺序号对应的程序段时，程序段根据顺序号搜索。因此向回跳转比向前跳转要花费更多的处理时间。此时使用 WHILE 语句循环可减少处理时间。

（3）未定义变量。

在条件表达式中使用 EQ 和 NE 判断时，空值（null）和 0 会产生不同的结果，在其他类型的条件表达式中，空值（null）被认为是 0。

【例 7-6】求 1~10 的和。

```
O9501;
#1＝0;
#2＝1;
WHILE［#2 LE 10］DO1;
#1＝#1＋#2;
#2＝#2＋1;
END1;
M30;
```

三、行切和环切

在数控加工中，行切和环切是典型的两种走刀路线。

行切在手工编程时多用于规则矩形平面、台阶面和矩形下陷加工，对非矩形区域的行切一般用自动编程实现。

环切主要用于轮廓的半精、精加工及粗加工，用于粗加工时，其效率比行切低，但可方便的用刀补功能实现。

1. 环切

环切加工是利用已有精加工刀补程序，通过修改刀具半径补偿值的方式，控制刀具从内向外或从外向内，一层一层去除工件余量，直至完成零件加工。

1）环切刀具半径补偿值的计算

确定环切刀具半径补偿值可按如下步骤进行：

（1）确定刀具直径、走刀步距和精加工余量；

（2）确定半精加工和精加工刀补值；

（3）确定环切第一刀的刀具中心相对零件轮廓的位置（第一刀刀补值）；

（4）根据步距确定中间各刀刀补值。

【例7-7】用环切方案加工图7-1-7零件内槽，环切路线为从内向外。

环切刀补值确定过程如下：

（1）内槽圆角半径 $R6$，选取 $\phi12$ 键槽铣刀，精加工余量为 0.5mm，走刀步距取 10mm。

（2）由刀具半径 6mm，可知精加工和半精加工的刀补半径分别为 6mm 和 6.5mm。

（3）为保证第一刀的左右两条轨迹按步距要求重叠，则两轨迹间距离等于步距，则该刀刀补值 = 30-10/2 = 25mm。

（4）根据步距确定中间各刀刀补值：

第二刀刀补值 = 25-10 = 15mm

第三刀刀补值 = 15-10 = 5mm，该值小于半精加工刀补值，说明此刀不需要。

由上述过程，可知，环切共需 4 刀，刀补值分别为 25mm、15mm、6.5mm、6mm。

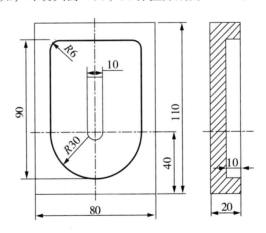

图 7-1-6　加工零件图

2）环切刀补程序工步起点（下刀点）的确定

对于封闭轮廓的刀补加工程序来说，一般选择轮廓上凸出的角作为切削起点，对内轮廓，如没有这样的点，也可以选取圆弧与直线的相切点，以避免在轮廓上留下接刀痕。在确定切削起点后，再在该点附近确定一个合适的点，来完成刀补的建立与撤销，这个专用于刀补建立与撤销的点就是刀补程序的工步起点，一般情况下也是刀补程序的下刀点。

一般而言，当选择轮廓上凸出的角作为切削起点时，刀补程序的下刀点应在该角的角平分线上（45°方向），当选取圆弧与直线的相切点或某水平/垂直直线上的点作为切削起点时，刀补程序的下刀点与切削起点的连线应与直线部分垂直。在一般的刀补程序中，为缩短空刀距离，下刀点与切削起点的距离比刀具半径略大一点，下刀时刀具与工件不发生干涉即可。但在环切刀补程序中，下刀点与切削起点的距离应大于在上一步骤中确定的最大刀具半径补偿值，以避免产生刀具干涉报警。如图 7-1-6 所示零件，取 $R30$ 圆弧圆心为编程零点，取 $R30$ 圆弧右侧端点作为切削起点，如刀补程序仅用于精加工，下刀点取在（22，0）即可，该点至切削起点距离 = 8mm。但在环切时，由于前两刀的刀具半径补偿值大于 8mm，建立刀补时，刀具实际运动方向是向左，而程序中指定的运动方向是向右，撤销刀补时与此类似，此时数控系统就会产生刀具干涉报警。因此合理的下刀点应在编程零点（0，0）。

3）在程序中修改刀具半径补偿值

在程序中修改刀具半径补偿值可采用如下方法：

（1）在刀补表中设好环切每一刀的刀具半径补偿值，然后在刀补程序中修改刀具补偿号。

【例 7-8】直接在 G41/G42 程序段修改刀具补偿号，如表 7-1-14 所示。

主程序

```
o1000;
G54 G90 G00 G17 G40;
Z50.0 M03 S1000;
X0 Y0;
Z5.0 M08;
G01 Z-10.0 F60;
G41 X30.0 D01 F100;
M98 P0010;
G41 X30.0 D02 F100;
M98 P0010;
G41 X30.0 D03 F100;
M98 P0010;
G41 X30.0 D04 F100;
M98 P0010;
M05 M09;
```

子程序

```
o0010;
G90 G1 Y60.0;
X-30.0;
Y0;
G03 X30.0 R30.0;
G00 G40 X0;
M99;
```

表 7-1-14　刀具半径补偿

补偿号	刀具半径补偿
1	25
2	15
3	6.5
4	6

【例 7-9】用宏变量表示刀具补偿号，利用循环修改刀具补偿号。

```
O100;
G54 G90 G0 G17 G40;
Z50.0 M03 S1000;
X0 Y0;
```

```
Y60.0;
X-30.0;
Y0;
G03 X30.0 R30.0;
```

```
Z5 M08；                          G0 G40 X0；
G1 Z-10.0 F60；                   #1＝#1＋1；
#1＝1；      刀补号变量          End1；
WHILE #1 LE 4 DO1；               Z50.0；
G41 X30.0 D#1 F100；              M30；
```

（2）使用 G10 修改刀具补偿半径。

【例7-10】使用 G10 和子程序完成环切。

```
主程序：                          M98 P0010；
O100；                            M05 M09；
G54 G90 G00 G17 G40；             G00 Z50.0；
Z50 M03 S1000；                   M30；
X0 Y0；
Z5.0 M08；                        子程序
G01 Z-10.0 F60；                  O0010；
G10 L10 P1 R25.0；                G90 G41 X30.0 D01 F100；
M98 P0010；                       Y60.；
G10 L10 P01 R15；                 X-30.；
M98 P0010；                       Y0；
G10 L10 P1 R6.5；                 G03 X30.0 R30.0；
M98 P0010；                       G00 G40.0 X0.；
G10 L10 P1 R6.0；                 M99；
```

【例7-11】使用 G10 和循环完成环切。

```
O1000；                           G41 X30 D01 F100；
G54 G90 G00 G17 G40；             Y60.0；
Z50.0 M03 S1000；                 X-30.0；
X0 Y0；                           Y0；
Z5.0 M08；                        G03 X30.0 R30.0；
G01 Z-10.0 F60；                  G00 G40 X0；
#10＝25.0；   粗加工起始刀补值     #10＝#10-#11；
#11＝1.0；    步距                END2；
#12＝6.0；    精加工刀补值        #10＝#12+0.5；半精加工刀补值
#1＝2.0；     粗、精加工控制      #11＝0.5；
WHILE［#1 GE 1］DO1；             #1＝#1-1；
WHILE #10 GE #12 DO2；            END1；
G10 L10 P01 R#10；                Z50.0；
```

（3）直接用宏变量对刀补值赋值。

【例 7-12】直接用宏变量对刀补值赋值，利用循环完成环切。

O1000;

G54 G90 G00 G17 G40;

Z50.0 M03 S1000;

X0 Y0;

Z5.0 M08;

G01 Z-10.0 F60;

\#10 = 25.0;　　　　粗加工起始刀补值

\#11 = 9.25;　　　步距

\#12 = 6.0;　　　　精加工刀补值

\#1 = 2.0;　　　　　粗、精加工控制

WHILE［\#1 GE 1］DO1;

WHILE［\#10 GE \#12］DO2;

G41 X30.0 D［\#10］F100;

Y60.0;

X-30.0;

Y0;

G03 X30.0 R30.0;

G0.0 G40 X0;

\#10 = \#10-\#11;

END2;

\#10 = \#12;　半精加工刀补值

\#1 = \#1-1;

END1;

Z50.0;

说明：在 G41 X30 d\#10 中，\#10 表示刀具补偿号，而在 G41 X30 d［\#10］中，\#10 表示刀具半径补偿值，此用法在 FANUC 说明书中没有，但实际使用的结果确实如此，如所用系统不支持此用法，就只用【例 7-10】用法。

4）环切宏程序

当使用刀具半径补偿来完成环切时，不管我们采用何种方式修改刀具半径补偿值，由于受刀补建、撤的限制，它们都存在走刀路线不够简洁，空刀距离较长的问题。对于像图 7-1-7 所示的轮廓，其刀具中心轨迹很好计算，此时如用宏程序直接计算中心轨迹路线，则可简化走刀路线，缩短空刀距离。

【例 7-13】完全使用宏程序的环切加工，如图 7-1-4 所示，用\#1、\#2 表示轮廓左右和上边界尺寸，编程零点在 R30 圆心，加工起始点放在轮廓右上角（可削除接刀痕）。

O1000;

G54 G90 G0 G17 G40;

Z50.0 M03 S100;

\#4 = 30.0;　　　　　　左右边界

\#5 = 60.0;　　　　　　上边界

\#10 = 25.0;　　　　　粗加工刀具中心相对轮廓偏移量（相当于刀补程序中的刀补值）

\#11 = 9.25;　　　　　步距

\#12 = 6.0;　　　　　　精加工刀具中心相对轮廓偏移量（刀具真实半径）

G00 X［\#4-\#10-2.0］Y［\#5-\#10-2.0］;

Z5.0;

```
G01 Z-10.0 F60;
#20=2.0;
WHILE [#20 GE 2] DO1;
WHILE [#10 GE #12] DO2;
    #1=#4-#10;                  左右实际边界
    #2=#5-#10;                  上边实际边界
    G01 X [#1-2.0] Y [#2-2.0] F200;
    G03 X#1 Y#2 R2.0;           圆弧切入到切削起点
    G01 X [-#1];
        Y0;
    G03 X#1 R#1;
    G01 Y#2;
    G03 X [#1-2] Y [#2-2] R2.0;
    #10=#10-#11;
    END2;
#10=#12;
#20=#20-1.0;
END1;
G00 Z50.0;
M30;
```

2. 行切

一般来说，行切主要用于粗加工，在手工编程时多用于规则矩形平面、台阶面和矩形下陷加工，对非矩形区域的行切一般用自动编程实现。

1）矩形区域的行切计算

（1）矩形平面的行切区域计算。

如图 7-1-7 （b）所示，矩形平面一般采用图示直刀路线加工，在主切削方向，刀具中心需切削至零件轮廓边，在进刀方向，在起始和终止位置，刀具边沿需伸出工件一距离，以避免欠切。

假定工件尺寸如图 7-1-7 所示，采用 $\phi 60$ 面铣刀加工，步距 50mm，上、下边界刀具各伸出 10mm。则行切区域尺寸为 800×560 （600+10×2-60）。

（2）矩形下陷的行切区域计算。

对矩形下陷而言，由于行切只用于去除中间部分余量，下陷的轮廓是采用环切获得的，因此其行切区域为半精加工形成的矩形区域，计算方法与矩形平面类似。

假定下陷尺寸 100×80，由圆角 $R6$ 选 $\phi 12$ 铣刀，精加工余量 0.5mm，步距 10mm，则半精加工形成的矩形为 （100-12×2- 0.5×2） × （80-12×2-0.5×2） = 75×55。如行切上、下边界刀具各伸出 1mm，则实际切削区域尺寸=75× （55+2-12） = 75×45。

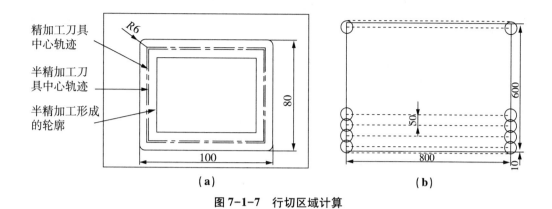

图 7-1-7　行切区域计算

（3）行切的子程序实现。

对于行切走刀路线而言，每来回切削一次，其切削动作形成一种重复，如果将来回切削一次做成增量子程序，则利用子程序的重复可完成行切加工。

切削次数与子程序重复次数计算

进刀次数 n = 总进刀距离/步距 = 47/10 = 4.5，实际需切削 6 刀，进刀 5 次。

子程序重复次数 m = n/2 = 5/2 = 2，剩余一刀进行补刀。

步距的调整：步距 = 总进刀距离/切削次数。

说明：

当实际切削次数约为偶数刀时，应对步距进行调整，以方便程序编写；

当实际切削次数约为奇数刀时，可加 1 成偶数刀，再对步距进行调整，或直接将剩下的一刀放在行切后的补刀中，此时不需调整步距。

由于行切最后一刀总是进刀动作，故行切后一般需补刀。

【例 7-14】对图 7-1-7（a）零件，编程零点设在工件中央，下刀点选在左下角点，可以编制程序。

（1）加工程序如下：

主程序

```
o1000;
G54 G90 G17 G40;
G00 Z50.0 M03 S800;
G00 X-43.5 Y-33.5;                定位到下刀点
   Z5.;
G01 Z-10.0 F100;
M98 P0010;                        环切加工，该程序省略
G01 X-37.5 Y-22.5;                行切起点
M98 P0020 L2;                     行切加工
G01 X37.5;                        补刀
```

```
    Y22.5;
    X-37.5;
  G00 Z50.0;
  M30;
```
子程序
```
  o0020;
  G91 G01 X75. F150;
    Y10.;
    X-75.;
    Y10.;
  G90 M99;
```
（2）行切宏程序实现。

对图 7-1-7（a）零件，编程零点设在工件中央，下刀点选在左下角点，加工宏程序如下：（本程序未考虑分层下刀问题）
```
  o1000;
  G54 G90 G00 G17 G40;
    Z50.0 M03 S800;
  G65 P9010 A100 B80 C0 D6 Q0.5 K10 X0 Y0 Z-10.0 F150;
  G00 Z50.0;
  M30;
```
宏程序调用参数说明：

A（#1）B（#2）——矩形下陷的长与宽；

C（#3）————粗精加工标志，$C=0$，完成粗精加工，$C=1$，只完成精加工；

D（#7）————刀具半径；

Q（#17）————精加工余量；

K（#6）————步距；

X（#24）Y（#25）——下陷中心坐标；

Z（#26）————下陷深度；

F（#9）————走刀速度。

宏程序：
```
  o9010;
  #4 = #1/2 - #7;          精加工矩形半长
  #5 = #2/2 - #7;          精加工矩形半宽
  #8 = 1;                  环切次数
  IF [#3 EQ 1] GOTO 100;
  #4 = #4 - #17;           半精加工矩形半长
```

#5 = #5-#17;　　　　　　　　半精加工矩形半宽

#8 = 2.0;

N100 G90 G00 X［#24-#4］Y［#25-#5］;

　　Z5.0;

G1 Z#26 F#9;

WHILE［#8 GE 1.］DO1;

G01 X［#24-#4］Y［#25-#5］;

　　　X［#24+#4］;

　　　Y［#25+#5］;

　　　X［#24-#4］;

　　　Y［#25-#5］;

#4 = #4+#17;

#5 = #5+#17;

#8 = #8-1.0;

END1;

IF［#3 EQ 1］GOTO 200;　　　　只走精加工，程序结束

#4 = #1／2-2 *［#7+#17］;　　　行切左右极限 X

#5 = #／2-3 * #7-2 * #17+4;　　行切上下极限 Y

#8 = -#5;　　　　　　　　　　进刀起始位置

G01 X［#24-#4］Y［#25+#8］;

WHILE［#8 LT #5 DO1］;　　　　准备进刀的位置不到上极限时加工

G01 Y［#25+#8］;　　　　　　进刀

　　X［#24+#4］;　　　　　　切削

#8 = #8+#6;　　　　　　　　准备下一次进刀位置

#4 = -#4;　　　　　　　　　准备下一刀终点 X

END1;

G01 Y［#25+#5］;　　　　　　进刀至上极限，准备补刀

　　X［#24+#4］;　　　　　　补刀

G00 Z5.0;

N200 M99;

四、相同轮廓的重复加工

1. 在实际加工中，相同轮廓的重复加工主要有两种情况

（1）同一零件上相同轮廓在不同位置出现多次；

（2）在连续板料上加工多个零件。

2. 用增量方式完成相同轮廓的重复加工

【例7-15】加工图7-1-8所示工件，取零件中心为编程零点，选用φ2键槽铣刀加工。子程序用中心轨迹编程。

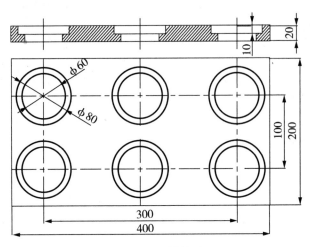

图 7-1-8　零件图

主程序	子程序
O1000;	O0010;
G54 G90 G00 G17 G40 M03;	G91 G00 X24.0;
Z50.0 S2000;	G01 Z-27.0 F60;
X-150.0 Y-50.0;	G03 I-24.0 F200;
Z5.0;	G00 Z12.0;
M98 P0010;	G01 X10.0;
G00 X-150.0 Y50.0;	G03 I-34.0;
M98 P0010;	G00 Z15.0;
G00 X0 Y50.0;	
M98 P0010;	
G00 X0 Y-50.0;	
M98 P0010;	
G00 X-150.0 Y-50.0;	
M98 P0010;	
G00 X-150.0 Y50.0;	
M98 P0010;	
G00 Z100.0;	
M30;	

3. 用坐标系平移完成相同轮廓的重复加工

坐标系平移有两种方式：

（1）G54+G52，用于重复次数不多，且轮廓分布无规律情况。

（2）G54+G92，用于轮廓分布有规律且重复次数很多的情况。

【例 7-16】用局部坐标系 G52 完成相同轮廓的重复加工，G54 零点设在零件中心，局部坐标系零点在需加工孔的孔心。

主程序

```
o1000；
G54 G900G00 G17 G40；
    Z50.0 M03 M07 S1000；
G52 X-150.0 Y-50.0；
M98 P0020；
G52 X-150.0 Y50.0；
M98 P0020；
G52 X0 Y50.0；
M98 P0020；
G52 X0.0 Y-50.0；
M98 P0020；
G52 X150.0 Y-50.0；
M98 P0020；
G52 X150.0 Y50.0；
M98 P0020；
```

```
G52 X0 Y0；恢复 G54
G00 Z100.；
M30；
```

子程序

```
o0020；
G90 G00 X24.；
    Z5.；
G01 Z-22. F100；
G03 I-24.；
G00 Z-10.；
G01 X34.；
G03 I-34.；
G00 Z5.；
M99；
```

【例 7-17】用 G54+G92 完成相同轮廓的重复加工，G54 零点设设在零件中心，子坐标系零点在需加工孔的孔心。

```
O1000；
G54 G90G00 G17 G40；
  Z50.0 M03 M07 S1000；
  X-150.0 Y-50.0；
M98 P0030 L3；
G54 G00 X-150.0 Y50.0；
M98 P0030 L3；
G54 G00 Z100.0；
M30；
```

```
O0030；
G92 X0 Y0
G90 G00 X24；
  Z5.；
G01 Z-22. F100；
G03 I-24.；
G00 Z-10.；
G01 X34.；
G03 I-34.；
G00 Z5.；
  X150.；
M99；
```

4. 用宏程序完成相同轮廓的重复加工

【例 7-18】用 G65 调用完成加工，宏程序用绝对编程。

主程序：   宏程序：

O1000;   O9010;

G54 G90 G00 G17 G40 M03;   G90 G00 X ［#24 + 24］ Y

  Z50.0 S2000;   #25;

  Z5.0;   Z5.0;

G65 P9010 X-150.0 Y-50.0;   G01 Z-20.0 F60;

G65 P9010 X-150.0 Y50.0;   G03 I-24.0 F200;

G65 P9010 X0 Y50.0;   G00 Z-10.0;

G65 P9010 X0 Y-50.0;   G01 X ［#24+34.0］

G65 P9010 X150.0 Y-50.0;   G03 I-34.0;

G65 P9010 X150.0 Y50.0;   G00 Z5.0;

G00 Z100.0;   M99;

【例 7-19】用 G66 调用完成加工，宏程序用绝对编程。

O1000;   O9011;

G54 G90 G00 G17 G40;   #1 = #5001;**取当前孔心坐标**

  Z50.0 M03 M07 S1000;   #2 = #5002;

  X-150.0 Y-50.0;   G90 G00 X ［#1+24］ Y#2;

G66 P9011;   Z5.0;

G0.0 X-150.0 Y50.0;   G01 Z-22.0 F100;

  X0.0 Y50.0;   G03 I-24.0;

  X0.0 Y-50.0;   G00 Z-10.0;

  X150.0 Y-50.0;   G01 X ［#1+34.0］;

  X150.0 Y50.0;   G03 I-34.0;

G67;   G00 Z5.0;

G00 Z100.0;   M99;

M30;

【例 7-20】使用循环，用一个程序完成加工。

o1000;

G54 G90 G00 G17 G40;

  Z50.0 M03 M07 S1000;

#1 = 2.0;   行数

#2 = 3.0;   列数

#3 = 150.0;   列距

```
#4 = 100.0;                                    行距
#5 = -150.0;                                   左下角孔中心坐标（起始孔）
#6 = -50.0;
#10 = 1.0;                                     列变量
WHILE #10 LE #2 D01;
#11 = 1.0;                                     行变量
#20 = #5 + [#10-1.0] * #3;                     待加工孔的孔心坐标 X
  WHILE #11 LE #1 DO2;
    #21 = #6 + [#11-1.0] * #4;                 孔心坐标 Y
    G00 X [#20+24.0] Y#21;
      Z2.0;
    G01 Z-22.0 F100;
    G03 I-24.0;
    G00 Z-10.0;
    G01 X [#20+34.0];
    G03 I-34.0;
    G00 Z5.0;
    #11 = #11+1.0;
  END2;
#10 = #10+1.0;
END1;
G00 Z100.0;
M30;
```

五、简单平面曲线轮廓加工

对简单平面曲线轮廓进行加工，是采用小直线段逼近曲线来完成的。具体算法为：采用某种规律在曲线上取点，然后用小直线段将这些点连接起来完成加工。

【例 7-21】椭圆加工，假定椭圆长（X 向）、短轴（Y 向）半长分别为 a 和 b，则椭圆的极坐标方程为 $\begin{cases} x = a\cos\theta \\ y = b\sin\theta \end{cases}$，利用此方程可方便地完成在椭圆上取点工作。

编程条件：编程零点在椭圆中心，$a=50$，$b=30$，椭圆轮廓为外轮廓，下刀点在椭圆右极限点，刀具直径 $\phi8$，加工深度 10mm。程序如下：

```
O1000;
G54 G90 G00 G17 G40;
    Z50.0 M30 S1000;
    X60.0 Y-15.0;
```

```
    Z5.0 M07;
G01 Z-12.0 F800;
G42 X50.0 D01 F100;
    Y0;
#1＝0.5;                              θ变量初始值0.5°
WHILE #1 LE 360 DO1;
#2＝50.0＊COS［#1］;
#3＝30.0＊SIN［#1］;
G01 X#2 Y#3;
#1＝#1+0.5;
END1;
G01 Y15.0;
G00 G40 X60.0;
    Z100.0;
M30;
```

六、简单立体曲面加工

1. 球面加工

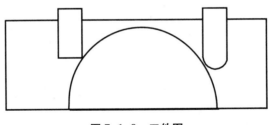

图7-1-9　工件图

1）球面加工使用的刀具（图7-1-9）

（1）粗加工可以使用键槽铣刀或立铣刀，也可以使用球头铣刀。

（2）精加工应使用球头铣刀。

2）球面加工的走刀路线

（1）一般使用一系列水平面截球面所形成的同心圆来完成走刀。

（2）在进刀控制上有从上向下进刀和从下向上进刀两种，一般应使用从下向上进刀来完成加工，此时主要利用铣刀侧刃切削，表面质量较好，端刃磨损较小，同时切削力将刀具向欠切方向推，有利于控制加工尺寸。

3）进刀控制算法（图7-1-10）

（1）进刀点的计算。

①先根据允许的加工误差和表面粗糙度，确定合理的 Z 向进刀量，再根据给定加

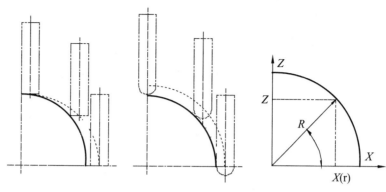

图 7-1-10　进刀控制算法

工深度 Z，计算加工圆的半径，即：$r=\mathrm{sqrt}\ [R^2-z^2]$。此算法走刀次数较多。

②先根据允许的加工误差和表面粗糙度，确定两相邻进刀点相对球心的角度增量，再根据角度计算进刀点的 r 和 Z 值，即 $Z=R\sin\theta$，$r=R\cos\theta$。

（2）进刀轨迹的处理。

①对立铣刀加工，曲面加工是刀尖完成的，当刀尖沿圆弧运动时，其刀具中心运动轨迹也是一行径的圆弧，只是位置相差一个刀具半径。

②对球头刀加工，曲面加工是球刃完成的，其刀具中心是球面的同心球面，半径相差一个刀具半径。

4）外球面加工

【例 7-22】加工如图 7-1-11 所示外球面。为对刀方便，宏程序编程零点在球面最高点处，采用从下向上进刀方式。立铣刀加工宏程序号为 O9013，球刀加工宏程序号 O9014。

主程序：

o1000;

G91 G28 Z0.0;

M06 T01;

G54 G90 G00 G17 G40;

G43 Z50.0 H1M03 S3000;

G65 P9013 X0 Y0. Z-30.0 D6 I40.5 Q3 F800;

G49 Z100.0 M05;

G28 Z105.0;

M06 T02;

G43 Z50.0 H02 M03 S4000;

G65 P9014 X0 Y0 Z-30.0 D06 I40.0 Q0.5 F1000;

G49 Z100.0 M05;

宏程序调用参数说明：

X（#24）/Y（#25）——球心坐标；

Z（#26）——球高；

D（#7）——刀具半径；

Q（#17）——角度增量，度；

I（#4）——球径；

F（#9）——走刀速度。

```
G28 Z105.;
M30;
```

图 7-1-11　工件图

宏程序：

```
o9013;
#1 = #4 + #26 ;                              进刀点相对球心 Z 坐标
#2 = SQRT[ #4 * #4 - #1 * #1 ] ;             切削圆半径
#3 = ATAN#1 /#2 ;                            角度初值
#2 = #2 + #7 ;
G90 G00 X[ #24 + #2 + #7 + 2 ] Y#25 ;
    Z5. ;
G01 Z#26 F300 ;
WHILE [ #3 LT 90 ] DO1 ;                     当进刀点相对水平方向夹角小于90°时加工
G01 Z#1 F#9 ;
    X[ #24 + #2 ] ;
G02 I - #2 ;
#3 = #3 + #17 ;
#1 = #4 * [ SIN[ #3 ] - 1 ] ;               Z= - ( R - Rsinθ)
#2 = #4 * COS[ #3 ] + #7 ;                  r = Rcosθ + r
END1 ;
G00 Z5.0 ;
M99 ;


o9014;
#1 = #4 + #26 ;                              中间变量
#2 = SQRT[ #4 * #4 - #1 * #1 ] ;             中间变量
#3 = ATAN#1 /#2 ;                            角度初值
#4 = #4 + #7 ;                               处理球径
#1 = #4 * [ SIN[ #3 ] - 1.0 ] ;             Z= - ( R - Rsinθ)
#2 = #4 * COS[ #3 ] ;                        r = Rcosθ
```

```
G90 G00 X[#24+#2+2] Y[#25];
    Z5.0;
G01 Z#26 F300;
WHILE[#3 LT 90] DO1;                         当角小于90°时加工
G01 Z#1 F#9;
    X[#24+#2];
G02 I-#2;
#3=#3+#17;
#1=#4*[SIN[#3]-1.0];                         $Z=-(R-R\sin\theta)$
#2=#4*COS[#3];                               $r=R\cos\theta$
END1;
G00 Z5.0;
M99;
```

5）内球面加工

【例7-23】加工如图7-1-12所示内球面。为对刀方便,宏程序编程零点在球面最高处中心,采用从下向上进刀方式。其主程序与【例7-22】类似,宏程序调用参数与【例7-21】相同,本例不再给出。立铣刀加工宏程序号为O9015,球刀加工宏程序号O9016。

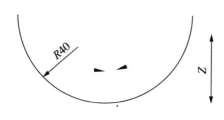

图7-1-12　零件图

```
O9015;
#6=#4+#26;                                   球心在零点之上的高度
#8=SQRT[#4*#4 - #6*#6];                      中间变量
#3=90-ATAN[#6]/[#8];                         加工终止角
#8=SQRT[#4*#4 - #7*#7];
#5=ATAN[#7]/[#8];                            加工起始角
G90 G00 X#24 Y#25;                           加工起点
    Z5.0;
G01 Z[#6-#8] F50;
#5=#5+#17;
WHILE [#5 LE #3] DO1;                        角度小于等于终止角时加工
#1=#6 - #4*COS[#5];                          Z
```

```
#2 = #4 * SIN[#5] - #7;                    X
G01 Z#1 F#9;
    X[#24+#2];
G03 I-#2;
#5 = #5+#17;
END1;
G00 Z5.0;
M99;


O9016;
#6 = #4+#26;                   球心在零点之上的高度
#8 = SQRT[#4 * #4 - #6 * #6];   中间变量
#3 = 90-ATAN[#6]/[#8];          加工终止角
G90 G00 X#24 Y#25;              加工起点
    Z5.0;
G01 Z#26 F50;
#5 = #17;
#4 = #4 - #7;
WHILE [#5 LE #3] DO1;           角度小于等于终止角时加工
#1 = #6 - #4 * COS[#5];         Z
#2 = #4 * SIN[#5];              X
G01 Z#1 F#9;
    X[#24+#2];
G03 I-#2;
#5 = #5+#17;
END1;
G00 Z5.0;
M99;
```

2. 水平圆柱面的加工

（1）水平圆柱面加工可采用行切加工。

①沿圆柱面轴向走刀,沿圆周方向进刀;走刀路线短,加工效率高,加工后圆柱面直线度好;用于模具加工,脱模力较大;程序可用宏程序或自动编程实现。

②沿圆柱面圆周方向走刀,沿轴向进刀;走刀路线通常比前一方式长,加工效率较低,但用于大直径短圆柱则较好,加工后圆柱面轮廓度较好;用于模具加工,脱模力较小;程序可用子程序重复或宏程序实现,用自动编程实现程序效率太低。

（2）圆柱面的轴向走刀加工。

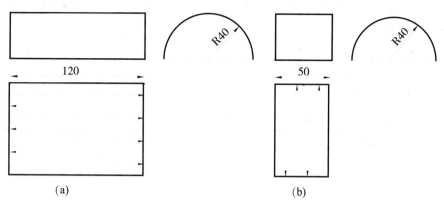

图 7-1-13 工件图

【例 7-24】为简化程序，以完整半圆柱加工为例（图 7-1-13（b））。为对刀、编程方便，主程序、宏程序零点放在工件左侧最高点，毛坯为方料，立铣刀加工宏程序号为 O9017，球刀加工宏程序号 O9018。

主程序：

o1000;

G91 G28 Z0;

M06 T01;

G54 G90 G00 G17 G40;

G43 Z50.0 H1M03 S3000;

G65 P9017 X-6.0 Y0 A126 D6 I40.5 Q3.0 F800;

G49 Z100.0 M05;

G28 Z105.0;

M06 T02;

G43 Z50.0 H02 M03 S4000;

G65 P9018 X0 Y0 A120 D6 I40.0 Q0.5 F1000;

G49 Z100.0 M05;

G28 Z105.0;

M30;

宏程序调用参数说明：

X（#24）/Y（#25）——圆柱轴线左端点坐标；

A（#1）————圆柱长；

D（#7）————刀具半径；

Q（#17）————角度增量，度；

I（#4）————圆柱半径；

F（#9）————走刀速度。

宏程序；

o9017;

G90 G00 X［#24-2.0］Y［#25+#4+#7］;

　　Z5.0;

G01 Z-#4 F200;

#8=1.0;　　　立铣刀偏置方向

#10=0;　　　角度初值

#11=#24+#1／2;　　轴线中央 X

o9018;

#4=#4+#7

G90 G00 X［#24-2.0］Y［#25+#4］;

　　Z5.0;

G01 Z-#4 F200;

#10=0.0;　　　角度初值

#11=#24+#1／2;　　轴线中央 X

```
#12 = #1/2;    轴线两端相对中央距离        #12 = #1/2;    轴线两端相对中央距离
WHILE [#10 LE 180] DO1;                  WHILE [#10 LE 180] DO1;
#13 = #4 * [SIN#10-1.0];                 Z#13 = #4 * [SIN#10-1.0];    Z
#14 = #4 * COS#10;                       Y#14 = #4 * COS#10;          Y
G01 Z#13 F#9;                            G01 Z#13 F#9;
    Y [#25+#14+#7 * #8];                     Y [#25+#14];
G01 X [#11+#12]                          G01 X [#11+#12];
#10 = #10+#17;                           #10 = #10+#17;
IF #10 LE 90 GOTO 10;                    #12 = -#12;
#8 = -1.0;                                   END1;
N10 #12 = -#12;                          G00 Z5.0;
END1;                                    M99;
```

（3）圆柱面的周向走刀加工为简化程序，以完整半圆柱加工为例（图7-1-14
（a））。为对刀、编程方便，主程序、宏程序零点放在工件左侧最高点，毛坯为方料。

【例7-25】子程序加工方案，立铣刀加工程序号为O0020，球刀加工程序
号O0021。

主程序：

```
O1000;
G91 G28 Z0;
M06 T01;
G54 G90 G00 G17 G40;
G43 Z50.0 H1 M03 S3000;
X-8.0 Y-46.5;
G01 Z-40.0 F200;
X-5.0;
M98 P0020 L28;
G49 Z100.0 M05;
G28 Z105.0;
M06 T02;
G43 Z50.0 H2 M03 S4000;
X0 Y-46.0;
G1 Z-46.0 F200;
M98 P0021 L50;
G49 Z100.0 M05;
G28 Z105.0;
M30;
```

子程序：

```
O0020;
G90 G19 G02 Y-6.5 Z0.5 R40.5 F800;
G01 Y6.5;
G02 Y46.5 Z-40.0 R40.5;
G91 G1 X1.0;
G90 G03 Y6.5 R40.5;
G01 Y-6.5;
G03 Y-46.5 Z-40.0 R40.5;
G91 G1 X1.0;
G90 M99;


O0021;
G90 G19 G02 Y46.0 R46.0 F1000;
G91 G01 X0.5;
G90 G3 Y-46.0 R46.0;
G91 G01 X0.5;
G90 M99;
```

【例7-26】宏程序加工方案，立铣刀加工宏程序号为O9020，球刀加工宏程序号O9021。主程序和宏程序调用参数与【例7-35】基本相同，不再给出。

```
O9020;
#10 = #24;                              进刀起始位置 X
#11 = #24 + #1;                         进刀终止位置 X
#2 = 2.0;                               G02／G03
#3 = 1.0;                               切削方向
G90 G00 X [#10-2.0] Y [#25-#3 * [#4+#7]];
Z5.0;
G01 Z-#4 F200;
WHILE [#10 LE #11] DO1;
G01 X#10 F#9;                           进刀
G#2 Y [#25-#3 * #7] Z0 R#4;             走1／4圆弧
G01 Y [#25+#3 * #7];                    走一个刀具直径的直线
G#2Y [#25+#3 * [#4+#7]] Z-#4R#4;        走1／4圆弧
#10 = #10+#17;                          计算下一刀位置
#2 = #2+#3;                             确定下一刀 G2／G3
#3 = -#3;                               切削方向反向
END1;
G00 Z5.0;
M99;


o9020;
#10 = #24;                              进刀起始位置 X
#11 = #24+#1;                           进刀终止位置 X
#2 = 2.0;                               G02／G03
#3 = 1.0;                               切削方向
#4 = #4+#7
G90 G00 X [#10-2.0] Y [#25-#3 * #4];
Z5.0;
G01 Z-#4 F200;
WHILE [#10 LE #11] DO1;
G01 X#10 F#9;                           进刀
G#2 Y [#25+#3 * #4] Z0 R#4;             走圆弧
#10 = #10+#17;                          计算下一刀位置
#2 = #2+#3;                             确定下一刀 G02／G03
```

```
#3 = -#3;                                    切削方向反向
END1;
G00 Z5.0;
M99;
```

七、孔系加工

孔系加工可分为矩形阵列孔系和环形阵列孔系加工两种情况。

1. 矩形阵列孔系加工

就单孔加工而言，其加工有一次钻进和间歇钻进之分，为使用方便，定制的宏程序应能完成此两种加工。如图 7-1-14 所示工件为例，板厚 20，编程零点放在工件左下角。

【例 7-27】矩形阵列孔系宏程序加工，阵列基准为左下角第一个孔。

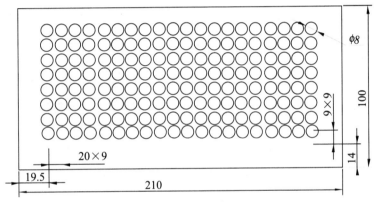

图 7-1-14　工件图

主程序：

```
O1000;
G91 G28 Z0;
M06 T1;          中心钻
G54 G90 G00 G17 G40;
G43 Z50.0 H1 M03 M07 S1000;
G65 P9022 X19.5 Y14.0 A9 B20. I9. J9. R2. Z-3.0 Q0 F60;
G0 G49 Z150.0 M05 M09;
G91 G28 Z0.0;
M06 T02;          钻头
G90 G43 Z50. H02 M03 M07 S1200;
G65 P9022 X19.5 Y14. A9. B20. I9. J9. R2. Z-22. Q2. F100;
```

宏程序调用参数说明：

X(#24)——阵列左下角孔位置
Y(#25)
A(#1)——行数
B(#2)——列数
I(#4)—行间距
J(#5)——列间距
R(#7)——快速下刀高度
Z(#26)——钻深
Q(#17)——每次钻进量
Q=0，则一次钻进到指定深度
F(#9)——钻进速度

```
G0 G49 Z150.0 M05 M09;
G91 G28 Z0.0;
M30;
```

宏程序：

```
o9022;(单向进刀)
#10＝1.0;                      行变量
#11＝1.0;                      列变量
WHILE［#10 LE #1］ DO1;
  #12＝#25+［#10-1.0］*#4 ; Y坐标
  WHILE［#11 LE #2]DO2;
  #13＝#24+［#11-1.0］*#5; X坐标
  G00 X#13 Y#12;              孔心定位
    Z#7;                      快速下刀
    IF［#17 EQ 0]GOTO 10;
    #14＝#7-#17;              分次钻进
    WHILE［#14 GT #26]DO3;
G01 Z#14 F#9;
  G00 Z[#14+2.0];
      Z[#14+1.0];
  #14＝#14-#17;
  END3;
N10 G01 Z#26 F#9;            一次钻进/或补钻
G00 Z#7;                     抬刀至快进点

  #11＝#11+1.0;              列加 1
进点
  END2;
#10＝#10+1.0;                行加 1
END1;
M99;
```

```
o9022;(双向进刀)
 #10＝1.;                     行变量
 #12＝#25;                    孔心 Y 坐标
 #13＝#24;                    X 坐标
 #15＝1.;                     方向
 WHILE［#10 LE #1] DO1;
 #11＝1. ;                    列变量
 WHILE［#11 LE #2] DO2;
 G00 X#13 Y#12;              孔心定位
 Z#18;                       快速下刀
 IF［#17 EQ 0] GOTO 10;
 #14＝#18-#17;               分次钻进
 WHILE［#14 GT #26] DO3;
 G01 Z#14 F#9;
 G00 Z[#14+2];
 Z[#14+1.];
 #14＝#14-#17;
 END3;
N10 G01 Z#26 F#9;           一次钻进/或补钻
 G00 Z#18;                   抬刀至快进点
 #11＝#11+1.0;               列加 1
 #13＝#13+#5*#15;
 END2;
 #13＝#13-#15*#5;
 #10＝#10+1.0;               行加 1
 #15＝-#15;
 #12＝#12+#4;
 END1;
 M99;
```

2. 环形阵列孔系加工

【例7-28】加工如图7-1-15所示工件。编程零点放在分布圆中心。

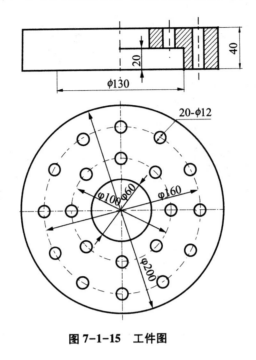

图 7-1-15　工件图

主程序:

o1000;

G91 G28 Z0;

M06 T01;　　　　　　　　　　　　　　　　　中心钻

G54 G90 G00 G17 G40;

G43 Z50.0 H01 M03 M07 S1000;

G65 P9023 X0 Y0 A0 B45. I50.0 K8.0 R2.0 Z-3.0 Q0 F60;

G65 P9023 X0 Y0 A0 B30. I80.0 K12.0 R2.0 Z-3.0 Q0 F60;

G00 G49 Z120.0 M05 M09;

G91 G28 Z0;

M06 T02;　　　　　　　　　　　　　　　　　钻头

G43 Z50.0 H02 M03 M07 S800;

G65 P9023 X0 Y0 A0 B45. I50.0 K8.0 R2.0 Z-22.0 Q2.0 F60;

G65 P9023 X0 Y0 A0 B30. I80.0 K12.0 R2.0 Z-42.0 Q2.0 F60;

G00 G49 Z100.0 M05 M09;

G91 G28 Z0;

M30;

宏程序调用参数说明:

X (#24) ——阵列中心位置;

Y（#25）；

A（#1）————起始角度；

B（#2）————角度增量（孔间夹角）；

I（#4）————分布圆半径；

K（#6）————孔数；

R（#7）————快速下刀高度；

Z（#26）————钻深；

Q（#17）————每次钻进量，Q=0，则一次钻进到指定深度；

F（#9）————钻进速度。

宏程序：

```
o9023；
#10 = 1；                          孔计数变量
WHILE［#10 LE #6］DO1；
#11 = #24＋#4＊COS［#1］；           X
#12 = #25＋#4＊SIN［#1］；           Y
G90 G00 X#11 Y#12；                定位
Z#7；                              快速下刀
IF［#17 EQ 0］GOTO 10；
#14 = #7－#17；                    分次钻进
  WHILE［#14 GT #26］DO2；
  G01 Z#14 F#9；
G00 Z［#14＋2.0］；
   Z［#14＋1.0］；
   #14 = #14－#17；
   END2；
N10 G01 Z#26 F#9；                 一次钻进/或补钻
G00 Z#7；                          抬刀至快进点
#10 = #10＋1.0；                   孔数加 1
#1 = #1＋#2；                      孔分布角加角度增量
END1；
M99；
```

任务实施

一、确定加工方案

本任务（图 7-1-1）中的圆台加工可以利用修改刀具半径补偿的方法实现粗精加工。方台则可以利用宏程序进行基点坐标值的计算，然后采用修改刀具半径补偿的方法实现加工。

本任务加工用刀具选择 $\phi10$mm 的立铣刀，刀具半径补偿值分别为 9mm、6mm 和 5.5mm。

工艺卡如表 7-1-15 所示。

表 7-1-15　工艺卡片

工序号	作业内容	刀号	刀具规格	刀补量（mm）	主轴转速（r/min）	进给速度（mm/min）	背吃刀量（mm）	备　注
1	粗铣圆台	T01	$\phi10$ 立铣刀	9	600	280		
2	粗铣圆台	T01	$\phi10$ 立铣刀	6	600	280		
3	精铣圆台	T01	$\phi10$ 立铣刀	5	600	280		
4	粗铣方台	T01	$\phi10$ 立铣刀	9	600	280		
5	粗铣方台	T01	$\phi10$ 立铣刀	6	600	280		
6	精铣方台	T01	$\phi10$ 立铣刀	5	600	280		
编　制		审核		批　准		年月日	共　页	第　页

二、编程

参考程序：

```
o6101;
#1=4;                              Y圆台阶高度
#2=4;                              方台阶高度
#12=70.0;                          圆外定点的 X 坐标值
#13=70.0;                          圆外定点的 Y 坐标值
#101=9;                            刀具半径补偿值赋值
G21;                               设定单位制
G17 G40 G49 G90 G80 G54;           单指令,调用工件坐标系
G00 Z10.0;                         刀具移至安全高度
M03S600;                           主轴正转,转速 600r/min
```

```
X0 Y0;                                    刀具移至工件坐标原点处
Z10.0;                                    刀具快速下降Z10处
G00 X[-#12] Y[-#13];
Z[-#10];
G01 G41 X[-35/2] Y[-#12/2]F280.0 D101;    加工圆台
X[-35/2] Y0;
G02 I[35/2];
G01X[-35/2] Y[#12/2];
G40 X[-#12] Y[#13];
G00 X[=#12] Y[-#13];
Z[-#10-#11];
#2=35/SQRT[2]*COS[65];                    计算方凸台基点坐标值
#3=35/SQRT[2]*SIN[65];
#4=35*COS[20];
#5=35*SIN[20];
G01 G90 G42 X[-#2] Y[-#3]F280.0 D101;     加工方凸台
G91 X[+#4] Y[+#5];
X[-#4] Y[+#5];
X[-#4] Y[-#5];
X[+#4] Y[-#5];
G00 G90 G40 X[-#12] Y[-#13];
G00 X0 Y0;
M05;
M30;
```

注：每运行一次程序，刀补值参数#101值修改一次，分别为9mm、6mm
和5.5mm。

技能训练

加工如图7-1-16所示工件，首先选择合理的装夹方式，然后根据工件的加工要求
选择合适的加工方法和加工刀具编制合理的加工程序。

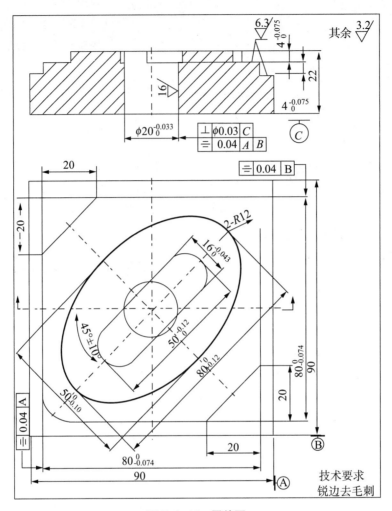

图 7-1-16　零件图

 任务评价

完成任务后，请填写下表。

班级：＿＿＿＿＿＿　　姓名：＿＿＿＿＿＿　　日期：＿＿＿＿＿＿

任务 1　曲线类零件的编程与加工					
序号	评分项目	分值	自我评分	小组评分	教师评分
1	程序编制	40			
2	零件加工	40			
3	安全生产、规范操作	20			
	总分	100			
你的最大收获：					

续表

你遇到的困难和解决的方法：
今后还需要更加努力的方面：
教师评语：

任务 2　车、铣配合零件的编程与加工

任务描述

本设计零件图具体分析如下：此设计为一个配合件，铣削件为件一，其毛坯尺寸 120mm×120mm×30mm，毛坯材料为 45# 钢，25~32HRC，如图 7-2-1 所示。车削件为件二，

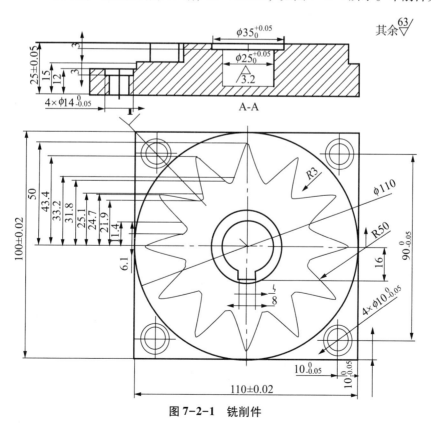

图 7-2-1　铣削件

其毛坯尺寸长 90mm×38mm 的棒料，毛坯材料为 45#钢，25~32HRC，如图 7-2-2 所示。

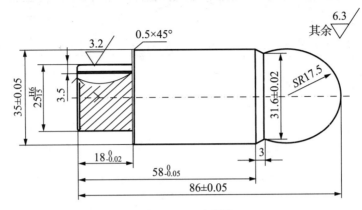

图 7-2-2　车削件

 任务分析

图 7-2-3 为零件三维配合图；此次设计采用车铣结合，铣削件为花形底座，车削件为球形灯塔。

1. 数控车削加工

数控车削加工是金属切削机床中最常见的加工方法之一，其主要包括轴向切削和径向切削，也可以对零件进行钻孔加工与螺纹加工等。对于数控车床主要适用于轴类零件。该零件中的球形灯塔是一种典型的轴类零件，其轮廓主要由阶梯轴和球形组成。因此适用于数控车床加工。

2. 数控加工中心

数控加工中心的主要加工特点是工序集中，即工件在一次装夹后，连续完成钻、镗、铣、铰、攻丝加工等多道工序，其主要加工对象包括平面铣削和轮廓铣削，也可以对零件进行钻、扩、铰、锪和镗孔加工与攻螺纹。此设计中的花形底座加工工序多，适合在加工中心上加工，采取由粗到精的加工原则和加工流程，有利于达到零件

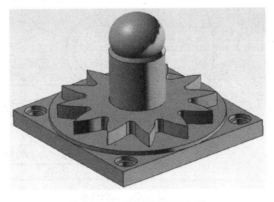

图 7-2-3　零件三维配合图

加工质量。

相关知识

一、读图和审图

对于一张零件图，要做到以下四点，才能真正了解零件的各项技术要求和装配质量要求：

1. 分析零件图

分析零件图是否完整、正确，零件的视图是否正确、清楚，尺寸、公差、表面粗糙度及有关技术要求是否齐全、明确。

2. 分析零件的技术要求

分析零件的技术要求，包括尺寸精度、行为公差、表面粗糙度及热处理是否合理。过高的要求会增加加工难度，提高成本；过低的要求胡影响工作性能。两者都是不允许的。

3. 尺寸标注应符合数控加工的特点

零件图样上的尺寸标注对工艺性有较大的影响。尺寸标注既要满足这几要求，又要便于加工。由于数控加工是以准确的坐标点来编制的，因而各图形几何要素间的相互关系（如相切、相交、垂直或平行等）应明确，各几何要素的条件要充分，应无引起矛盾的多余尺寸或影响工序安排的封闭尺寸等。数控加工零件，图纸上的尺寸可以不采用局部分散标注，用集中标注方法；或以同一基准标注，即标注坐标尺寸，这样既便于编程，又有利于设计基准工艺基准与编程原点的统一。

4. 定位基准可靠

在数控加工中，加工工序往往较集中，可对零件进行双面、多面的顺序加工，因此以统一基准定位十分必要，否则很难保证两次安装加工后两个面上的轮廓位置及尺寸协调。如邻近没有合适的孔，要设置工艺孔。如果无法制出工艺孔，可考虑以零件轮廓的基准边定位或在毛坯上增加工艺凸耳，制出工艺孔，在加工完后除去。综上所述，此次设计的表面粗糙度不是很高，且主要表面和配合表面的表面粗糙度要求各不相同，降低了加工难度，提高了加工效率。零件的标注符合数控机床上加工的特点，定位基准可靠。

二、数控加工内容及要求

数控机床是一种可编程的通用加工设备，但是因设备投资费用较高，还不能用数控机床完全替代其他类型的设备，因此，数控机床的选用有其一定的适用范围，适合加工较复杂且制造成本也较高的零件。

1. 数控加工的内容

（1）零件上的曲线轮廓，指要求有内、外复杂曲线的轮廓，特别是由数字表达式等给出的其轮廓为非圆曲线和列表曲线等的曲线轮廓。

（2）空间曲面，既由数学模型设计出的并具有三维空间曲面的零件。

（3）形状复杂、尺寸繁多、划线与检测困难的部位。

（4）用通用机床加工难以观察、测量和控制进给的内、外凹槽。

（5）高精度零件。尺寸精度、形位精度和表面粗糙度等要求较高的零件。以上几种复杂的情况就适合在数控机床上加工。此次设计的零件具有复杂的曲线轮廓和普通机床无法保持进给的球形加工，所以选择数控机床来加工。

2. 数控加工内容要求

（1）根据图 7-2-1，其中有平面加工、圆弧轮廓加工及钻孔沉台等。由于形状比较复杂，精度要求高。为了保证加工精度，经分析采用一次定位加工完成，按照基准面先行、先主后次、先粗加工后精加工、先面后孔的原则依次加工。

加工内容要求：

①精铣正面，保证零件总高度为 250-0.05mm，粗糙度 Ra 为 6.3μm；

②粗精铣圆凸台；

③粗精铣花形凸台；

④粗精铣 $\phi35$ 凹圆台；

⑤粗精 $\phi25$ 的圆孔和铣键槽；

⑥钻 4×$\phi10$ 的通孔；

⑦铣削 4×$\phi14$ 的沉头孔；件一为腔型加工零件，它的配合部位表面粗糙度 Ra 为 3.2μm，其余为 6.3μm。

（2）根据图 7-2-2，零件由外圆柱面、球形以及键槽组成，由于形状比较复杂，又必须掉头装夹，故而增加了加工难度。为了保证加工精度，本次设计确定先将图 7-2-2 的左端加工出来，继而调头装夹，再加工零件的右端，最后铣键槽。

加工内容要求：

①粗车左端面；

②粗车 $\phi25$ 的外圆；

③粗车 $\phi35$ 的外圆；

④精车 $\phi25$ 的外圆和 $\phi35$ 的外圆；

⑤调头装夹；

⑥粗车 $SR17.5$ 的球形；

⑦倒角；

⑧精车 $SR17.5$ 的球形。

三、工艺文件的编制

1. 毛坯的种类选择

材料制成零件必须满足使用性能的要求，才能保证在工作中的安全可靠经久耐用，因此必须分析零件的工作条件、受力状况，分析零件主要失效形式，确定零件的使用性能要求，进而确定材料应具备的主要性能，再根据主要性能去选择材料。对于零件，从经济性和切削性能方面考虑，选择45#钢。该材料经过调质处理后既有良好的综合力学性能，加工零件的表面光洁度较好，又有较高的强度、硬度和较好的塑性、韧性，是优质碳钢中应用最广泛的一种。就该零件的材料，使用调质处理（淬火加高温回火）。处理后的硬度一般为28~33HRC，满足零件加工要求。

2. 毛坯形状和尺寸的选择

选择毛坯形状和尺寸总的要求是：减少多余浪费，实现少屑或无屑加工。因此，毛坯形状要力求接近成品形状，以减少机械加工的劳动量。但也有以下4种情况。

（1）采用锻件，铸造毛坯时，因锻模时的欠压量与允许的错模量不等，铸造时也会因砂型误差、收缩量及坯的挠曲与扭曲变形量的不同也会造成加工余量不充分、不稳定，所以，除板金属液体的流动性差不能充满型腔等造成余量的不等，此外，锻造、铸造后，毛坯不论是锻件、铸件还是型材，只要准备采用数控加工，其加工表面均应有较充分的余量。

（2）尺寸小或薄的零件，为便于装夹并减少夹头，可将多个工件连在一起，由一个毛坯制出。

（3）装配后形成同一工作表面的两个相关零件，为保证加工质量并使加工方便，常把两件合为一个整体毛坯，加工到一定阶段后再切开。

（4）对于不便装夹的毛坯，可考虑在毛坯上另行增加装夹余量或者工艺凸台、工艺凸耳等辅助基准。由图7-2-1和图7-2-2分析，件一的成形尺寸为110mm×110mm×25mm，所以图7-2-1的零件选择120mm×120mm×30mm的板料，件二的成形尺寸为86mm×35mm，故而选择90mm×38mm的棒料。

3. 定位基准的选择

定位基准是工件在定位时所依据的基准。它的选择原则是：尽量选择在零件上的设计基准作为定位基准；一次装夹就能够完成全部关键精度部位的加工。

定位基准，是在加工中确定工件位置所用的基准，选择基准应掌握5个原则：

（1）基准重合原则；

（2）基准统一原则；

（3）自为基准原则；

（4）互为基准原则；

（5）保证工件定位准确、加紧可靠、操作方便的原则。

此零件设计的定位基准与尺寸标注的基准相统一，这样不仅有利于编程，同时也有利于设计基准、工艺基准与编程原点的相统一。

4. 装夹方案的确定

机床夹具的种类很多，按使用的机床类型分类，可分为车床夹具、铣床夹具、钻床夹具、镗床夹具、加工中心夹具和其他机床夹具等。按驱动夹具工作的动力源分类，可分为手动夹具、气动夹具、液压夹具、电动夹具、磁力夹具、真空夹具和自夹紧夹具等。按专门化程度可分为通用夹具、专用夹具、组合夹具、可调夹具。车床主要用于加工内外圆柱面、圆锥面、回转成型面、螺纹及端平面等。车床夹具的典型结构如下：三爪自定心卡盘、四爪单动卡盘、花盘、心轴。数控铣床上的夹具，一般安装在工作台上，其形式根据被加工工件的特点可多种多样。如：平口虎钳、螺钉压板。该设计的花形底座（零件一）形状比较复杂、尺寸精度要求较高，但轮廓面精度要求不是很高，所以如图 7-2-4 所示可选用平口虎钳，以两侧定位，零件先要加工上表面，加工完所需要后，翻转夹持外轮廓，将夹持面铣掉。

球形灯塔（零件二）属轴类零件，形状较简单、尺寸较小、加工工步也较简单，所以只需选择三爪卡盘即可如图 7-2-5 所示。

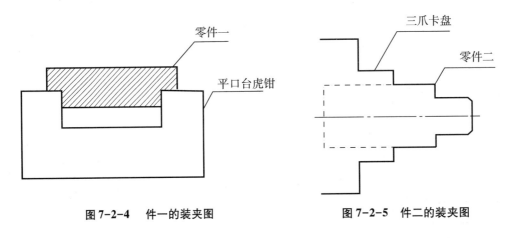

图 7-2-4　件一的装夹图　　　　图 7-2-5　件二的装夹图

5. 工序的划分及加工路线的确定

1）加工方案

加工方案又称工艺方案，数控机床加工方案包括制定工序、工步及走刀路线等内容。数控机床加工过程中，加工对象复杂多样，特别是轮廓曲线形状及位置千变万化，加上材料不同、批量不同等多方面因素影响，对具体零件制定加工方案时，应该进行具体分析和区别对待，灵活处理。这样，才能使所制定加工方案合理，达到质量优、效率高和成本低。

制定加工方案一般原则为：先粗后精，先近后远，先内后外，程序段最少，走刀路线最短以及特殊情况特殊处理，制定以下两种方案：

方案一：下料→铣 3mm 的夹持面→翻面夹持→粗铣上平面→精铣上平面→粗铣外

轮廓→精铣外轮廓→粗铣凸台→精铣凸台→粗铣 $\phi 35$ 的沉台→粗铣 $\phi 25$ 的键槽→精铣 $\phi 35$ 的沉台→精铣 $\phi 25$ 的键槽→钻 $\phi 10$ 的通孔→铣 $\phi 14$ 沉台→铣掉夹持面。

方案二：下料→铣 3mm 的夹持面→翻面夹持→粗铣上平面→粗铣外轮廓→粗铣凸台→粗铣 $\phi 35$ 的沉台→粗铣 $\phi 25$ 的键槽→精铣上平面→精铣外轮廓→精铣凸台→精铣 $\phi 35$ 的沉台→精铣 $\phi 25$ 的键槽→钻 $\phi 10$ 的通孔→铣 $\phi 14$ 沉台→铣掉夹持面。

综上所述，此设计采用先粗后精，程序段最少，走刀路线最短的加工要求，经过两种方案的对比，选择方案一为加工方案。

2）工序的划分

工序的划分有很多种常见的划分方法有：

（1）刀具集中分序法；

（2）以粗、精加工划分工序；

（3）按加工部位划分工序。

按照一般的加工工序，制定先面后孔，先简单再复杂的加工工序。

3）加工顺序的安排

加工顺序的安排应根据零件的结构和毛坯状况，结合定位和夹紧的需要一起考虑，重点应保证工件的刚性不被破坏，尽量减少变形。加工顺序的安排应遵循一些原则：

（1）基准先行。上道工序的加工能为后面的工序提供精基准和合适的夹紧表面。

（2）先面后孔，先简单后复杂。

（3）先粗后精，粗、精分开。

（4）减少装夹次数。以相同定位、夹紧方式安装的工序，最好接连进行，以减少重复定位次数、换刀和夹紧次数。综上所述，先加工作用定位基准的外部轮廓尺寸及四周相邻的边作为定位基准。

4）进给路线的确定

本设计的进给路线包括平面内进给和深度进给以及轴向进给 3 个部分。

（1）对于零件一加工，外凸轮廓从切线方向切入，内凹轮廓从过度圆弧切入。在加工过程中，对铣削平面槽型凹轮，深度进给有两种方式：

①一种是在 XY 平面内来回铣削逐渐进刀到指定深度。

②一种是先打一个工艺孔，然后工艺孔进刀到指定深度。零件一采用第一种方式来进给。

（2）对于零件二加工，进给路线有以下几种：

①首先应快速走刀到达安全起刀点，一般应大于工件毛坯 2~5mm 以 G00 快速到达安全点。

②沿坐标轴的 Z 轴方向直接进刀。

③沿给定的矢量方向进行进刀。在进刀过成中，这几种方法都可以运用，所以任其选则一种，该毛坯是 $\phi 38mm$ 棒料，就以 G00 指令快速直线到达安全起刀点，大于毛坯 5mm，取安全距离为 $\phi 43mm$ 所在的线上。确定为加工零件时的循环进刀点。

6. 设备及切削用量的选择

1）机床及工艺装备的选择

在对机床的选择中，应该考虑一些因素：

（1）机床规格应与工件的外形尺寸相适应及大件用大机床，小件用小机床。

（2）机床精度应与工件加工精度要求相适应。

在确定数控机床加工时应注意不同类型的零件应选用不同的机床，该零件属于组合件。零件一和零件二分别是形状复杂的平面类零件和轴类零件。

零件一有孔、薄壁、键槽，适于在立式加工中心上加工，选择加工中心规格还要考虑工作台的大小、坐标行程、坐标数量和主电机功率等因素。本零件选择机床KVC650/1，数控系统是FANUC 0i，该机床能实现三轴联动控制，能保证刀具进行复杂表面的加工。

零件二左端是阶梯轴，右端是球形，加工难度较大，所以选择机床为CK-6132A普通型数控机床，数控系统是FANUC 0i。其该机床的主要参数如表7-2-1所示。

表7-2-1　机床主要参数

项　　目		技术参数
床身上最大件回转直径		$\phi320\mathrm{mm}$
托板上最大件直径		$\phi160\mathrm{mm}$
最大工件长度		100/3000mm
主轴转速范围		70~2000r/min
主轴通孔直径		$\phi38\mathrm{mm}$
主轴内孔锥度		MT5
主轴外端锥体锥度		D4
刀架刀位数		4
车刀刀杆最大尺寸		18×18
尾座套筒内孔锥度		MT3
尾座套筒最大移动距离		100mm
主电机功率		2.2kW
车床外形尺寸（长×宽×高）		1800/2050×950×1680mm
车床毛重		840kg/1000kg
电机最小设定单位　步进/伺服	纵向（Z）	0.01/0.001mm
	横向（X）	0.005/0.001mm
刀杆快移速度	纵向（Z）	3m/7.6m/min
	横向（X）	2m/7.6min

2）夹具的选择

零件一属于平面类零件，应使用通用夹具，通用夹具是已经标准化、无需调整或稍加调整就可以用来装夹不同工件的夹具。这里使用的是平口虎钳，如图 7-2-6 所示。

零件二属于轴类零件，该零件为单件小批量生产，应选择通用夹具，夹紧棒料有利于加工零件；该零件属棒料类零件，形状较简单、尺寸较小、所以只需选择三爪自定心卡盘即可，如图 7-2-7 所示。

图 7-2-6　平口虎钳夹具

图 7-2-7　三爪自定心卡盘

3）刀具的选择

选择合适的刀具和参数，对于金属切削加工，能起到事半功倍的效果。刀具材料选用硬质合金，且切削速度比高速钢高 4~10 倍，但其冲击韧性与抗拉强度远比高速钢差。对于刀具使用，要兼顾粗、精加工分开原则，防止精加工刀具尽早磨损。

（1）确定背吃刀量。

主要根据机床、夹具、刀具和工件的刚度来决定，在刚度允许的情况下，a_p 相当于加工余量，应以最少进给次数切除这一加工余量，最好一次切净余量，以提高生产效率，为了保证加工精度和表面粗糙度，一般都要留一点余量最后精加工，在数控机床上，精加工余量可小于普通机床，铣凸台 $a_p = 1.5$mm，铣凹台 $a_p = 1$mm，铣外轮廓 $a_p = 2$mm，车外圆 $a_p = 0.5$mm。

（2）确定主轴转速。

零件一：主要根据允许的切削速度 V_c（m/min）选取：

$$n = (1000V_c) / (\pi D)$$

其中：Vc——切削速度；

D——工件或刀具的直径，mm。

由于每把刀计算方式相同，现选取 $\phi 30$ 的面铣刀为例说明其计算过程。$D = 30$mm，根据切削原理可知，切削速度的高低主要取决于被加工零件的精度、材料、刀具的材料和刀具耐用度等因素，可参考表 7-2-2 选取。

表 7-2-2 铣削时切削速度

工件材料	硬度（HBS）	切削速度 V_c（m/min）	
		高速钢铣刀	硬质合金铣刀
钢	<225	18~42	66~150
	225~325	12~36	54~120
	325~425	6~21	36~75
铸铁	<190	21~36	66~150
	190~260	9~18	45~90
	160~320	5.5~10	21~30
铝	70~120	100~200	200~400

从理论上讲，V_c 的值越大越好，因为这不仅可以提高生产率，而且可以避免生成积屑瘤的临界速度，获得较低的表面粗糙度值。但实际上由于机床、刀具等的限制，综合考虑：取粗铣时 $V_c = 80$m/min 代入公式：

$$n = (1000V_c)/(\pi D)$$

其中：粗 $n =$（1000×80）/（3.14×30）计算的主轴转速 n 要根据机床有的或接近的转速选取粗 $n = 850$r/min。

零件二：主轴转速 n(r/min) 要根据允许的切削速度 V_c(m/min) 来确定：

$$n = (1000V_c)/(\pi D)$$

其中：D——工件直径，mm。

Vc——切削速度，m/min，根据坯件伸出的直径，并结合机床的性能的要求选取。根据计算取粗车主轴转速速度为 $n = 800$r/min；精车转速 $n = 1300$r/min。

3）进给速度

零件一：切削进给速度 F 时切削时单位时间内工件与铣刀沿进给方向的相对位移，单位 mm/min。它与铣刀的转速 n、铣刀齿数 z 及每齿进给量 Z_f（mm/z）的关系为：

$$F = Z_f z n$$

每齿进给量 Z_f 的选取主要取决于工件材料的力学性能、刀具材料、工件表面粗糙度值等因素。工件材料的强度和硬度越高，Z_f 越小，反之则越大；工件表面粗糙度值越小，Z_f 就越小；硬质合金铣刀的每齿进给量高于同类高速钢铣刀，可参考表 7-2-3 选取。

综合选取：粗铣 $Z_f = 0.12$mm/z；铣刀齿数 $z = 3$。

上面计算出：粗 $n = 850$r/min 将其代入上式计算。粗铣时：$F = 0.12 \times 3 \times 850 = 306$mm/min。

表 7-2-3　铣刀每齿进给量 f_z

工件材料	每齿进给量 f_z（mm/z）			
	粗铣		精铣	
	高速钢铣刀	硬质合金铣刀	高速钢铣刀	硬质合金铣刀
钢	0.01~0.15	0.10~0.25	0.02~0.05	0.10~0.15
铸铁	0.12~0.20	0.15~0.30		
铝	0.06~0.20	0.10~0.25	0.05~0.10	0.02~0.05

零件二：切削速度的高低主要取决于被加工零件的精度，材料，刀具的材料和刀具的耐用度等因素：

$$n = (1000V_c)/(\pi D)$$

其中：Vc——切削速度，mm/min；

　　　　D——刀具的直径或工件的直径，mm。

参数 Vc、π、D、N 都由实验确定，也可参考有关切削用量手册选用。

车直线和圆弧轮廓时。通过查表和计算以及零件分析确定其粗车切削速度 $V_c = 100$mm/min，精车的切削速度 $V_c = 123$mm/min。综上可以得出（机床有的或较接近的转速取百位近似值）详如表 7-2-4 所示。

表 7-2-4　切削参数表

刀具格式	车削	背吃刀量（mm）	进给速度（mm/min）	主轴转速（r/min）
外圆车刀	粗车	2	100	800
	精车	0.5	120	1300

切削进给速度也可由机床操作者根据被加工工件表面的具体情况进行手动调整，以获得最佳切削状态。

7. 切削液的选择

切削液是为了提高加工效率而使用的液体，具有冷却、润滑、清洗和防锈作用，常用的有乳化液和切削油两种。它可以有效的减小摩擦，改善散热条件，从而降低切削力、切削温度和减小刀具的磨损，提高生产率和加工表面质量。切削液的选择必须符合加工的要求，首先散热冷却是必不可少的，因为在加工过程中，刀具与工件快速剧烈摩擦，产生了高温高热，而根据热胀冷缩原理，刀具与工件在此时都会产生形变，最终影响加工质量或者将刀具烧坏，在加工过程中将刀具因高温而导致刀具损坏就叫"烧刀"，故而要预防此种情况的发生。通过查表，将常用 3 种切削液列表，如表 7-2-5 所示。

表7-2-5　常用冷却液

冷却液名称	主要成分	主要作用
水溶液	水、防锈添加剂	冷却
乳化液	水、油、乳化剂	冷却、润滑、清洗
切削油	矿物油、动植物油、复合油	润滑

　　从工件材料上看，45#钢不适于用水溶液，而从经济成本角度来参考，乳化液较切削油而言，成本较低，但同样能满足刀具和加工的需求。综合上述条件考虑，最终选择的切削液为：乳化液。它在加工过程中的主要作用是：冷却、润滑和清洗。

 任务实施

一、工艺文件的制作

1. 工艺过程卡

　　对零件的加工制定工艺过程如表7-2-6、表7-2-7所示。

表7-2-6　件一的工艺过程卡

工序号	工序名称	工序内容	设备
1	备料	将毛坯切成 120mm×120mm×30mm	锯床
2	钳工	画线找正找出中心点的位置	钳台
3	铣削	铣夹持面	KVC650
4	铣削	上平面、外轮廓、键槽、凸台	KVC650
5	钳工	去加工印痕、矫正内腔死角	钳工用具
6	钳工精修	全面按图纸要求	钳工用具
7	检验	测量各部分尺寸、形状精度检测	

表7-2-7　件二的工艺过程卡

工序号	工序名称	工序内容	设备
1	备料	将毛坯切成90mm×38mm	锯床
2	车削	车零件左端的外圆阶梯及倒角	CK-6132A
3	车削	车零件右端的球形及倒角	CK-6132A
4	钳工	去加工印痕	钳工用具
5	钳工精修	全面按图纸要求	钳工用具
6	检验	测量各部分尺寸、形状精度检测	

2. 工序卡

用来具体指导工人加工的工艺文件，卡片上有工步、刀具型号、切削用量等，多用于大批量生产和成批生产中的重要零件。通过工序卡所示可得知件一（表 7-2-8、表 7-2-9）、件二（表 7-2-10、表 7-2-11）的工步内容。

表 7-2-8　件一的工序卡

单位名称		产品名称		零件名称	
		花形灯塔零件车铣配合		花形底面零件（件一）	
工序号	程序编号		夹具名称	使用设备	
3			平口台虎钳	KCA6150	
工步号	工步内容	刀具号	刀具规格	主轴转速（r/min）	进给速度（mm/min）	背吃刀量（mm）
1	铣削零件的夹持面	T04	φ10	800	200	2
2						
3						
4						
5						

表 7-2-9　零件一的工序卡

单位名称		产品名称		零件名称	
		花形灯塔零件车铣配合		花形零件 零件（件一）	
工序号	程序编号		夹具名称	使用设备	
4			平口台虎钳	KVC6501	
工步号	工步内容	刀具号	刀具规格	主轴转速（r/min）	进给速度（mm/min）	背吃刀量（mm）
1	粗/精铣上表面及侧面	T01	φ30	850/1300	300/410	2/1
2	粗铣 φ35 沉台、型腔	T02	φ8	900	350	2
3	精铣 φ35 沉台、型腔	T03	φ6	1300	410	1
4	铣键槽	T05	φ6	900	325	1
5	预钻 4×φ10 的孔	T06	φ8	260	70	0.5
6	铣 4-×φ14 和 4×φ10 孔	T04	φ10	1130	275	1

表 7-2-10　零件二的工序卡

单位名称		产品名称		零件名称		
		花形灯塔零件车铣配合		花形零件 零件（件二）		
工序号	程序编号		夹具名称		使用设备	
2			三爪自定心卡盘		CK-6132A	
工步号	工步内容	刀具号	刀具规格	主轴转速（r/min）	进给速度（mm/min）	背吃刀量（mm）
1	粗车零件左端面阶梯轴及倒角	T0101	45°外圆车刀	800	100	2
2	精车零件左端面阶梯轴及倒角	T0202	30°外圆车刀	1300	120	0.5
3						
4						
5						
6						

表 7-2-11　零件二的工序卡

单位名称		产品名称		零件名称		
		花形灯塔零件车铣配合		花形零件 零件（件二）		
工序号	程序编号		夹具名称		使用设备	
2			三爪自定心卡盘		CK-6132A	
工步号	工步内容	刀具号	刀具规格	主轴转速（r/min）	进给速度（mm/min）	背吃刀量（mm）
1	粗车零件右端面阶梯轴及倒角	T0101	45°外圆车刀	800	100	2
2	精车零件右端面阶梯轴及倒角	T0202	30°外圆车刀	1300	120	0.5
3						
4						
5						
6						

3. 走刀轨迹分析

件一属于典型的板类零件加工，在加工中心上加工走刀轨迹如图 7-2-8 所示。

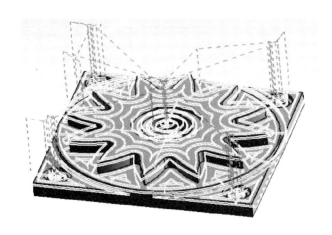

图 7-2-8　件一的走刀路径

件二是轴类零件加工，属于两头加工的零件，在车床上加工左右两端的走刀路径如图 7-2-9、图 7-2-10 所示。

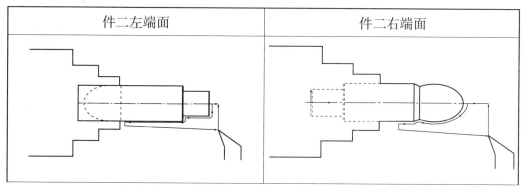

件二左端面	件二右端面

图 7-2-9　件二左端的走刀路径　　　　**图 7-2-10　件二右端的走刀路径**

4. 选择合理的加工刀具，制订加工刀具卡片（表 7-2-12、表 7-2-13）

表 7-2-12　件一刀具卡

零件名称		花形底面		零件图号			程序编号	
序号	刀具号	刀具名称	加工表面	刀具			补偿值（mm）	备注
				数量	直径（mm）	长度（mm）		
1	T01	立铣刀 ϕ30mm	铣零件侧面、上下平面粗、精加工	1	ϕ30	H01	D01	
2	T02	键槽刀 ϕ8mm	粗铣零件圆台、花形凸台、凹圆台	1	ϕ8	H02	D02	

零件名称			花形底面	零件图号			程序编号	
序号	刀具号	刀具名称	加工表面	刀具			补偿值（mm）	备注
				数量	直径（mm）	长度（mm）		
3	T03	立铣刀 ϕ6mm	精铣零件圆台、花形凸台、凹圆台	1	ϕ10	H03	D03	
4	T04	立铣刀 ϕ10mm	铣 ϕ14 和 ϕ10 的孔	1	ϕ10	H04	D04	
5	T05	立铣刀 ϕ6mm	铣键槽	1	ϕ6	H05	D05	
6	T06	钻头 ϕ8mm	预钻 4×ϕ10 的孔	1	ϕ8	H06		
7								

表 7-2-13　件二刀具卡

产品名称代号			零件名称	球形灯塔零件		零件图号	
序号	刀具号	刀具规格和名称	数量	加工表面		刀具半径	备注
1	T01	45°硬质合金机夹式可转位外圆粗车刀	1	粗车端面及外轮廓		0.2	25×25
2	T02	30°硬质合金机夹式可转位外圆粗车刀	1	精车端面及外轮廓		0.5	25×25
3							
4							

5. 零件程序的生成

零件一	零件二
O0001;	O0010；（左端）
N10 G54G40 G17 G49 G80;	N10 G54G97G99G40G00X100.0 Z100.0;
N20 G91 G28 Z0.0;	N20 M03S800T0101;
N30 T00 M06;	N30 G00X50.0 Z1.0;
N40 G00 G90 G54 X-48.7 Y48.648 S850 M03;	N40 G73U2.0 W2.0 R12.0
N50 G43 Z50.0 H00 M08;	N50 G73P60Q120U0.5W0.1F150
N60 Z3.0;	N60 G01X24.0 F100;
N70 G01 Y46.014 Z1.48 F250;	N70 Z0;
N80 X-46.014 Y48.7 Z-.714;	N80 G01X25.0 Z-0.5;
N90 X-47.376 Z-1.5;	N90 Z-18.0;
N100 X-48.7;	N100 X34.0;

N110 Y46.0 014；

N120 X-49.919 Y42.844；

N130 X-48.7 Y46.014；

N140 G02 X-46.014 Y48.7 R67.0；

N150 G01 X-42.844 Y49.919；

N160 X-46.014 Y48.7；

N170 X-47.376；

N180 Y53.2；

N190 X-53.2；

N200 Y32.803；

N210 X-54.223 Y28.97；

N220 X-53.2 Y32.803；

N230 G02 X-32.803 Y53.2 R62.5；

N240 G01 X-28.97 Y54.223；

N250 X-32.803 Y53.2；

N260 X-47.376；

N270 Y57.7；

N280 X-57.7；

N290 Y32.803；

N300 Y5.892；

N310 G02 X-49.37 Y30.441 R58.0；

……

N110 X35Z-18.5；

N120 Z-58.0；

N130 G00X100；

N140 Z100.0；

N150 T0202S1300；

N160 G70P60Q120F150；

N170 G00X100.0Z100.0；

N180 T0101S800；

N190 M02；

N200 M30；

……

6. 件一、件二的装配

本设计做的是一个组合件,件一是型腔型铣削零件,件二是车削轴类零件。它们的形状规则,较容易加工,四周及件一、件二各表面粗糙度 Ra 为 6.3μm,装配如图 7-2-11所示。

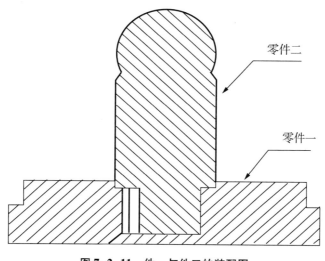

图 7-2-11　件一与件二的装配图

7. 零件的加工步骤分析

1）回机床零点

开机首先检验机床主轴是否能正常的运转，检查各辅助功能是否正常，然后将各坐标轴回到机床零点。

2）建立工件坐标系

将夹具找正后，装夹工件。所谓建立工件坐标系就是将刀具在机床中具有正确的位置关系。该工件采用试切对刀法。

3）程序检验

将程序传入机床后进行相应的修改，在将机床处于单段运行状态，检验刀具在机床中运行的位置是否正确，主要是 Z 轴，当位置确定后释放单段运行状态。

4）自动运行

自动运行后，调节转速和进给量，让刀具拥有合适的切削参数，并且注意冷却液及其他辅助功能的正常运行。

8. 零件质量分析

产品在加工后应进行检验，产品的基本尺寸必须保证，配合要求必须达到图纸要求。但是就现在的技术来加工，可能还会存在许多的不足之处，比如零件精度不够，粗糙度偏大；或者是零件表面有明显刀具痕迹。

造成诸多的不足有很多的原因，就一般的加工而言：

（1）夹具和刀具是影响零件加工精度的主要原因之一。零件出现误差或粗糙度偏大与刀具、夹具有关；刀具的工作条件，刀具在加工中发热也会造成加工精度的误差；机床主轴或因刀具的装夹不当引起的径向或端面的跳动等因素，都会使工件产生误差。

（2）对刀的准确性也是影响加工精度的原因。采用手工对刀，凭眼睛去观察，并且因为刀具太多，换刀次数多。这其中难免会产生误差，从而影响零件的精度。

（3）加工时的冷却效果也是影响零件加工精度的重要因数。在切削过程中，由于工件与刀具之间摩擦产生的切削热会引起零件的热变形，所以合理选择冷却液和冷却方式对零件表面精度的影响非常大。

另外如机床有振动等也是影响零件加工精度和表面光泽度的原因。

技能训练

编写图 7-2-12 及 7-2-13 零件图的工艺文件，制定合理的加工方案及编制加工程序。

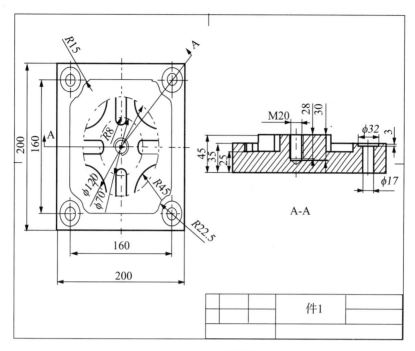

图 7-2-12　铣削件

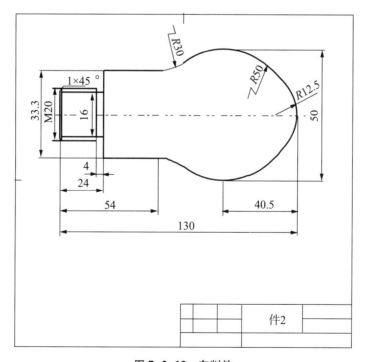

图 7-2-13　车削件

任务评价

完成任务后，请填写下表。

班级：_____ 姓名：_____ 日期：_____

任务 2　车、铣配合零件的编程与加工					
序号	评分项目	分值	自我评分	小组评分	教师评分
1	程序编制	40			
2	零件加工	40			
3	安全生产、规范操作	20			
总分		100			

你的最大收获：

你遇到的困难和解决的方法：

今后还需要更加努力的方面：

教师评语：

附录　车工国家职业标准

一、职业概况

1.1 职业名称

车工。

1.2 职业定义

操作车床，进行工件旋转表面切削加工的人员。

1.3 职业等级

本职业共设五个等级，分别为：初级（国家职业资格五级）、中级（国家职业资格四级）、高级（国家职业资格三级）、技师（国家职业资格二级）、高级技师（国家职业资格一级）。

1.4 职业环境

室内，常温。

1.5 职业能力特征

具有较强的计算能力和空间感、形体知觉及色觉，手指、手臂灵活，动作协调。

1.6 基本文化程度

初中毕业。

1.7 培训要求

1.7.1 培训期限

全日制职业学校教育，根据其培养目标和教学计划确定。晋级培训期限：初级不少于500标准学时；中级不少于400标准学时；高级不少于300标准学时；技师不少于300标准学时；高级技师不少于200标准学时。

1.7.2 培训教师

培训初、中、高级车工的教师应具有本职业技师以上职业资格证书或相关专业中级以上专业技术职务任职资格；培训技师的教师应具有本职业高级技师职业资格证书或相关专业高级专业技术职务任职资格；培训高级技师的教师应具有本职业高级技师职业资格证书2年以上或相关专业高级专业技术职务任职资格。

1.7.3 培训场地设备

满足教学需要的标准教室，并具有车床及必要的刀具、夹具、量具和车床辅助设备等。

1.8 鉴定要求

1.8.1 适用对象

从事或准备从事本职业的人员。

1.8.2 申报条件

——初级（具备以下条件之一者）

（1）经本职业初级正规培训达规定标准学时数，并取得毕（结）业证书。

（2）在本职业连续如习工作 2 年以上。

（3）本职业学徒期满。

——中级（具备以下条件之一者）

（1）取得本职业初级职业资格证书后，连续从事本职业工作 3 年以上，经本职业中级正规培训达规定标准学时数，并取得毕（结）业证书。

（2）取得本职业初级职业资格证书后，连续从事本职业工作 5 年以上。

（3）连续从事本职业工作 7 年以上。

（4）取得经劳动保障行政部门审核认定的、以中级技能为培养目标的中等以上职业学校本职业（专业）毕业证书。

——高级（具备以下条件之一者）

（1）取得本职业中级职业资格证书后，连续从事本职业工作 4 年以上，经本职业高级正规培训达规定标准学时数，并取得毕（结）业证书。

（2）取得本职业中级职业资格证书后，连续从事本职业工作 7 年以上。

（3）取得高级技工学校或经劳动保障行政部门审核认定的、以高级技能为培养目标的高等职业学校本职业（专业）毕业证书。

（4）取得本职业中级职业资格证书的大专以上本专业或相关专业毕业生，连续从事本职业工作 2 年以上。

——技师（具备以下条件之一者）

（1）取得本职业高级职业资格证书后，连续从事本职业工作 5 年以上，经本职业技师正规培训达规定标准学时数，并取得毕（结）业证书。

（2）取得本职业高级职业资格证书后，连续从事本职业工作 8 年以上。

（3）取得本职业高级职业资格证书的高级技工学校本职业（专业）毕业生和大专以上本专业或相关专业毕业生，连续从事本职业工作满 2 年。

——高级技师（具备以下条件之一者）

（1）取得本职业技师职业资格证书后，连续从事本职业工作 3 年以上，经本职业高级技师正规培训达规定标准学时数，并取得毕（结）业证书。

（2）取得本职业技师职业资格证书后，连续从事本职业工作 5 年以上。

1.8.3 鉴定方式

分为理论知识考试和技能操作考核。理论知识考试采用闭卷笔试方式，技能操作考核采用现场实际操作方式。理论知识考试和技能操作考核均实行百分制，成绩皆达

60 分以上者为合格。技师、高级技师鉴定还须进行综合评审。

1.8.4 考评人员与考生配比

理论知识考试考评人员与考生配比为 1∶15，每个标准教室不少于 2 名考评人员；技能操作考核考评员与考生配比为 1∶5，且不少于 3 名考评员。

1.8.5 鉴定时间

理论知识考试时间不少于 120min；技能操作考核时间为：初级不少于 240min，中级不少于 300min，高级不少于 360min，技师不少于 420min，高级技师不少于 240min；论文答辩时间不少于 45min。

1.8.6 鉴定场所设备

理论知识考试在标准教室里进行；技能操作考核在配备必要的车床、工具、夹具、刀具、量具、量仪以及机床附件的场所进行。

二、基本要求

2.1 职业道德

2.1.1 职业道德基本知识

2.1.2 职业守则

（1）遵守法律、法规和有关规定。

（2）爱岗敬业、具有高度的责任心。

（3）严格执行工作程序、工作规范、工艺文件和安全操作规程。

（4）工作认真负责，团结合作。

（5）爱护设备及工具、夹具、刀具、量具。

（6）着装整洁，符合规定；保持工作环境清洁有序，文明生产。

2.2 基础知识

2.2.1 基础理论知识

（1）识图知识。

（2）公差与配合。

（3）常用金属材料及热处理知识。

（4）常用非金属材料知识。

2.2.2 机械加工基础知识

（1）机械传动知识。

（2）机械加工常用设备知识（分类、用途）。

（3）金属切削常用刀具知识。

（4）典型零件（主轴、箱体、齿轮等）的加工工艺。

（5）设备润滑及切削液的使用知识。

（6）工具、夹具、量具使用与维护知识。

2.2.3 钳工基础知识

（1）划线知识。

（2）钳工操作知识（錾、锉、锯、钻、绞孔、攻螺纹、套螺纹）。

2.2.4 电工知识

（1）通用设备常用电器的种类及用途。

（2）电力拖动及控制原理基础知识。

（3）安全用电知识。

2.2.5 安全文明生产与环境保护知识

（1）现场文明生产要求。

（2）安全操作与劳动保护知识。

（3）环境保护知识。

2.2.6 质量管理知识

（1）企业的质量方针。

（2）岗位的质量要求。

（3）岗位的质量保证措施与责任。

2.2.7 相关法律、法规知识

（1）劳动法相关知识。

（2）合同法相关知识。

三、工作要求

本标准对初级、中级、高级、技师、高级技师的技能要求依次递进，高级别包括低级别的要求。在"工作内容"栏内未标注"普通车床"或"数控车床"的，均为两者通用（数控车工从中级工开始，至技师止）。

3.1 初级

职业功能	工作内容	技能要求	相关知识
一、工艺准备	（一）读图与绘图	能读懂轴、套和圆锥、螺纹及圆弧等简单零件图	简单零件的表达方法，各种符号的含义
	（二）制订加工工艺	1. 能读懂轴、套和圆锥、螺纹及圆弧等简单零件的机械加工工艺过程 2. 能制订简单零件的车削加工顺序（工步） 3. 能合理选择切削用量 4. 能合理选择切削液	1. 简单零件的车削加工顺序 2. 车削用量的选择方法 3. 切削液的选择方法

职业功能	工作内容	技能要求	相关知识
	（三）工件定位与夹紧	能使用车床通用夹具和组合夹具将工件正确定位与夹紧	1. 工件正确定位与夹紧的方法 2. 车床通用夹具的种类、结构与使用方法
	（四）刀具准备	1. 能合理选用车床常用刀具 2. 能刃磨普通车刀及标准麻花钻头	1. 车削常用刀具的种类与用途 2. 车刀几何参数的定义、常用几何角度的表示方法及其与切削性能的关系 3. 车刀与标准麻花钻头的刃磨方法
	（五）设备维护保养	能简单维护保养普通车床	普通车床的润滑及常规保养方法
二、工件加工	（一）轴类零件的加工	1. 能车削3个以上台阶的普通台阶轴，并达到以下要求： （1）同轴度公差：0.05mm （2）表面粗糙度：R a3.2um （3）公差等级：IT8 2. 能进行滚花加工及抛光加工	1. 台阶轴的车削方法 2. 滚花加工及抛光加工的方法
	（二）套类零件的加工	能车削套类零件，并达到以下要求： （1）公差等级：外径IT7，内孔IT8 （2）表面粗糙度：Ra3.2um	套类零件钻、扩、镗、铰的方法
	（三）螺纹的加工	能车削普通螺纹、英制螺纹及管螺纹	1. 普通螺纹的种类、用途及计算方法 2. 螺纹车削方法 3. 攻、套螺纹前螺纹底径及杆径的计算方法
	（四）锥面及成形面的加工	能车削具有内、外圆锥面工件的锥面及球类工件、曲线手柄等简单成形面，并进行相应的计算和调整	1. 圆锥的种类、定义及计算方法 2. 圆锥的车削方法 3. 成形面的车削方法

续表

职业功能	工作内容	技能要求	相关知识
三、精度检验及误差分析	（一）内外径、长度、深度、高度的检验	1. 能使用游标卡尺、千分尺、内径百分表测量直径及长度 2. 能用塞规及卡规测量孔径及外径	1. 使用游标卡尺、千分尺、内径百分表测量工件的方法 2. 塞规和卡规的结构及使用方法
	（二）锥度及成形面的检验	1. 能用角度样板、万能角度尺测量锥度 2. 能用涂色法检验锥度 3. 能用曲线样板或普通量具检验成形面	1. 使用角度样板、万能角度尺测量锥度的方法 2. 锥度量规的种类、用途及涂色法检验锥度的方法 3. 成形面的检验方法
	（三）螺纹检验	1. 能用螺纹千分尺测量三角螺纹的中径 2. 能用三针测量螺纹中径 3. 能用螺纹环规及塞规对螺纹进行综合检验	1. 螺纹千分尺的结构、原理及使用、保养方法 2. 三针测量螺纹中径的方法及千分尺读数的计算方法 3. 螺纹环规及塞规的结构及使用方法

3.2 中级

职业功能	工作内容		技能要求	相关知识
一、工艺准备	（一）读图与绘图		1. 能读懂主轴、蜗杆、丝杠、偏心轴、两拐曲轴、齿轮等中等复杂程度的零件工作图 2. 能绘制轴、套、螺钉、圆锥体等简单零件的工作图 3. 能读懂车床主轴、刀架、尾座等简单机构的装配图	1. 复杂零件的表达方法 2. 简单零件工作图的画法 3. 简单机构装配图的画法
	（二）制订加工工艺	普通车床	1. 能读懂蜗杆、双线螺纹、偏心件、两拐曲轴、薄壁工件、细长轴、深孔件及大型回转体工件等较复杂零件的加工工艺规程 2. 能制订使用四爪单动卡盘装夹的较复杂零件、双线螺纹、偏心件、两拐曲轴、细长轴、薄壁件、深孔件及大型回转体零件等的加工顺序	使用四爪单动卡盘加工较复杂零件、双线螺纹、偏心件、两拐曲轴、细长轴、薄壁件、深孔件及大型回转体零件等的加工顺序

续表

职业功能	工作内容		技能要求	相关知识
一、工艺准备		数控车床	能编制台阶轴类和法兰盘类零件的车削工艺卡。主要内容有： （1）能正确选择加工零件的工艺基准 （2）能决定工步顺序、工步内容及切削参数	1. 数控车床的结构特点及其与普通车床的区别 2. 台阶轴类、法兰盘类零件的车削加工工艺知识 3. 数控车床工艺编制方法
	（三）工件定位与夹紧		1. 能正确装夹薄壁、细长、偏心类工件 2. 能合理使用四爪单动卡盘、花盘及弯板装夹外形较复杂的简单箱体工件	1. 定位夹紧的原理及方法 2. 车削时防止工件变形的方法 3. 复杂外形工件的装夹方法
	（四）刀具准备	普通车床	1. 能根据工件材料、加工精度和工作效率的要求，正确选择刀具的型式、材料及几何参数 2. 能刃磨梯形螺纹车刀、圆弧车刀等较复杂的车削刀具	1. 车削刀具的种类、材料及几何参数的的选择原则 2. 普通螺纹车刀、成型车刀的种类及刃磨知识
		数控车床	能正确选择和安装刀具，并确定切削参数	1. 数控车床刀具的种类、结构及特点 2. 数控车床对刀具的要求
	（五）编制程序	数控车床	1. 能编制带有台阶、内外圆柱面、锥面、螺纹、沟槽等轴类、法兰盘类零件的加工程序 2. 能手工编制含直线插补、圆弧插补二维轮廓的加工程序	1. 几何图形中直线与直线、直线与圆弧、圆弧与圆弧白勺交点的计算方法 2. 机床坐标系及工件坐坐标系的概念 3. 直线插补与圆弧插补的意义及坐标尺寸的计算 4. 手工编程的各种功能代码及基本代码的使用方法 5. 主程序与子程序的意义及使用方法 6. 刀具补偿的作用及计算方法

续表

职业功能	工作内容		技能要求	相关知识
一、工艺准备	（六）设备维护保养	普通车床	1. 能根据加工需要对机床进行调整 2. 能在加工前对普通车床进行常规检查 3. 能及时发现普通车床的一般故障	1. 普通车床的结构、传动原理及加工前的调整 2. 普通车床常如的故障现象
		数控车床	1. 能在加工前对车床的机、电、气、液开关进行常规检查 2. 能进行数控车床的日常保养	1. 数控车床的日常保养方法 2. 数控车床操作规程
二、工件加工	普通车床	（一）轴类零件的加工	能车削细长轴并达到以下要求： （1）长径比：$L/D \geqslant 25 \sim 60$ （2）表面粗糙度：$Ra3.2\mu m$ （3）公差等级：IT9 （4）直线度公差等级：IT9～IT12	细长轴的加工方法
		（二）偏心件、曲轴的加工	能车削两个偏心的偏心件、两拐曲轴、非整圆孔工件，并达到以下要求： （1）偏心距公差等级：IT9 （2）轴颈公差等级：IT6 （3）孔径公差等级：IT7 （4）孔距公差等级：IT8 （5）轴心线平行度：0.02/100mm （6）轴颈圆柱度：0.013mm （7）表面粗糙度：$Ra1.6\mu m$	1. 偏心件的车削方法 2. 两拐曲轴的车削方法 3. 非整圆孔工件的车削方法
		（三）螺纹、蜗杆的加工	1. 能车削梯形螺纹、矩形螺纹、锯齿形螺纹等 2. 能车削双头蜗杆	1. 梯形螺纹、矩形螺纹及锯齿形螺纹的用途及加工方法 2. 蜗杆的种类、用途及加工方法
		（四）大型回转表面的加工	能使用立车或大型卧式车床车削大型回转表面的内外圆锥面、球面及其他曲面工件	在立车或大型卧式车床上加工内外圆锥面、球面及其他曲面的方法

续表

职业功能	工作内容		技能要求	相关知识
二、工件加工	数控车床	（一）输入程序	1. 能手工输入程序 2. 能使用自动程序输入装置 3. 能进行程序的编辑与修改	1. 手工输入程序的方法及自动程序输入装置的使用方法 2. 程序的编辑与修改方法
		（二）对刀	1. 能进行试切对刀 2. 能使用机内自动对刀仪器 3. 能正确修正刀补参数	试切对刀方法及机内对刀仪器的使用方法
		（三）试运行	能使用程序试运行、分段运行及自动运行等切削运行方式	程序的各种运行方式
		（四）简单零件的加工	能在数控车床上加工外圆、孔、台阶、沟槽等	数控车床操作面板各功能键及开关的用途和使用方法
三、精度检验及误差分析		（一）高精度轴向尺寸、理论交点尺寸及偏心件的测量	1. 能用量块和百分表测量公差等级 IT9 的轴向尺寸 2. 能间接测量一般理论交点尺寸 3. 能测量偏心距及两平行非整圆孔的孔距	1. 量块的用途及使用方法 2. 理论交点尺寸的测量与计算方法 3. 偏心距的检测方法 4. 两平行非整圆孔孔距的检测方法
		（二）内外圆锥检验	1. 能用正弦规检验锥度 2. 能用量棒、钢球间接测量内、外锥体	1. 正弦规的使用方法及测量计算方法 2. 利用量棒、钢球间接测量内、外锥体的方法与计算方法
		（三）多线螺纹与蜗杆的检验	1. 能进行多线螺纹的检验 2. 能进行蜗杆的检验	1. 多线螺纹的检验方法 2. 蜗杆的检验方法

3.3 高级

职业功能	工作内容		技能要求	相关知识
一、工艺准备	（一）读图与绘图		1. 能读懂多线蜗杆、减速器壳体、三拐以上曲轴等复杂畸形零件的工作图 2. 能绘制偏心轴、蜗杆、丝杠、两拐曲轴的零件工作图 3. 能绘制简单零件的轴测图 4. 能读懂车床主轴箱、进给箱的装配图	1. 复杂畸形零件图的画法 2. 简单零件轴测图的画法 3. 读车床主轴箱、进给箱装配图的方法
	（二）制订加工工艺		1. 能制订简单零件的加工工艺规程 2. 能制订三拐以上曲轴、有立体交叉孔的箱体等畸形、精密零件的车削加工顺序 3. 能制订在立车或落地车床上加工大型、复杂零件的车削加工顺序	1. 简单零件加工工艺规程的制订方法 2. 畸形、精密零件的车削加工顺序的制订方法 3. 大型、复杂零件的车削加工顺序的制订方法
	（三）工件定位与夹紧	普通车床	1. 能合理选择车床通用夹具、组合夹具和调整专用夹具 2. 能分析计算车床夹具的定位误差 3. 能确定立体交错两孔及多孔工件的装夹与调整方法	1. 组合夹具和调整专用夹具的种类、结构、用途和特点以及调整方法 2. 夹具定位误差的分析与计算方法 3. 立体交错两孔及多孔工件在车床上的装夹与调整方法
		数控车床	1. 能使用、调整三爪自定心卡盘、尾座顶尖及液压高速动力卡盘并配置软爪 2. 能正确使用和调整液压自动定心中心架 3. 能正确选择、使用、调整刀架	1. 三爪自定心卡盘、尾座顶尖及液压高速动力卡盘的使用、调整方法 2. 液压自动定心中心架的特点、使用及安装调试方法 3. 刀架的种类、用途及使用、调整方法

职业功能	工作内容		技能要求	相关知识
一、工艺准备	（四）刀具准备	普通车床	1. 能正确选用及刃磨群钻、机夹车刀等常用先进车削刀具 2. 能正确选用深孔加工刀具，并能安装和调整 3. 能在保证工件质量及生产效率的前提下延长车刀寿命	1. 常用先进车削刀具的用途、特点及刃磨方法 2. 深孔加工刀具的种类及选择、安装、调整方法 3. 延长车刀寿命的方法
		数控车床	能正确选择刀架上的常用刀具	刀架上常用刀具的知识
	（五）编制程序	数控车床	能手工编制较复杂的、带有二维圆弧曲面零件的车削程序	较复杂圆弧与圆弧的交点的计算方法
	（六）设备维护保养	普通车床	能判断车床的一般机械故障	车床常如机械故障及排除办法
		数控车床	1. 能阅读编程错误、超程、欠压、缺油等报警信息，并排除一般故障 2. 能完成机床定期维护保养	1. 数控车床报警信息的内容及解除方法 2. 数控车床定期维护保养的方法 3. 数控车床液压原理及常用液压元件
二、工件加工	（一）套、深孔、偏心件、曲轴的加工	普通车床	1. 能加工深孔并达到以下要求： （1）长径比：$L \geqslant D \geqslant 10$ （2）公差等级：IT8 （3）表面粗糙度：$Ra3.2\mu m$ （4）圆柱度公差等级：$\geqslant IT9$ 2. 能车削轴线在同一轴向平面内的三偏心外圆和三偏心孔，并达到以下要求： （1）偏心距公差等级：IT9 （2）轴径公差等级：IT6 （3）孔径公差等级：IT8 （4）对称度：0.15mm （5）表面粗糙度：$Ra1.6\mu m$	1. 深孔加工的特点及深孔工件的车削方法、测量方法 2. 偏心件加工的特点及三偏心工件的车削方法、测量方法
	（二）螺纹、蜗杆的加工		能车削三线以上蜗杆，并达到以下要求： （1）精度：9级 （2）节圆跳动：0.015mm （3）齿面粗糙度：$Ra1.6\mu m$	多线蜗杆的加工方法

职业功能	工作内容		技能要求	相关知识
二、工件加工	普通车床	（三）箱体孔的加工	1. 能车削立体交错的两孔或三孔 2. 能车削与轴线垂直且偏心的孔 3. 能车削同内球面垂直且相交的孔 4. 能车削两半箱体的同心孔 以上4项均达到以下要求： （1）孔距公差等级：IT9 （2）偏心距公差等级：IT9 （3）孔径公差等级：IT9 （4）孔中心线相互垂直：0.05mm/100mm （5）位置度：0.1mm （6）表面粗糙度：$Ra1.6\mu m$	1. 车削及测量立体交错孔的方法 2. 车削与回转轴垂直且偏心的孔的方法 3. 车削与内球面垂直且相交的孔的方法 4. 车削两半箱体的同心孔的方法
	数控车床	较复杂零件的加工	能加工带有二维圆弧曲面的较复杂零件	在数控车床上利用多重复合循环加工带有二维圆弧曲面的较复杂零件的方法
三、精度检验及误差分析	复杂、畸形机械零件的精度检验及误差分析		1. 能对复杂、畸形机械零件进行精度检验 2. 能根据测量结果分析产生车削误差的原因	1. 复杂、畸形机械零件精度的检验方法 2. 车削误差的种类及产生原因

3.4 技师

职业功能	工作内容	技能要求	相关知识
一、工艺准备	（一）读图与绘图	1. 能根据实物或装配图绘制或拆画零件图 2. 能绘制车床常用工装的装配图及零件图	1. 零件的测绘方法 2. 根据装配图拆画零件图的方法 3. 车床工装装配图的画法
	（二）制订加工工艺	1. 能编制典型零件的加工工艺规程 2. 能对零件的车削工艺进行合理性分析，并提出改进建议	1. 典型零件加工工艺规程的编制方法 2. 车削工艺方案合理性的分析方法及改进措施

职业功能	工作内容		技能要求	相关知识
一、工艺准备	（三）工件定位与夹紧		1. 能设计、制作装夹薄壁、偏心工件的专用夹具 2. 能对现有的车床夹具进行误差分析并提出改进建议	1. 薄壁、偏心工件专用夹具的设计与制造方法 2. 车床夹具的误差分析及消减方法
	（四）刀具准备	普通车床	能推广使用镀层刀具、机夹刀具、特殊形状及特殊材料刀具等新型刀具	新型刀具的种类、特点及应用
		数控车床	能根据有关参数选择合理刀具	刀具参数的设定方法
	（五）编制程序	数控车床	1. 能用计算机软件编制车削程序 2. 能用计算机软件编制车削中心程序	1. CAD/CAM 软件的使用方法 2. 车削中心的原理及编程方法
	（六）设备维护保养	普通车床	1. 能进行车床几何精度及工作精度的检验 2. 能分析并排除普通车床常如的气路、液路、机械故障	1. 车床几何精度及工作精度检验的内容和方法 2. 排除普通车床液（气）路机械故障的方法
		数控车床	1. 能根据数控车床的结构、原理，诊断并排除液压及机械故障 2. 能进行数控车床定位精度和重复定位精度及工作精度的检验 3. 能借助词典看懂进口数控设备相关外文标牌及使用规范的内容	1. 数控车床常如故障的诊断与排除方法 2. 数控车床定位精度和重复定位精度及工作精度的检验方法 3. 进口数控设备常用标牌及使用规范英汉对照表
二、工件加工	（一）普通车床	复杂套件的加工	能对 5 件以上的复杂套件进行零件加工和组装，并保证装配图上的技术要求	复杂套件的加工方法
	（二）数控车床	复杂工件的加工	能对适合在车削中心加工的带有车削、铣削、磨削等工序的复杂工件进行加工	1. 铣削加工和磨削加工的基本知识 2. 车削加工中心加工复杂工件的方法
三、精度检验及误差分析	误差分析		能根据测量结果分析产生误差的原因，并提出改进措施	车削加工中消除或减少加工误差的知识

续表

职业功能	工作内容	技能要求	相关知识
四、培训指导	（一）指导操作	能指导本职业初、中、高级工进行实际操作	培训教学的基本方法
	（二）理论培训	能讲授本专业技术理论知识	
五、管理	（一）质量管理	1. 能在本职工作中认真贯彻各项质量标准 2. 能应用全面质量管理知识，实现操作过程的质量分析与控制	1. 相关质量标准 2. 质量分析与控制方法
	（二）生产管理	1. 能组织有关人员协同作业 2. 能协助部门领导进行生产计划、调度及人员的管理	生产管理基本知识

3.5 高级技师

职业功能	工作内容	技能要求	相关知识
一、工艺准备	（一）读图与绘图	1. 能绘制车床复杂工装的装配图 2. 能读懂常用车床的原理图及装配图	1. 车床复杂工装装配图的画法 2. 常用车床的原理图及装配图的画法
	（二）制订加工工艺	1. 能编制复杂、精密零件机械加工的工艺 2. 能手工编制简单零件的数控加工程序 3. 能对复杂、精密零件的机加工工艺方案进行合理性分析，提出改进意如并参与实施	1. 复杂、精密零件机械加工工艺的系统知识 2. 数控车床原理及手工编程的方法
	（三）工件定位与夹紧	1. 能独立设计车床用的复杂夹具 2. 能对车床常用夹具进行误差分析，提出改进方案，并组织实施	复杂车床夹具的设计及使用知识
	（四）刀具准备	能根据工件要求设计成形车刀及其他专用车刀，并提出制造方法	成形车刀及其他专用车刀的设计与制造知识
	（五）设备维护保养	能借助词典看懂进口设备的图样和技术标准等相关的主要外文资料	常用进口设备主要外文资料英汉对照表

续表

职业功能	工作内容	技能要求	相关知识
二、工件加工	（一）高难度、高精度工件的加工	能解决高难度、高精度工件车削加工的技术问题，并制订工艺措施	高难度、高精度的典型零件的加工方法
	（二）技术攻关与工艺改进	解决技术攻关与工艺改进中的技术难题	解决技术难题的思路和方法
	（三）畸形工件的加工	1. 能解决十字座类、连杆类、叉架类等畸形工件的加工难题 2. 能在车床上实现镗削、铣削、磨削等特殊加工	1. 畸形工件的加工方法 2. 在车床上进行镗削、铣削及磨削的方法
三、精度检验及误差分析	质量诊断	1. 能全面准确地分析质量问题产生的原因 2. 能提出全方位解决质量问题的具体方案	在机械加工全过程中影响质量的因素及提高质量的措施
四、培训指导	（一）指导操作	能指导本职业初、中、高级工和技师进行实际操作	培训讲义的编制方法
	（二）理论培训	能对本职业初、中、高级工进行技术理论培训	

四、比重表

4.1 理论知识

项目		初级（%）	中级（%）		高级（%）		技师（%）		高级技师（%）	
			普通车床	数控车床	普通车床	数控车床	普通车床	数控车床	普通车床	数控车床
基本要求	职业道德	5	5	5	5	5	5	5	5	5
	基础知识	25	25	25	20	20	15	15	15	15
相关知识	工艺准备	25	25	45	25	50	35	50	50	50
	工件加工	35	35	15	30	15	20	10	10	10
	精度检验及误差分析	10	10	10	20	10	15	10	10	10
	培训指导						5	5	5	5
	管理						5	5	5	5
合计		100	100	100	100	100	100	100	100	100

注：高级技师"管理"模块内容按技师标准考核。

4.2 技能操作

项目		初级（%）	中级（%）		高级（%）		技师（%）		高级技师（%）	
			普通车床	数控车床	普通车床	数控车床	普通车床	数控车床	普通车床	数控车床
工作要求	工艺准备	20	20	35	15	35	10	25	20	30
	工件加工	70	70	60	75	60	70	60	60	50
	精度检验及误差分析	10	10	5	10	5	10	5	10	10
	培训指导						5	5	5	5
	管理						5	5	5	5
合计		100	100	100	100	100	100	100	100	100

参考文献

1. 方沂．数控机床编程与操作．北京：国防工业出版社，1999.

2. 于春生．数控机床编程及应用．北京：高等教育出版社，2003.

3. 董玉红．数控技术．北京：高等教育出版社，2004.

4. 徐元昌．数控技术．北京：中国轻工业出版社，2004.

5. 徐弘海．数控机床刀具及其应用．北京：化学工业出版社，2005.

6. 胡友树．数控车床编程、操作及实训．合肥：合肥工业大学出版社，2005.

7. 黄道业．数控铣床（加工中心）编程、操作及实训．合肥：合肥工业大学出版社，2005.

8. 李金伴，马伟民．实用数控机床技术手册．北京：化学工业出版社，2007.

9. 王道宏．数控技术．杭州：浙江工业大学出版社，2008.

10. 谢晓红．数控车削编程与加工技术（第2版）．北京：电子工业出版社，2008.

11. 于作功，陈玫．数控铣床和加工中心编程与操作．北京：人民邮电出版社，2009.

12. 王姬，徐敏．数控车床编程与加工技术．北京：清华大学出版社，2009.

13. 刘迎春，赵成涛．数控加工工艺与编程基础．北京：人民邮电出版社，2009.

14. 王明红．数控技术．北京：清华大学出版社，2009.

15. 杜臣，王士军．机床数控系统（第2版）．北京：北京大学出版社，2010.

16. 龚仲华．数控技术（第2版）．北京：机械工业出版社，2010.

17. 裴炳文．数控加工工艺与编程．北京：机械工业出版社，2011.

18. 唐利平．数控车削加工技术．北京：机械工业出版社，2011.

19. 倪祥明．数控机床及数控加工技术．北京：人民邮电出版社，2011.

20. 张亚力．数控铣床/加工中心编程与零件加工．北京：化学工业出版社，2011.